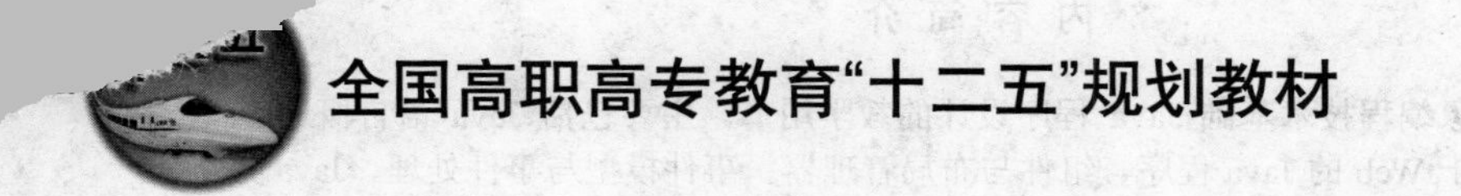

Java 桌面应用开发

主　编　孙士兵　唐铁斌
副主编　马　莉　刘完芳　徐　伟
　　　　朱雅莉　陈为满

中国铁道出版社
CHINA RAILWAY PUBLISHING HOUSE

内 容 简 介

本书是面向对象编程技术基础 Java 程序设计的教学用书。主要包括 Java 语言概述、Java 基本语法、创建基于 Web 的 Java 程序、组件与布局管理器、事件模型与事件处理、Java 异常、Java 线程、Java 网络编程和案例共九章内容。

本书针对 Java 有浓厚兴趣并有志成为 Java 程序员，期望通过学习较快掌握 Java 程序设计的人群编写。全书以案例引导的方式，采用“理论实践＋专家引导＋项目实战”的思路编写，按照以案例为中心的学习方法来介绍 Java 语言的本质，用实例引出相关概念，使读者能够清晰地建立面向对象的编程思想。

本书适合作为高职高专院校和软件技术培训机构的教材，也可作为工程设计人员和 Java 编程爱好者的参考书。

图书在版编目（CIP）数据

Java 桌面应用开发 / 孙士兵，唐铁斌主编. — 北京 : 中国铁道出版社，2015.1

全国高职高专教育“十二五”规划教材

ISBN 978-7-113-19506-9

Ⅰ. ①J… Ⅱ. ①孙… ②唐… Ⅲ. ①JAVA 语言－程序设计－高等职业教育－教材 Ⅳ. ①TP312

中国版本图书馆 CIP 数据核字(2014)第 253273 号

书　　名：Java 桌面应用开发
作　　者：孙士兵　唐铁斌　主编

策　　划：许　璐　　　　读者热线：400-668-0820
责任编辑：马洪霞　贾淑媛
封面设计：付　巍
封面制作：白　雪
责任校对：汤淑梅
责任印制：李　佳

出版发行：中国铁道出版社（100054，北京市西城区右安门西街 8 号）
网　　址：http://www.51eds.com
印　　刷：北京海淀五色花印刷厂
版　　次：2015 年 1 月第 1 版　　2015 年 1 月第 1 次印刷
开　　本：787 mm×1 092 mm　1/16　印张：21.5　字数：522 千
书　　号：ISBN 978-7-113-19506-9
定　　价：43.00 元

前　言

本书为对有兴趣掌握 Java（Java SDK Standard Edition）技术应用程序开发的读者所编写。

在过去的几年里，由于软件产业的美好前景，面向对象技术一直是主流的开发技术之一，Java 程序设计语言更是其中的典型代表。市场上的 Java 图书通常分为两种：一种是集中在 Java 的某个方面（如基本语法）；另一种是适合在需要的时候查阅一下的工具书，不适合循序渐进的阅读。这两类图书都侧重于理论介绍，缺少实际应用方面的内容。这使得读者若想全面学习并熟练掌握 Java 技术的各个方面，就必须参加具体的项目实训，或者购买包含大量重复信息的图书或者查阅大型的工具书。

本书尝试解决上述问题，通过以案例为中心的方法介绍 Java 语言本质，精简了 Java 的基本语法知识，用实例引出相关概念，使读者能够清晰地建立面向对象的编程思想。本书不仅有理论知识方面的介绍，更重要的是把编者多年的教学经验和项目管理及开发经验融入其中，使读者能轻松掌握一般实际项目中所需要的基本知识。

本书共分为 9 章，各章的内容如下：

第 1 章，首先介绍了 Java 诞生和发展情况；然后详细地说明了 Java 语言的特点，从编程语言的角度着重阐述了它的关键特色；接着介绍了 JVM 的执行过程以及 Java 源程序的执行过程；根据 Java 的开发环境，介绍了 Java 的开发工具、环境变量的配置以及具体运行 Java 文件；紧接着，通过一个典型的 Java 程序 hello.java 来说明 Java 程序的基本特征、应用程序和小应用程序的区别及使用；然后介绍了 Java 的基本语法；最后介绍了 Java 与 C/C++语言的联系与区别，以及 Java 与 Internet 的相关概念。

第 2 章，首先介绍了 Java 的基础知识，然后详细介绍了运算符，优先级、条件判定和循环，使读者能具备基本的程序结构思想与概念，最后详细介绍了 Java 的面向对象编程基本思想。

第 3 章，首先介绍了 Applet 与 HTML 基础知识，接着利用一个实例说明了 Applet 与 Application 的区别，然后详细解释了 Applet 的生命周期与方法，包括初始化阶段与方法 init( )，启动阶段与方法 start( )，停止阶段与方法 stop( )和撤销阶段与方法 destroy( )，接着介绍了 Applet 中加载图片和音频文件等多媒体操作，并详细介绍了如何创建策略文件。最后介绍了一个 Applet 的运用实例。

第 4 章，首先介绍 MVC 的设计模式及相关概念，由 MVC 中的视图引入字符用户界面 CUI 和图形用户界面 GUI。然后详细介绍 Java GUI 中常用的两个文件包 java.awt 和 java.swing。接着结合具体的实例介绍了 GUI 开发中常用的 12 种组件和 6 种布局管理器的实现方法。最后，用“客户登录界面”案例综合运用了部分组件，用“计算器”案例综合运用了本章内容。

第 5 章，首先介绍了事件处理的由来，并描述了基于窗口的、事件驱动程序的流程，接着详细阐述了 AWT 事件处理模型，主要涉及三类对象：事件源、监听器和事件处理方法，并说明了事件处理机制，具体介绍了事件类、事件监听器、AWT 事件及其相应的监听器接口、事件适配器和常用的四种对事件的响应，最后介绍了开发一个基于 Java 平台事件驱动模型的“记事本”的案例。

第 6 章，首先介绍了异常的概念，详细说明异常的层次结构，然后从异常处理机制、捕获异常两个方面介绍了异常的处理，重点介绍了用户定义异常。最后通过“接收客户信息界面”的案例分析，说明异常的运用。

第 7 章，首先介绍了线程的基本概念，区别了线程和进程，接着介绍了线程的挂起方式，详细解释了线程的生命周期，然后介绍了线程的同步与死锁，详细解释了线程同步和死锁的概念及原因，并总结了多线程编程的一般规则，最后用综合案例 1 说明多线程的服务器编程，用综合案例 2 设计了一个时钟日历。

第 8 章，首先由网络编程引入 TCP/IP 的介绍，然后详细解释了 Socket 的基本概念和工作机制，接着介绍了 URL（统一资源定位）的概念和基本运用，以及连接数据库的 JDBC，并结合实例详细叙述了建立数据源 ODBC 的步骤，最后通过设计一个类 ICQ 系统的案例综合运用了上述理论知识。

第 9 章，综合运用了前几章所学的知识点，按照系统可行性分析、需求分析、概要设计、数据库的设计、详细设计以及系统测试的流程介绍了一个“实时聊天室”系统项目设计。

下表为本书作为教材使用时的课时分配建议。

理论与上机实验课时分配建议

章　节	课时分配	章　节	课时分配
第 1 章 Java 语言概述+第 10 章 实验一	2+2	第 6 章 Java 异常+第 10 章 实验十一	4+4
第 2 章 Java 基本语法+第 10 章 实验二、三	4+4	第 7 章 Java 线程+第 10 章 实验十二、十三	4+4
第 3 章 创建基于 Web 的 Java 程序+第 10 章 实验四	4+4	第 8 章 Java 网络编程+第 10 章 实验十四	4+4
第 4 章 组件与布局管理器+第 10 章 实验五、六	8+8	第 9 章 案例——实时聊天室系统项目设计	2+2
第 5 章 事件模型与事件处理+第 10 章 实验七、八、九、十	4+4	合计	72

说明：课时分配=理论课时+上机课时。

本书由孙士兵、唐铁斌任主编，马莉、刘完芳、徐伟、朱雅莉、陈为满任副主编。本书在编写过程中，中南林业科技大学龚中良教授、湖南商学院曾强聪教授、上海交通大学齐国峰老师提出了许多宝贵的意见，同时感谢中国铁道出版社各位编辑的帮助和指导。

尽管作者尽了最大努力，但由于时间仓促，加之水平有限，书中仍难免有不妥之处，欢迎各界专家和读者朋友批评指正。

编　者

2014 年 10月

目　录

第 1 章　Java 语言概述

1.1　Java 的诞生

1990 年 12 月，Sun 公司的 Patrick Naughton、Mike Sheridan 和 James Gosling 成立了一个叫作 Green Team 的小组，主要目标是开发一种分布式系统架构，使其能在消费性电子产品操作上运行。Java 开始叫作 Oak，原因是 James Gosling 办公室的窗外有一棵橡树（Oak），但是有一家公司已经用了这个名字，工程师后来一边喝咖啡一边讨论新名字，看看手上的咖啡，就取了 Java 这个名字。

Java 自问世以来，技术和应用发展非常快，在计算机、移动电话、家用电器等领域都得到了广泛应用。Java 自从正式发布至今已经得到了迅速发展，而且变得更加稳定、强健。目前 Java 的类库仍然在不断扩展中，相信 Java 技术在网络世界的应用一定会越来越广泛。

Java 平台由 Java 虚拟机（Java Virtual Machine，JVM）和 Java 应用编程接口（Application Programming Interface，API）构成。Java 应用编程接口为 Java 应用提供了一个独立于操作系统的标准接口，可分为基本部分和扩展部分。在硬件或操作系统平台上安装一个 Java 平台之后，Java 应用程序就可运行。现在 Java 平台已经嵌入了几乎所有的操作系统。这样 Java 程序可以只编译一次，就可以在各种系统中运行。Java 应用编程接口已经从 1.1x 版发展到 1.2 版。目前常用的 Java 平台基于 Java1.5，最新版本为 Java1.7。

Java 分为 3 个体系：Java SE（Java2 Platform Standard Edition；Java 平台标准版），Java EE（Java2 Platform，Enterprise Edition；Java 平台企业版），Java ME（Java2 Platform Micro Edition，Java 平台微型版）。

（1）Java SE（Java Platform，Standard Edition）。Java SE 以前称为 J2SE。它允许开发和部署在桌面、服务器、嵌入式环境和实时环境中使用的 Java 应用程序。Java SE 包含了支持 Java Web 服务开发的类，并为 Java EE 提供基础。

（2）Java EE（Java Platform，Enterprise Edition）。这个版本以前称为 J2EE。企业版本帮助开发和部署可移植、健壮、可伸缩且安全的服务器端 Java 应用程序。Java EE 是在 Java SE 的基础上构建的，它提供 Web 服务、组件模型、管理和通信 API，可以用来实现企业级的面向服务体系结构（Service-Oriented Architecture，SOA）和 Web 2.0 应用程序。

（3）Java ME（Java Platform，Micro Edition）。这个版本以前称为 J2ME。Java ME 为在移动设备和嵌入式设备（如手机、PDA、电视机顶盒和打印机）上运行的应用程序提供一个健壮且灵活的环境。Java ME 包括灵活的用户界面、健壮的安全模型、许多内置的网络协议以及对可以动态下载的连网和离线应用程序的丰富支持。基于 Java ME 规范的应用程序只需编写一次，就可以用于许多设备，而且可以利用每个设备的本机功能。

1.2 Java 语言的特点

Java 是一种简单的，跨平台的，面向对象的，分布式的，解释执行的，健壮的，安全的，结构的，中立的，可移植的，性能很优异的，多线程的，动态的语言。下面就其关键特色给出描述：

（1）简单。Java 继承了 C/C++的语法，但丢弃了 C/C++中不常用的又容易引起混淆的功能。因此完成同样工作的 C/C++程序和 Java 程序相比要庞大得多。

（2）面向对象。Java 是一种纯面向对象的语言，具有封装（Encapsulation），继承（Inheritance）和多态（Polymorphism）的特性，可以很一致地被用于面向对象这种现代软件工程。

（3）面向网络。Java 对网络有非常强大的支持。Internet 让 Java 声名大噪，使得它成为一种广为人知的计算机语言，同时 Java 也对 Internet 有着极为深远的影响，因为它让网络世界的对象能够自由移动的空间加大了许多。

（4）解释执行。Java 的设计者设计 Java 的主要目的，就是希望可以做到“编写一次，到处运行”，Java 写成的源代码，被编译成高阶的字节码（Byte Code），它们与机器架构无关，然后，这种字节码在任何 Java 的运行环境中由 Java 虚拟机解释执行。这种方式保证了 Java 的与平台无关性和可移植性。解释执行与及时编译技术的完美结合，提供了相当高的运算性能。

（5）健壮性。Java 是一种非常注重形态转换的语言，所以在编译时期（Compile-Time）就会做形态转换检查，在执行时期（Run-Time），Java 也会做一些形态上的检查。由于 Java 解释器会做自动的垃圾收集（Garbage Collection）（这里的垃圾是指一些不会再使用的对象），所以程序设计者不需要费心，内存会被自动管理。Java 本身提供了许多面向对象的例外处理（Exception），所以程序在执行时期所发生的错误，都可以由程序自己来处理。

（6）安全性。Java 设计时，对系统的安全，特别网络安全做了周密的考虑，通过字节码验证、内存调用方式、资源使用权限等进行多层次的安全管理。Java 被认为是在任何系统上最安全的应用程序之一。

（7）可移植性。单就 Java 基本的可移植性来说，为了达到真正的与机器架构无关，Java 作了可移植性的规范，如整数（Int）永远是 32 位的整数，浮点数（Float）永远是 32 位的浮点数，GUI 包括了抽象的窗口系统（AWT）和纯 Java 写的 JFC，因此与操作系统（UNIX、Windows、Mac 等）无关。

（8）多线程。Java 能处理比进程（Process）更小的线程（Thread），因此可以很容易地在一个 Java 应用里同时执行多个任务。

（9）动态。Java 可以让用户在执行时动态地调用所需的模块。

1.3 Java 虚拟机（JVM）

虚拟机是一个想象中的计算机，具有一套逻辑指令（伪指令）。该套指令定义了这个想象中的计算机可以进行的操作。程序员编写的源代码被编译成虚拟机的指令之后，就能被虚拟机理解并执行。简单而言，虚拟机内部工作就是将伪指令转变成相应的机器指令，从而使指令被机器所识别并执行。Java 虚拟机的执行过程如下：

（1）接收命令，启动 JVM。

（2）分析命令行参数，判断运行类是否装入内存，如果装入内存，转（4）。

（3）Function Load_Link_Resolution_Init(Class)

```
{
  ① 将类装入内存(loading);
  ② 链接类(linking);
     i 验证类(verification);
     ii 准备类(preparation);
     iii 解析类(resolution);
  ③ 如果类有父类，则调用 Load_Link_Resolution_Init(SuperClass);
  ④ 初始化类(Initialization)
}
```

（4）寻找运行类的入口 main()，解释运行方法 main()。

Java 并不是最早采用虚拟机思想和技术形成的产品，但它成功地运用了这一技术，使得 Java 语言具有了跨平台等特点，而这正符合了 Internet 的发展和需求。对于 Java 语言来说，编译器的工作只是将源代码编译成虚拟机指令，确切而言，除了指令之外还加上一些其他必需的信息，形成字节码文件.class（该文件由一套规范规定）。而不像 C/C++等语言一样，编译器直接将源代码编译成特定的目标机器代码。这样由于.class 文件是平台无关的，因此编译器也是平台无关的。同时编译器任务较简单，故其编译系统较小。执行.class 文件交由 JVM 完成，只要在各个操作系统平台上实现各自的 JVM，就能识别并执行.class 文件。这就是所谓的跨平台性。当然，JVM 本身是与平台有关的。一个 Java 源程序的执行过程如图 1-1 所示。

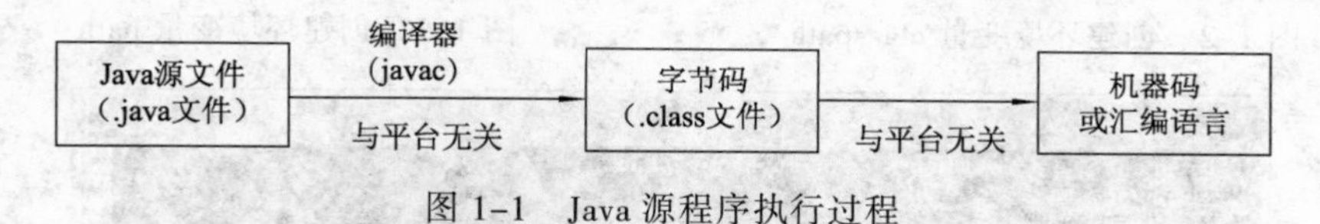

图 1-1　Java 源程序执行过程

1.4　Java 的开发环境

Sun 公司为 Java 开发了适合不同操作系统的版本，本书以 Windows 2000/NT、Windows XP 操作系统为例来说明 Java 的开发环境。

首先，需要从 Sun 公司的网站上下载 JDK。本书采用 JDK1.6，其下载网址为：http://java.sun.com/ products/ jdk/1.6.0/download.jsp。下载后运行安装文件，假设安装目录为 D:\jdk1.6。在安装目录下可以看到一些目录文件，表 1-1 描述了各个目录文件。

表 1-1　Java 目录文件及说明

目　录	说　明	目　录	说　明
bin	编译器及相关工具	jre	Java 运行环境文件
demo	演示程序	lib	类库文件
include	用于本地方法的文件	src	公开库源文件

为了使得编写的 Java 源程序编译时寻找到编译器，运行 Java 文件时要寻找到解释器，

需要配置两个环境变量：一个是类路径 classpath=.;D:/jdk1.6/lib/dt.jar;D:/jdk1.6/lib/tools.jar，用于系统编译时所用到的类库路径；另一个是系统路径 path=.;D:/jdk1.6/bin，用于系统自动寻找到所输入命令的正确位置（注意配置的环境变量值前面的.;是不能省略的）。

配置环境变量的过程为：右击“我的电脑”，在弹出的快捷菜单中选择“属性”→“高级”→“环境变量”命令，进入“环境变量”对话框，单击“系统变量”→“新建”按钮，在新建操作中创建上述两个变量 classpath（见图 1-2）和 path（见图 1-3）。创建完毕，可以在命令提示符下输入命令 javac 检测编译器是否正常（见图 1-4），输入 java -version 即可查看当前 JDK 的版本号（见图 1-5）。

图 1-2 创建环境变量 classpath

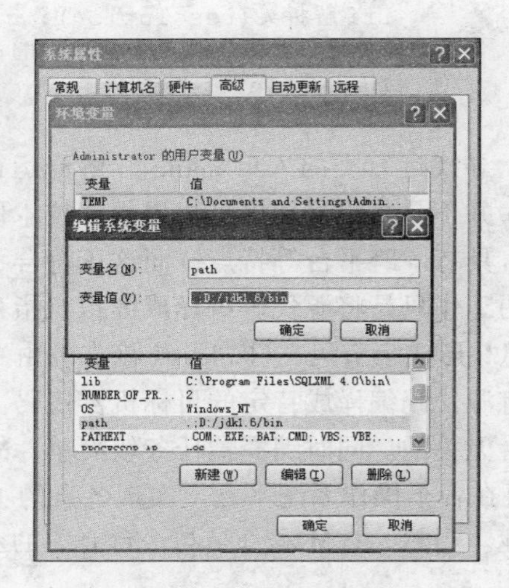

图 1-3 创建环境变量 path

图 1-4 命令提示符下输入 javac，查看编译器选项

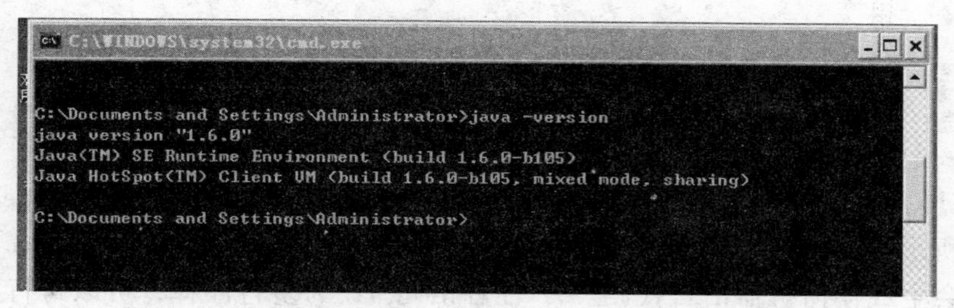

图 1-5　命令提示符下输入 java -version，查看 JDK 版本号

编写 Java 源文件的工具主要有两类：一类是文本编辑器，如 Windows 系统自带的编辑器 Notepad、Notepad++、EditPlus、UltraEdit 等；另一类是集成开发环境，如 Sun 微系统公司的 JDK、Borland 公司的 JBuilder、IBM 公司的 Eclipse、Oracle 公司的 JDeveloper、Symantec 公司的 Visual Cafe for Java、IBM 公司的 Visual Age for Java、Sun 公司 的 NetBeans 与 Sun Java Studio 5、Sun 公司 的 Java Workshop、BEA 公司的 WebLogic Workshop、Macromedia 公司的 JRUN、Sun 公司的 JCreator、Microsoft 公司的 Microsoft Visual J++、Apache 开放源码组织的雅加达蚂蚁——ANT、IntelliJ 公司的 IntelliJ IDEA。

如果采用文本编辑器编写 Java 文件，只需将写好的文件扩展名保存为.java 即可，编译时可以用文本编辑器创建相应的批处理文件。批处理文件的内容为（假设应用程序文件名为 hello.java）：

```
javac hello.java
java hello
pause
```

在文本编辑器上写好上述内容后，将记事本文件保存为.bat 的文件，直接运行就可以得到相应结果。

本书主要采用 JCreator 集成开发环境，因为 JCreator 的设计接近 Windows 界面风格，用户对它的界面比较熟悉，且其最大特点是与 JDK 的完美结合，是其他任何一款 IDE 所不能比拟的。图 1-6 所示为 JCreator 的界面。

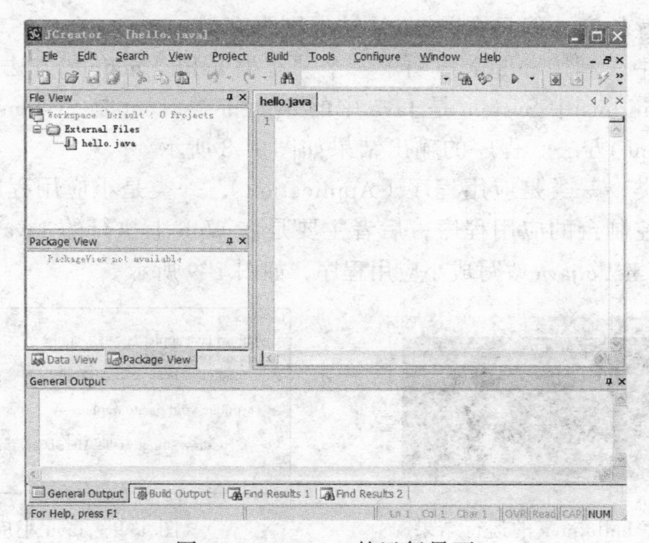

图 1-6　JCreator 的运行界面

1.5 一个 Java 简单程序示例

下面是一个简单的 Java 程序，只实现了 main( )方法。

【例】在屏幕上显示“Hello! Here is my first Java Program.”存放文件名为 hello.java.

图 1-7 所示程序中给出了 Java 支持的两种注释方法，方便阅读程序。Java 编译器忽略注释行，不会生成任何机器语言代码。“/*注释语句*/”为多行注释，可以跨行，但不能嵌套；“//”注释语句为单行注释，不可以跨行，如采用它来注释多行，需在每行都使用“//”，可以嵌套。在后面的章节可以看到这两种注释方法的具体使用。

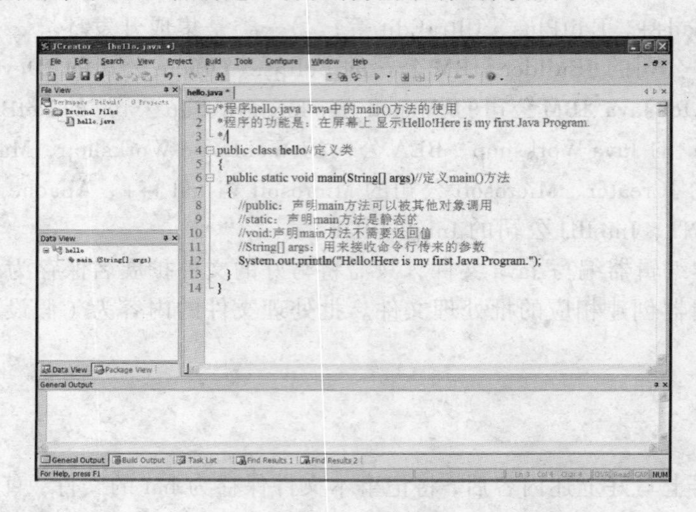

图 1-7 Java 程序示例

Java 语言是严格区分大小写的，Java 语言中标识符的使用要遵循匈牙利命名法则。简而言之，标识符不能使用 Java 的关键字（Java 中使用的关键字可以参见 2.13 节）；只能使用字母、数字和下画线；不能有空格，需要空格时可使用下画线代替；第一个字母必须只能是字母；可以任意长度，但只有前 32 位被识别为有效。

hello.java 程序中，利用 public 声明了一个共有类 hello。main( )方法是这个应用程序的入口，System.out.println( )中 System 是 Java 中的 System 类，out 是 System 类中的一个变量，该变量引用了 println( )方法。程序的输出结果如图 1-8 所示。

Java 程序有两类，一类是应用程序（Application），一类是小应用程序（Applet）。前者主要是基于窗口或控制台的应用程序，后者主要是在 Web 上执行的 Java 程序。

可以将应用程序 hello.java 改写成小应用程序，如图 1-9 所示。

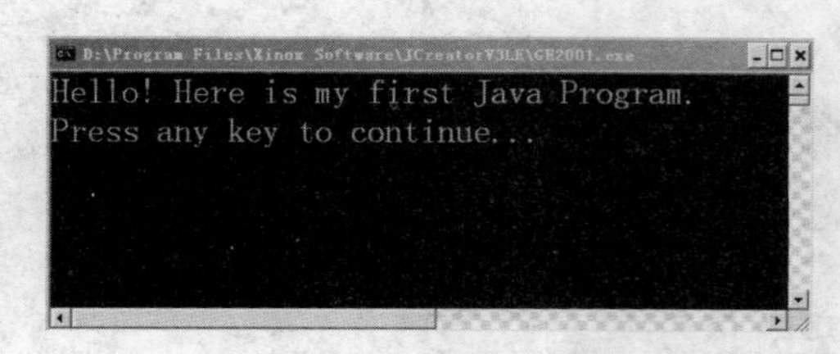

图 1-8 应用程序 hello.java 的运行结果

```
hello.java *
1 import java.applet.*; //引用applet
2 import java.awt.*;//引用awt
3 public class hello extends Applet //定义类hello，继承了类Applet
4 {
5     public void paint(Graphics g)
6     {
7         g.drawString("Hello, Here is my first Java program. ",30,30);
8     }
9 }
```

图 1-9 Java 小应用程序

对比而言，可以发现小应用程序里面是没有 main( )方法的，本书后面有单独的章节介绍小应用程序，这里不再赘述，只介绍其运行。在 JCreator 上编写上述程序后，编译得到相应的类文件 hello.class，再创建 HTML 文件（该文件不区分大小写），如图 1-10 所示。

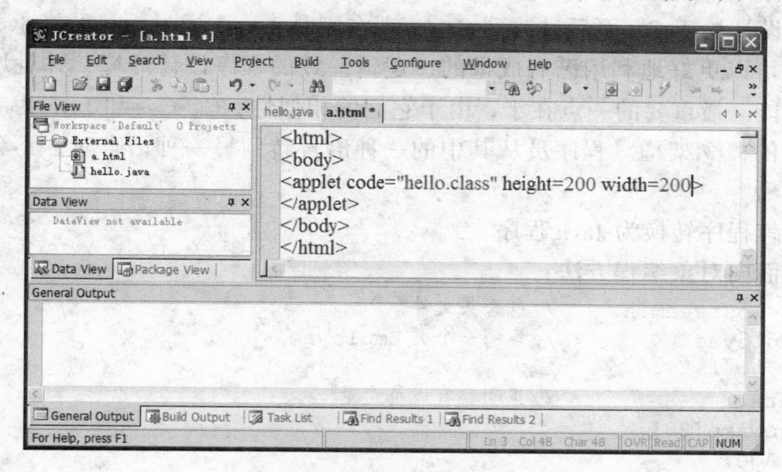

图 1-10　创建 HTML 文件

然后在命令提示符下执行命令，如图 1-11 所示。

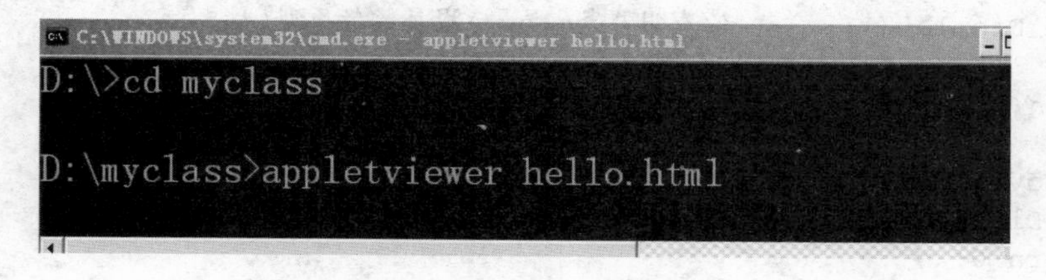

图 1-11　在命令提示符下执行命令

即可得到该小应用程序的运行结果，如图 1-12 所示。

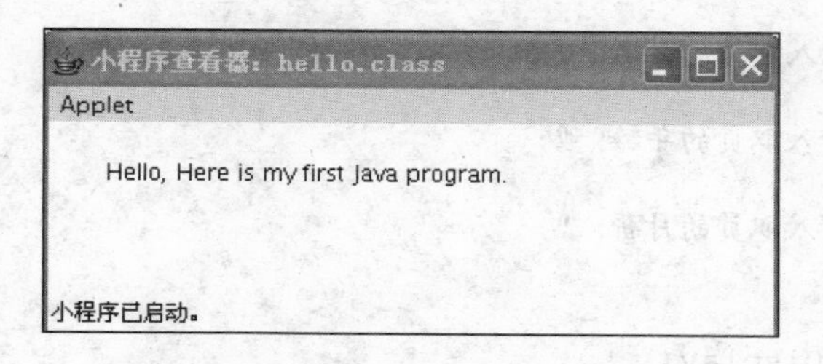

图 1-12　小应用程序 hello.java 的运行结果

1.6　Java 与 C/C++语言

Java 提供了一个功能强大语言的所有功能，但几乎没有一点含混特征。C++安全性不好，但 C 和 C++被大家接受，所以 Java 设计成 C++形式，让大家很容易学习。Java 去掉了 C++语言中的指针运算、结构、typedefs、#define、需要释放内存等功能，让 Java 的语言功能很精炼。而且，因为 Java 很小，所以整个解释器只需 215 KB 的 RAM，并增加了一些很有用的功能，如自动收集碎片。Java 实现了 C++的基本面向对象技术，并有一些增强，为了语言简单，删除了一些功能。Java 处理数据方式和用对象接口处理对象数据方式一样。

Java 与 C 和 C++直接相关。Java 继承了 C 的语法，Java 的对象模型是从 C++改编而来的。现代程序设计始于 C，而后过渡到 C++，现在则是 Java。通过大量的继承，Java 提供了一个强大的、可以更好地利用已有成果的、逻辑一致的程序设计环境，并且增加了在线环境需求的新功能。最重要的一点在于，由于它们的相似性，C、C++和 Java 为专业程序员定义了一个统一的概念架构。程序员从其中的一种语言转到另一种语言时，不会遇到太大的困难。

把 C++语言程序转换为 Java 程序。

使用 C++面向对象编程方法：

```
#include<iostream.h>       //包含头文件
class Employee             //声明一个类 Employee
{
   private:                //声明私有成员变量
   char cName[20];
   int iAge;
   float fSalary;
   public:                 //声明公共成员函数
   void Employee();        //声明 Accept()成员函数原型
   void Display();         //声明 Display()成员函数原型
};
int main()                 // main()函数，程序的入口和出口
{
   Employee Tom;           //用 Employee 声明一个类成员 Tom
   Tom.Display();          //类成员使用点运算符"."访问成员函数
   return 0;
}
Employee::Employee()
                           //使用作用域分解运算符"::"定义构造符函数
{
   cout << "请输入职员的姓名: ";
   cin>>cName;
   cout << "请输入职员的年龄: ";
   cin>>iAge;
   cout << "请输入职员的月薪: ";
   cin>>fSalary;
}
void Employee::Display()
                                   //使用作用域分解运算符"::"定义 Display()函数
{
   cout<<"\n--------显示个人信息--------"<<endl;
   cout<<"\n 职员的名字是: "<<cName<<endl;
   cout<<"职员的年龄是: "<<iAge<<endl;
   cout<<"职员的月薪是: "<<fSalary<<endl;
}
```

修改后的 Java 语言程序如下：

```
import java.io.*;                  //插入包
public class Employee              //声明一个类 Employee
```

```
{
  private String sName;          //声明私有成员变量
  private int iAge;
  private float fSalary;
  public Employee()              //声明公共成员函数
  {
    try
    {
        BufferedReader inObj=new BufferedReader(new InputStreamReader
        (System.in));
        System.out.println("请输入职员的姓名: ");
        sName=inObj.readLine();
        System.out.println("请输入职员的年龄: ");
        iAge=Integer.parseInt(inObj.readLine());
        System.out.println("请输入职员的月薪: ");
        fSalary=Float.parseFloat(inObj.readLine());
        inObj.close();
    }
    catch(Exception e)           //捕获异常
    {
        System.out.println(e);
    }
  }
  public void Display()          //声明公共成员函数
  {
        System.out.println("******** 显示职员信息 ********");
        System.out.println("职员的名字是: "+sName);
        System.out.println("职员的年龄是: "+iAge);
        System.out.println("职员的月薪是: "+fSalary);
  }
  public static void main(String args[])
  {
      Employee Tom=new Employee();
          //使用类 Employee 声明一个实例 Tom，使之与类的构造方法关联
      Tom.Display();
          //类成员使用点运算符"."访问成员函数
  }
}
```

该 Java 程序的运行结果如图 1-13 所示。

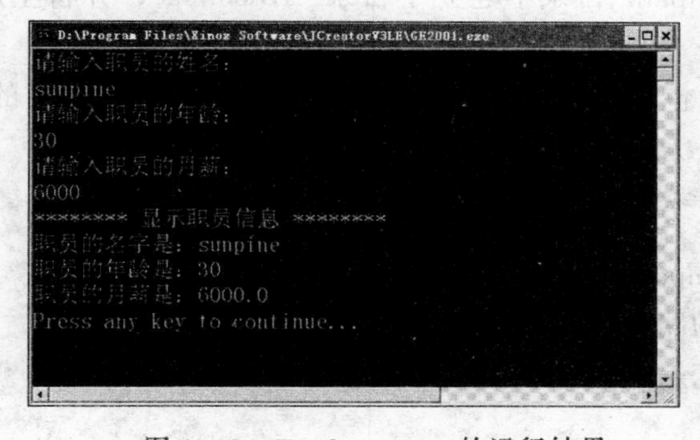

图 1-13　Employee.java 的运行结果

程序说明：

（1）Java 源文件的基本结构。

源文件的基本语法：

```
[<package_declaration>]
[<import_declarations>]
<class_declaration>…
```

例如：

```
package  AB;
import  java.util.List;
import  java.io.*;
public  class Student {
private  List Teacher;
public  void  display( ) { … }
}
```

包（package）是 Java 中为了方便管理各种类，将多个功能相似的类放在一组。包是管理类的有效机制，实际上对应一系列文件夹，管理类和平常管理文件类似。在 Java 中采用包的目的是管理不同的类，区分不同的任务，以及使自己编写的代码和别人提供的类能更好地区分开来。在 Java 中有 java.lang、java.net、java.util、java.io 等，所有的公开类都位于 java 或 javax 包中。本例中引入了包 java.io。

package 语句的语法为：

```
package  <top_pkg_name> [ .<sub_pkg_name>] * ;
```

举例：

```
package AB.college;
public class Student{
…
}
```

打成包后的类的编译和执行：

如果在程序 Student.java 中已定义了包 AB.college，编译时采用如下方式：

```
javac  Student.java
```

则编译器会在当前目录下生成 Student.class 文件，如果程序不在 AB\college 目录下，则必须再在适合位置（destpath 目录）手动创建这些子目录，将 Test.class 复制到该目录下，这样，这个类才可以被使用。

```
javac -d destpath Student.java
```

则编译器会自动在 destpath 目录下建立子目录 AB\college，并将生成的.class 文件都放到 destpath\AB\college 下。

在需要使用不同的包中的类时，使用 import 语句来引入所需要的类。

import 语句的语法为：

```
import  <pkg_name>[.<sub_pkg_name>].<class_name>;
import <pkg_name>[.<sub_pkg_name>].*;
```

编译器如何寻找 import 语句中指定的包或者类？

在 classpath 指定的路径下寻找。

默认情况下，系统会自动引入 java.lang 包中的所有类。

常用的包有：

java.lang——包含一些 Java 语言的核心类，如 String、Math、Integer、System 和 Thread，

提供常用功能。

java.awt——包含了构成抽象窗口工具集（Abstract Window Toolkits）的多个类，这些类被用来构建和管理应用程序的图形用户界面（GUI）。

java.applet——包含 Applet 运行所需的一些类。

java.net——包含执行与网络相关的操作的类。

java.io——包含能提供多种输入/输出功能的类。

java.util——包含一些实用工具类，如定义系统特性、使用与日期日历相关的函数。

（2）类。程序中定义了类 Employee，关键字 class 和类名之间应至少有一个空格，类名的第一个字符一般要大写。类名要求：不能使用关键字；第一个字符不能为数字；首字母应该大写，同包内不能重复；类名应该有意义。

类：对象的集合体，对象模板。举例说明：现实中的汽车是一个类，它具有车的共同属性和行为：如动力驱动，有 4 个或 4 个以上轮子，加油等。小汽车、面包车、卡车等都是它的子类，它们都具有汽车（其父类）的属性和行为（注意：子类也是类，它可能还有子类），这就是继承。Java 只支持单继承，即一个类只能有一个父类。对象是类的具体化：一个类可以有多个对象。一个类可以有多个子类，每个子类不尽相同。所谓“一母生九子，九子各不同”。如小汽车可以是四轮驱动也可以是两轮驱动等；桑塔纳 3000 有红的、白的、黑的等多种颜色（这个就是类的多态性）。我们可以使用桑塔纳 3000，但并不知道它是怎么造出来的，这种对用户隐藏实现细节就是封装。类的封装、继承和多态性是面向对象编程的 3 个核心特征。

类体是类名后面{ }里所包含的部分，其描述类的对象特征与行为。

程序中定义了类的特征含有 3 个变量：

```
private String sName;    //声明私有成员变量
private int iAge;
private float fSalary;
```

Employee()是类的构造方法，其修饰符为 public。

try~catch 是为了捕获输入/输出数据时的异常。

（3）类 BufferedReader 从字符输入流中读取文本，缓冲各个字符，从而实现字符、数组和行的高效读取。可以指定缓冲区的大小，或者可使用默认的大小。大多数情况下，默认值就足够大了。

通常，Reader 所做的每个读取请求都会导致对底层字符或字节流进行相应的读取请求。因此，建议用 BufferedReader 包装所有其 read()操作可能开销很高的 Reader（如 FileReader 和 InputStreamReader）。例如：

```
BufferedReader in
  =new BufferedReader(new FileReader("foo.in"));
```

将缓冲指定文件的输入。如果没有缓冲，则每次调用 read( )或 readLine( )都会导致从文件中读取字节，并将其转换为字符后返回，而这是极其低效的。

通过用合适的 BufferedReader 替代每个 DataInputStream，可以对将 DataInputStream 用于文字输入的程序进行本地化。

close( )关闭该流并释放与之关联的所有资源。

System.out.println( )表示标准输出结果后换行。如不需要换行，则是 System.out.print( )。

（4）Display()是类的一个成员方法。修饰符 public 表示其是公共的。void 表示运行后不返回任何类型的数据。

（5）main( )是主方法。如果一个类是可以独立运行的程序，必须包含有 main( )方法，这样的类也称为主类。main( )方法分为 5 个部分：

① 方法修饰符：public、static 修饰符。

② 方法返回值：void。

③ 方法名：main.

④ 方法形式参数列表：String 类型的数组。

⑤ 方法体：描述方法的功能。

（6）Employee Tom=new Employee();使用类 Employee 声明一个实例 Tom，使之与类的构造方法关联。这样实例 Tom 就具有了类 Employee 的所有特征和行为。因此可以引用类 Employee 的成员方法 Display()。

1.7 Java 与 Internet

我们知道，早先的 WWW 仅可以传送文本和图片，Java 的出现实现了互动的页面，是一次伟大的革命。Java 并不是为 Internet、WWW 而设计的，它也可以用来编写独立的应用程序。Java 是一种面向对象语言，Java 语言类似于 C++语言，所以已熟练掌握 C++语言的编程人员，再学习 Java 语言就容易得多！Java 程序需要编译，它被放置在 Internet 服务器上，当用户访问服务器时，Java 程序被下载到本地的用户机上，由浏览器解释运行。实际上有两种 Java 程序：一种 Java 应用程序是一个完整的程序，如 Web 浏览器；另一种 Java 小应用程序是运行于 Web 浏览器中的一个程序。Java 程序和它的浏览器 HotJava，提供了可让用户的浏览器运行程序的方法。用户能从浏览器里直接播放声音，还能播放页面里的动画，Java 还能告诉用户的浏览器怎样处理新的类型文件。

总而言之，Internet 推动了 Java 的发展。就像 Linux 因为全世界的黑客而变得更强大一样，全世界的程序员通过 Internet 让 Java 更加强大。这就是社区的力量。

由于 Java 的面向对象和其他特性，使得软件开发速度加快，因此 Java 开发在近几年一直是主流。从 Java 的 Applet 到如今的 Java EE，各种眼花缭乱的 Java EE 技术加速了网站开发。因此 Java 也在推动着 Internet 发展。

小　结

本章主要讲述了以下内容：

（1）Java 分为 3 个体系：Java SE（Java2 Platform Standard Edition，Java 标准版本），Java ME（Java2 Platform Micro Edition，Java 微型版本），Java EE（Java2 Platform Enterprise Edition，Java 企业版本）。

（2）Java 语言的特点：简单的；面向对象；面向网络；解释执行；健壮的；安全的；可移植的；多线程的；动态的。

（3）Java 虚拟机使得 Java 语言具有了跨平台等特点。

（4）运行 Java 文件时需要配置两个环境变量：一个是类路径 classpath 用于系统编译时所用到的类库路径；另一个是系统路径 path 用于系统自动寻找到所输入命令的正确位置。

（5）编写 Java 源文件的工具主要有两类：一类是文本编辑器，另一类是集成开发环境。

（6）Java 支持的两种注释方法："/*注释语句*/" 和 "//注释语句"。

（7）Java 语言中标识符的使用要遵循匈牙利命名法则。

（8）Java 程序有两类：一类是应用程序（Application）；一类是小应用程序（Applet）。前者主要是基于窗口或控制台的应用程序，后者主要是在 Web 上执行的 Java 程序。

（9）Java 与 C/C++语言的区别与联系。Java 继承了 C 的语法，Java 的对象模型是从 C++改编而来的。Java 去掉了 C++语言中的指针运算、结构、typedefs、#define、需要释放内存等功能。

（10）Java 与 Internet 的联系。

练　习　题

一、选择题

1. 常见的面向对象的程序设计语言包括（　　）。

　A. Pascal 和 C++　　B. C++和 Java

　C. Basic 和 Java　　D. Pascal 和 Java

2. 下面关于继承的哪些叙述是正确的？（　　）

　A. 在 Java 中只允许单一继承

　B. 在 Java 中一个类只能实现一个接口

　C. 在 Java 中一个类不能同时继承一个类和实现一个接口

　D. Java 的单一继承使代码更可靠

3. main( )方法的返回类型是什么？(　　)

　A. int　　B. void　　C. boolean　　D. static

4. 给出下面的代码:

```
if (x>0) { System.out.println("first"); }
else if (x>-3) { System.out.println("second"); }
else { System.out.println("third"); }
```

x 的取值在什么范围内时将打印字符串"second"? (　　)

　A. x > 0　　B. x > -3　　C. x <= -3　　D. x <= 0 & x > -3

5. 关于垃圾收集的哪些叙述是对的？（　　）

　A. 程序开发者必须自己创建一个线程进行内存释放的工作

　B. 垃圾收集将检查并释放不再使用的内存

　C. 垃圾收集允许程序开发者明确指定并立即释放该内存

　D. 垃圾收集能够在期望的时间释放被 Java 对象使用的内存

6. 在 Java API 文档中下面的哪些部分被包括在内？（　　）

　A. 类及用途的描述　　B. 父类的方法的列表

　C. 成员变量的列表　　D. 类层次

7. 给出下面的代码:
(1) public void modify() {
(2) int i, j, k;
(3) i=100;
(4) while (i>0) {
(5) j=i*2;
(6) System.out.println (" The value of j is " + j);
(7) k=k+1;
(8) i--;
(9) }
(10) }
哪些行在编译时可能产生错误?(　　)
A.(4)　　B.(6)　　C.(7)　　D.(8)

8. 下面有关 Java 代码安全性的叙述哪些是对的?(　　)
A. 字节码校验器加载查询执行需要的所有类
B. 运行时解释器执行代码
C. 在运行时,字节码被加载,验证然后在解释器里面运行
D. 类加载器通过分离本机文件系统的类和从网络导入的类增加安全性

9. 下面哪个 Java 源文件代码片断是对的?(　　)
A. package testpackage;
public class Test{//do something...}
B. import java.io.*;
package testpackage;
public class Test{// do something...}
C. import java.io.*;
class Person{// do something...}
public class Test{// do something...}
D. import java.io.*;
import java.awt.*;
public class Test{// do something...}

10. String s= "hello";
String t = "hello";
char c[] = {'h','e','l','l','o'} ;
哪些返回 true?(　　)
A. s.equals(t);
B. t.equals(c);
C. s==t;
D. t.equals(new String("hello"));
E. t==c.

11. 变量"result"是一个 boolean 型的值,下面的哪些表达式是合法的?(　　)
A. result=true;
B. if(result) { // do something... }

C. if(result!= 0) { // so something... }

D. result=1

12. 类 Teacher 和 Student 都是类 Person 的子类。

Person p;

Teacher t;

Student s;

p,t 和 s 都是非空值

if(t instanceof Person) { s=(Student)t; }

这个语句导致的结果是什么？(　　)

A. 将构造一个 Student 对象

B. 表达式合法

C. 编译时非法

D. 编译时合法而在运行时可能非法

13. 编译 Java Application 源程序文件将产生相应的字节码文件，这些字节码文件的扩展名为（　　）。

A. .java　　B. .class　　C. .html　　D. .exe

二、简答题

1. Java 语言的特点是什么？

2. 怎样解释和执行 Java 程序？

3. 应用程序和小应用程序的区别是什么？

三、实践操作题

1. 安装 JDK1.6，配置环境变量，并检测环境变量是否正确。

2. 下载安装 JDK API。

3. 利用 JCreator 编写应用程序，在屏幕上显示“Hello World!”。

4. 将题 3 中的应用程序改写成小应用程序，并运行之。

5. 练习思考题：

练习内容：运行下面的程序代码，并回答问题。

程序代码（见图 1-14）：

思考问题：

（1）上面的程序是 Application 还是 Applet?

（2）该程序的运行过程有几步？它们分别是什么？

（3）DrawString 方法中的第二个参数“10”和第三个参数“20”是什么意思？

将上面的程序改成另一种类型的 Java 程序，同样输出字符串“What am I,Application or Applet?”。

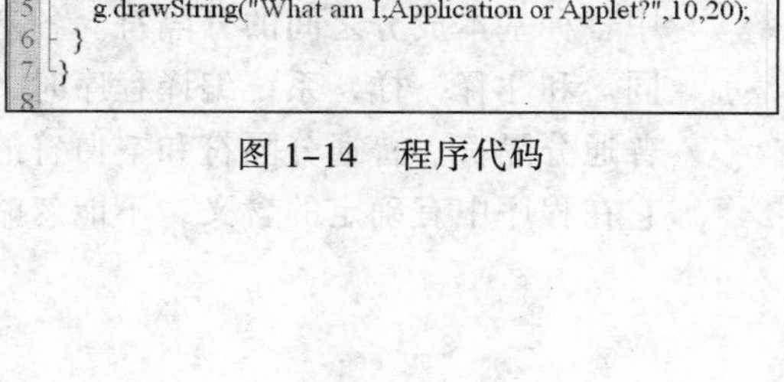

WhatAmI.java *
```
1 import java.awt.*;
2 import java.applet.*;
3 public class WhatAmI extends Applet {
4     public void paint(Graphics g){
5         g.drawString("What am I,Application or Applet?",10,20);
6     }
7 }
8
```

图 1-14　程序代码

第 2 章 Java 基本语法

2.1 Java 基础知识

Java 的语法是以 C/C++为主线的，但是克服了 C/C++中存在的一些缺陷，这样，使得具有一定 C/C++基础的读者学习 Java 语言变得非常简单。

2.1.1 Java 语言的组成

Java 语言包含标识符、关键字、运算符和分隔符等元素。这些元素有着不同的语法含义和组成规则，它们互相配合，共同组成 Java 的语句。

（1）标识符是由程序员自己定义的名称，命名最好能反映出作用，可由大小写字母、下划线、数字、$符号组成，长度没有限制，可以是大小写字母、下画线和$符号开头，但不能使用关键字。不过，Java 中有一个标识符命名约定：常量用大写字母，变量以小写字母开始，类以大写字母开始。如果一个变量名由多个单词构成，第一个单词后面的单词以大写字母开始，例如 anInt。下画线虽然可以作为标识符的一员，但常用于常量名的单词分隔，因为常量名都是以大写字母单词命名的。

还要注意一点，Java 严格区分字母大小写，标识符中的大小写字母被认为是不同的两个字符。例如以下是 4 个不同的合法标识符：ad，Ad，aD，Da。

（2）分隔符。分隔符用来区分源程序中的基本成分，可使编译器确认代码在何处分隔。分隔符有 3 种注释符、空白符和普通分隔符。

- 注释符。注释是程序员为了提高程序的可读性和可理解性，在源程序的开始或中间对程序的功能、作者、使用方法等所写的注解。注释仅用于阅读源程序，系统编译程序时，忽略其中的所有注释。注释有两种类型：
  - "//" 注释一行：以 "//" 开始，最后以回车结束。一般作单行注释使用，也可放在某个语句的后面；
  - "/*… */" 一行或多行注释：以 "/*" 开始，最后以 "*/" 结束，中间可写多行。
- 空白符。空白符包括空格、回车、换行和制表符（【Tab】键）等符号，用来作为程序中各种基本成分之间的分隔符。各基本成分之间可以有一个或多个空白符，其作用相同。和注释一样，系统编译程序时，只用空白符区分各种基本成分，然后忽略它。
- 普通分隔符。普通分隔符和空白符的作用相同，用来区分程序中的各种基本成分，但它在程序中有确定的含义，不能忽略。Java 有以下普通分隔符：

- .（句号）：用于分隔包、类或分隔引用变量中的变量和方法。
- ;（分号）：是 Java 语句结束的标志。
- ,（逗号）：用于分隔方法的参数和变量说明等。
- :（冒号）：说明语句标号。
- {}（大括号）：用来定义复合语句、方法体、类体及数组的初始化。
- []（方括号）：用来定义数组类型及引用数字的元素值。
- ( )（小括号）：用于在方法定义和访问中将参数表括起来，或在表达式中定义运算的先后次序。

2.1.2　Java 的数据类型

Java 是一门强类型语言。也就是说，所有的变量都必须显式声明类型。

Java 的数据类型分为两大类：原始类型（primitive type，也称为简单类型）和引用类型（reference type）。

原始类型指的是一个数、一个字符或者一个 true/false 值。它不提供任何与它们所持有的数据类型相关的行为。

引用类型数据以对象的形式存在，该类型变量的值是某个对象的句柄，而不是对象本身。声明引用类型变量时，系统只为该变量分配引用空间，并未创建一个具体的对象。

Java 有 8 种简单类型，如表 2-1 所示。

表 2-1　Java 中简单数据类型及其有效范围

数据类型	有效范围（bits）	数据类型	有效范围（bits）
boolean	1	char	16
byte	8	short	16
int	32	long	64
float	32	double	64

Java 中的数据类型分类如图 2-1 所表示。

图中的数据类型的用法继承了 C/C++语言中数据类型的特征，但是对于 Java 语言新增了两个数据类型：byte 和 boolean。对于 boolean 类型，需要指出的是：

（1）boolean 类型适于逻辑运算，一般用于程序流程控制。

（2）boolean 类型数据只允许取值 true 或 false，不可用 0 或非 0 的整数替代 true 和 false。

- 简单数据类型
  - 数值型
    - 整数类型（byte，short，int，long）
    - 浮点类型（float，double）
  - 字符型（char）
  - 布尔型（boolean）
- 引用数据类型
  - 类（class）
  - 接口（interface）
  - 数组

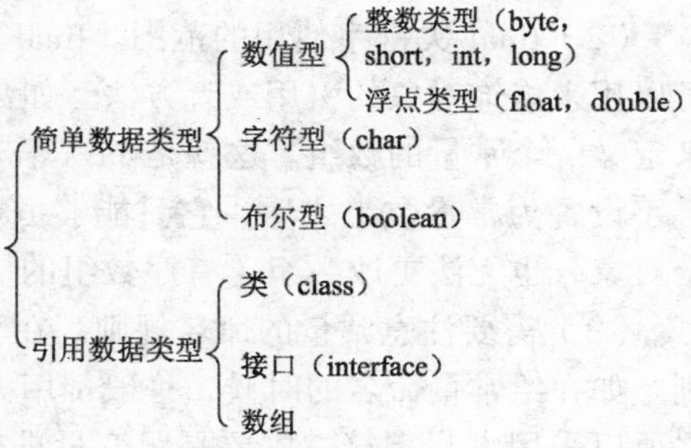

图 2-1　Java 中的数据类型分类

2.1.3　Java 的关键字

Java 中一些赋以特定的含义、并用作专门用途的单词称为关键字（keyword）。所有 Java 关键字都是小写的，DEFAULT、DO、NULL 等都不是 Java 关键字；goto 和 const 虽然从未被使用，但也作为 Java 关键字保留；Java 中的关键字如表 2-2 所示。true 和 false 虽然被用作特殊用途，但不是 Java 关键字。

表 2-2 Java 语言中的关键字

abstract	assert	boolean	break	byte
case	catch	char	class	const
continue	default	do	double	else
enum	extends	final	final,ly	float
for	goto	if	implements	import
instanceof	int	interface	long	native
new	package	private	protected	public
return	strictfp	short	static	super
switch	synchronized	this	throw	throw,s
transient	try	void	volatile	while

2.1.4 常量

常量是在程序运行过程中数值不会改变的量，其同样有不同的数据类型。例如：

```
public static final int aaa=1;
private static final String bbb="Hello world!";
```

常量定义的语法格式：

```
final <数据类型><符号常量名>=<符号常量值>;
```

常量定义的基本注意事项：

在 Java 语言中，主要是利用 final 关键字（在 Java 类中灵活使用 static 关键字）来定义常量。当常量被设定后，一般情况下就不允许再进行更改。如可以利用如下的形式来定义一个常量：final double PI=3.1315。在定义这个常量时，需要注意如下内容：

（1）常量在定义的时候，就需要对常量进行初始化。也就是说，必须要在常量声明时对其进行初始化。跟局部变量或者成员变量不同。当在常量定义时初始化后，在应用程序中就无法再次对这个常量赋值。如果强行赋值的话，数据库会弹出错误信息，并拒绝接受这一个新的值（接口中定义的常量的访问方法）。

（2）final 关键字使用的范围。final 关键字不仅可以用来修饰基本数据类型的常量，还可以用来修饰对象的引用或者方法。如数组就是一个对象引用。为此可以使用 final 关键字来定义一个常量的数组。这就是 Java 语言中一个很大的特色。一旦一个数组对象被 final 关键字设置为常量数组之后，它只能够恒定地指向一个数组对象，无法将其改变指向另外一个对象，也无法更改数组（有序数组的插入方法可使用的二分查找算法）中的值。

（3）需要注意常量的命名规则。在 Java 语言中，定义常量的时候，也有自己的一套规则。如在给常量命名的时候，一般都用大写字符。在 Java 语言中，大小写字符是敏感的。之所以采用大写字符，主要是跟变量进行区分。虽然说给常量命名时采用小写字符，也不会有语法上的错误。但是，为了在编写代码时能够一目了然地判断变量与常量，最好还是将常量设置为大写字符。另外，在常量中，往往通过下画线来分隔不同的字符，而不像对象名或者类名那样，通过首字符大写的方式来进行分隔。这些规则虽然不是强制性的规则，但是为了提高代码友好性，方便开发团队中其他成员阅读，这些规则还是需要遵守的。

总之，Java 开发人员需要注意的是，被定义为 final 的常量需要采用大写字母命名，并且中间最好使用下画线作为分隔符来进行连接多个单词。定义为 final 的数据不论是常量、对象引用还是数组，在主函数中都不可以改变。否则的话，会被编辑器拒绝并提示错误信息。

final 关键字与 static 关键字可以同时使用。

由于 Java 是面向对象的语言，所以在定义常量时还有与其他编程语言不同的地方。如一段程序代码从编辑到最后执行，需要经过两个过程，分别为代码的装载与对象的建立。不同的过程对于常量的影响是不同的。现在假设有如下的代码：

```
private static Random rd1=new Random();          //实例化一个随机数生成对象
private final int int1=rd1.nestInt(10);           //生成随机数并赋值给常量int1
private static final int int2=rd1.nestInt(10);//生成随机数并赋值给常量int2
```

这上面的语句的大致含义是，通过 Java 语言提供的随机数类对象，生成随机数，并把生成的随机数赋值给常量 int1 与 int2。细心的读者会发现，虽然同样是赋值语句，但是以上两个语句中有一个细小的差别，即在第二条语句中多了一个关键字 static。这个是一个静态的概念，即当利用 static 关键字来修饰一个变量的时候，在创建对象之前就会为这个变量在内存中创建一个存储空间。以后创建对象，如果需要用到这个静态变量，那么就会共享这个变量的存储空间。也就是说，在创建对象的时候，如果用到这个变量，那么系统不会为其再分配一个存储空间，而只是将这个内存存储空间的地址赋值给它。如此做的好处就是可以让多个对象采用相同的初始变量。当需要改变多个对象中变量值的时候，只需要改变一次即可。从这个特性上来说，其跟常量的作用比较类似。不过其并不能够取代常量的作用。

那么以上两条语句有什么差别吗?我们首先来看

```
private final int int1=rd1.nestInt(10)
```

这条语句。虽然 int1 也是一个常量，但是其是在对象建立的时候初始化的。如现在需要创建两个对象，那么需要对这个变量初始化两次。而在两次对象初始化的过程中，由于生成的随机数不同，所以常量初始化的值也不同。最后导致的结果就是，虽然 int1 是常量，但是在不同对象中，其值有可能是不同的。可见，定义为 final 的常量并不是恒定不变的。因为默认情况下，定义的常量是在对象建立的时候被初始化。如果在建立常量时，直接赋一个固定的值，而不是通过其他对象或者函数来赋值，那么这个常量的值就是恒定不变的，即在多个对象中值也是相同的。但是如果在给常量赋值的时候，采用的是一些函数或者对象（如生成随机数的 Random 对象），那么每次建立对象时其给常量的初始化值就有可能不同。这往往是程序开发人员不愿意看到的。有时候程序开发人员希望建立再多的对象，其在多个对象中引用常量的值都是相同的。

要实现这个需求，有两个方法。一是在给常量赋值的时候，直接赋予一个固定的值，如 abcd 等，而不是一个会根据环境变化的函数或者对象。像生成随机数的对象，每次运行时其结果都有可能不同，利用这个对象来对常量进行初始化，则可能每次创建对象时结果都不同。最后这个常量只能够做到在一个对象内是恒定不变的，而无法做到在一个应用程序内是恒定不变的。另外一个方法就是将关键字 static 与关键字 final 同时使用。一个被定义为 final 的对象引用或者常量只能够指向唯一的一个对象，不可以将他再指向其他对象。但是，正如上面举的一个随机数的例子，对象本身的值是可以改变的。为了做到一个常量在一个应用程序内真的不被更改，就需要将常量声明为 static final 的常量。正如上面所说的，当执行一个应用程序的时候，可以分为两个步骤，分别为代码装载与对象创建。为了确保在所有情况下（即创建多个对象情况下）应用程序还能够得到一个相同值的常量，那么就最好告诉编译器，在代码装载时就初始化常量的值。然后在后续创建对象时，只引用这个常量对象的地址，而不对其进行再次初始化。就如同 private static final int int2=rd1.nestInt(10)这种形式来定义常量。如此，在后续多次创建对象后，这个常量 int2 的值都是相同的。因为在创建对象时，其只是引用这个常量，而不会对这个常量再次进行初始化。

由于加上这个 static 关键字之后，相当于改变了常量的作用范围。为此程序开发人员需要了解自己的需求，然后选择是否需要使用这个关键字。在初始化常量的时候，如果采用函数（如系统当前时间）或者对象（如生成随机数的对象）来初始化常量，可以预见到在每次初始化这个常量时可能得到不同的值，就需要考虑是否要采用这个 static 关键字。一般情况下，如果只需要保证在对象内部采用这个常量，那么这个关键字就可有可无。但是反过来，如果需要在多个对象中引用这个常量，并且需要其值相同，那么就必须要采用 static 关键字。以确保不同对象中都只有一个常量的值。或者说，不同对象中引用的常量其实指向的是内存中的同一块区域。

【例 2-1】编写程序实现求圆柱体的体积。(圆柱的体积=底面积×高)

```
/*CylinderVolume.java: 声明使用符号常量*/
import java.io.*;                                    //插入包
public class CylinderVolume                          //声明一个类 CylinderVolume
{
public static void main(String args[])
{
   final float PI=3.14f;                             //声明浮点型符号常量
   float  fR,fH,fVolume;                             //声明浮点型变量
   try
   {
      BufferedReader inObj=new BufferedReader
            (new InputStreamReader(System.in));
      System.out.println("请指定圆柱体的半径: ");
                                                     //为变量 fR 赋值
      fR=Float.parseFloat(inObj.readLine());
      System.out.println("请指定圆柱体的高: ");
                                                     //为变量 fH 赋值
      fH=Float.parseFloat(inObj.readLine());
      inObj.close();
      fVolume=PI*fR*fR*fH;                           //求圆柱体的体积
      System.out.println("圆柱体的半径是: \t"+fR);         //显示圆柱体的半径
      System.out.println("圆柱体的高是: \t"+fH);           //显示圆柱体的高
      System.out.println("圆柱体的体积是: \t"+fVolume);    //显示圆的体积
   }
   catch(Exception e)
   {
      System.out.println(e);
   }
}
}
```

程序运行结果如图 2-2 所示。

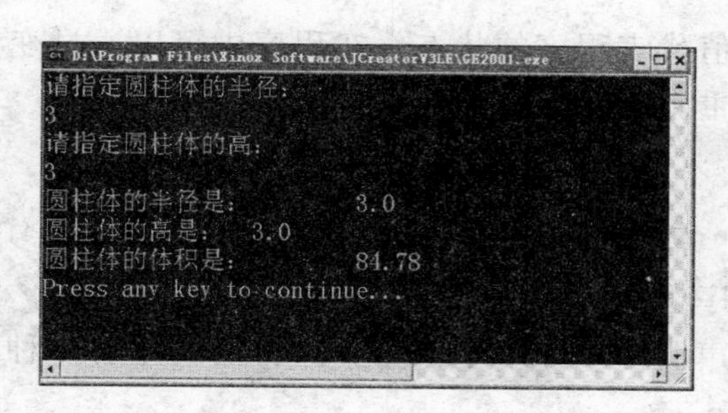

图 2-2 CylinderVolume.java 的运行结果

2.1.5 变量

变量其实是一小块内存的区域，一个程序运行的时候，是位于内存中开始运行，每个变量使用之前必须先声明，然后进行赋值，也就是在内存中的一个区域填充内容，以后直接通过它的名字使用它。

由于 Java 语言是一种强类型的语言，所以变量在使用以前必须首先声明，在程序中声明变量的语法格式如下：

```
DataType variableName;
```

例如：`int x;`

在该语法格式中，数据类型可以是 Java 语言中任意的类型，包括前面介绍到的基本数据类型以及复合数据类型。变量名称是该变量的标识符，需要符合标识符的命名规则，在实际使用中，该名称一般和变量的用途对应，这样便于程序的阅读。数据类型和变量名称之间使用空格进行分隔，空格的个数不限，但是至少需要 1 个。语句使用“;”作为结束。

也可以在声明变量的同时，设定该变量的值，语法格式如下：

```
DataType variableName=value;
```

例如：`int x=10;`

在该语法格式中，前面的语法和上面介绍的内容一致，后续的“=”代表赋值，其中的“值”代表具体的数据。在该语法格式中，要求值的类型要和声明变量的数据类型一致。

也可以一次声明多个相同类型的变量，语法格式如下：

```
DataType variableName1, variableName2,…, variableNamen;
```

例如：int x,y,z；在该语法格式中，变量名之间使用“,”分隔，这里的变量名称可以有任意多个。

也可以在声明多个变量时对变量进行赋值，语法格式如下：

```
DataType variableName1= value1, variableName2= value2,…, variableNamen=
valuen;
```

例如：int x=10，y=20，z=40;

也可以在声明变量时，有选择地进行赋值，例如：int x，y=10，z；以上语法格式中，如果同时声明多个变量，则要求这些变量的类型必须相同，如果声明的变量类型不同，则只需要分开声明即可，例如：

```
int n=3;
boolean b=true;
char c;
```

在程序中，变量的值代表程序的状态，在程序中可以通过变量名称来引用变量中存储的值，也可以为变量重新赋值。例如：

```
int n=5;
n=10;
```

在实际开发过程中，需要声明什么类型的变量，需要声明多少个变量，需要为变量赋什么数值，都根据程序逻辑决定。

变量的分类。根据声明方式详细来区分，Java 的变量有 7 种，下面的程序代码展示了这 7 种变量的声明方式：

```
class Myclass
{
      static int a;
      int b;
      public static void myMethod(int c)
{
        try {
             int d;
             }
catch(Exception e)
{
             }
         }
        MyClass(int f)
 {
           int[]g = new int[100];
           }
      }
```

（1）class variable（类变量）：声明在 class 内，method 之外，且使用 static 修饰的变量，例如 a。

（2）instance variable（实例变量）：声明在 class 内，method 之外，且未使用 static 修饰的变量，例如程序的 b。

（3）method parameter（方法参数变量）：声明在 method 小括号内的变量，例如 c。

（4）local variable（狭义的局部变量）：声明在 method 内的变量，例如 d 和 g.。

（5）exception-handler parameter（异常处理参数变量）：声明在 catch 小括号内的变量，例如 e。

（6）constructor parameter（构造方法参数变量）：声明在 constructor 小括号内的变量，例如 f。

（7）array element（数组元素）：数组的元素值没有识别名称，必须透过数组和索引值(index)来识别，例如 g[0]。

根据变量内存来分类，Java 的变量有两种，包括了：

（1）heap variable（堆变量）：占用的内存在堆中，这类变量包括了类变量、实例变量、数组元素变量，即前面程序的 a，b，g[0]。这类变量会自动被 JVM 初始化默认值。

（2）stack variable（堆栈变量）：通常广义的局部变量(pan-local variable)，其占的内存在堆栈中，这类变量包括了狭义的局部变量、方法参数变量、异常处理参数变量、构造方法参数变量，即前面程序的 c，d，e，f。狭义的局部变量不会被 JVM 初始化成默认值，使用者必须自行初始化该变量，但是参数类（包括方法参数、异常处理参数、构造方法参数）会被 JVM 初始化成传入值。

根据使用方式来为变量分类分别是：

（1）类变量：即上例的 a。

（2）实例变量：即上例的 b。

（3）广义的局部变量：包含上例的 c，d，e，f，这四者的差别很小，直接归为一类。

至于"数组元素"（array component）则不在此三类中，但是"数组元素"并不常被注意到，为它多分出一类的用处不大，通常将数组视为对象，将数组元素视为对象的实例变量。

每个变量都有特定的作用范围，也叫作有效范围或作用域，只能在该范围内使用该变量，否则将提示语法错误。通常情况下，在一个作用范围内部，不能声明名称相同的变量。

变量的作用范围指从变量声明的位置开始，一直到变量声明所在的语句块结束的大括号为止。例如以下代码：

```
{
{
int a=10;
a=2;
}
char c;
}
```

在该代码中，变量 a 的作用范围即从第三行到第五行，变量 c 的作用范围即从第六行到第七行。

【例 2-2】 编写程序求圆柱体的体积。（圆柱的体积=底面积×高）

```
  /*CyVolume.java: 使用变量*/
import java.io.*;                       //插入包
public class CyVolume                   //声明一个类 CyVolume
{
public static void main(String args[])
{
    final float PI=3.14f;               //声明浮点型符号常量
    float  fR,fH,fVolume;               //声明浮点型变量
       fR=3.0f;
       fH=3.0f;
       fVolume=PI*fR*fR*fH;             //求圆柱体的体积
                                        //以下代码显示赋值后变量值
    System.out.println("圆柱体的半径是: \t"+fR);       //显示圆柱体的半径
    System.out.println("圆柱体的高是: \t"+fH);         //显示圆柱体的高
    System.out.println("圆柱体的体积是: \t"+fVolume);  //显示圆的体积

}
}
```

程序运行结果如图 2-3 所示。

```
D:\Program Files\Xinox Software\JCreatorV3LE\GE200)...
圆柱体的半径是:        3.0
圆柱体的高是:   3.0
圆柱体的体积是:        84.78
Press any key to continue...
```

图 2-3　CyVolume.java 的运行结果

2.1.6 数组

数组是有序数据的集合，数组中的每个元素具有相同的数组名和下标，以唯一地确定数组中的元素。Java 的数组是 Java 编程语言中比较特殊的一种类型，因为 Java 把数组当成一种对象来进行处理。数组的语法格式主要有 4 种：数组声明、数组初始化、引用数组元素和获得数组长度。

1. 数组声明

和变量类似，数组在使用以前也必须声明，数组的声明语法格式为：

```
数据类型 数组名称[]
```

或：
```
数据类型[] 数组名称
```

例如：

```
int m[];
char c[];
double d[];
```

这里的数据类型可以是Java语言的任意数据类型，也就是说既可以是基本数据类型，也可以是复合数据类型。在声明数组时使用一对中括号，该对中括号既可以放在数据类型的后面，也可以放在数组名称的后面。数组名称是一个标识符，可以根据需要设置其名称，在程序中使用该名称代表该数组。注意：数组声明中，不能包含数组的长度。

这两种声明的语法格式在实际使用时完全等价，可以根据习惯进行使用。

数组声明以后在内存中不占用空间，没有地址，由于数组是复合数据类型，所以声明完成以后其默认值是 null。数组声明以后不能直接使用，必须对其初始化。

2. 数组初始化

数组初始化就是对数组进行赋值。数组的初始化语法分为两种：静态初始化和动态初始化。静态初始化适用于已知数组所有元素的值，一次初始化所有元素，动态初始化只申请空间，每个元素的值是数组声明时数据类型对应的初始值。

1）静态初始化

静态初始化，也称数组的整体赋值，是一次为数组中所有元素依次进行赋值的语法，可以指定数组中每个元素的值，同时也指定了数组的长度。

语法格式为：

```
数据类型[] 数组名称 = {值 1，值 2，……，值 n};
```

例如：

```
int[] m = {1,2,3,4};
char c[] = {'a','f','d'};
```

静态初始化必须和数组的声明位于同一行，换句话说，只能在声明数组的同时进行静态初始化。数组中的所有元素写在一对大括号的内部，系统按照值的书写顺序依次为数组运算进行赋值，例如数组 m，则将 1 赋值给 m 数组的第一个元素，2 赋值给 m 数组的第二个元素，依次类推，数组的总长度等于静态初始化时数值的个数。在实际书写时，需要注意，值的类型必须和数组声明时的类型匹配，或者可以自动进行转换。

在实际程序中，静态初始化一般书写一组已知的无规律数值，这样书写起来比较简单，格式比较统一。

2）动态初始化

动态初始化，也就是只为数组指定长度，并且在内存中申请空间。动态初始化可以不必和数组的声明放在一起，也可以重新初始化一个已初始化的数组。

动态初始化的语法格式：`数据类型[] 数组名称 = new 数据类型[长度];`

例如：

```
int[] m=new int[10];
char[] c;
n=new char[3];
```

提示：动态初始化使用 new 关键字进行初始化，new 关键字后续的数据类型要求和数组声明时的数据类型一样，中括号内部是需要初始化的数组长度，该长度值可以是数字也可以是整型变量，如果是整型变量则不能为 long 型。在实际使用时，也可以先声明再进行动态初始化。

动态初始化指定了数组的长度，在内存中申请了对应长度的空间，而每个元素的值取数组数据类型对应的默认值。默认值的规定如下：

（1）boolean 类型的默认值是 false。

（2）其他 7 种基本数据类型是 0。

说明：char 的默认值是编码为 0 的字符，而不是字符 0。

3. 引用数组元素

数组是一组数的集合，在实际使用时还需要引用数组中的每个元素。则引用数组中元素的语法格式为：

```
数组名称[下标]
```

其中，下标指数组中每个元素的索引值，Java 语法规定数组中的第一个元素索引值是 0，第二个是 1，依次类推。在程序书写时，下标位置既可以书写常数也可以书写变量。而整个引用元素的表达式可以看作是一个变量，该变量的类型和数组的类型一致。

示例代码如下：

```
int[] m={3,2,4,6};
m[1]=4;
m[2]=m[3]+m[0];
```

在代码中，可以使用变量作为下标，示例代码如下：

```
char[] ch=new char[10];
int i=2;ch[i]='a';
```

使用变量作为数组的下标，极大地增强了数组元素使用的灵活性，也是灵活使用数组必须深刻理解的内容。

因为数组的下标都从 0 开始，依次增加 1，超过其下标最大值即是非法的。在代码中出现非法的下标不会出现语法错误，但是会导致运行时出现异常。

4．获得数组长度

为了方便地操作数组，Java 语法中提供了获得数组长度的语法格式。对于一个已经初始化完成的数组，获得该数组长度的语法格式为：数组名称。length；示例代码如下：

```
int[] n={1, 2, 3, 4, 6};
int len=n.length;
```

则在该代码中 n.length 代表数组 n 的长度，由数组的初始化可以看出数组 n 的长度是 5，则变量 len 的值将是 5。使用该语法，可以只需要知道数组的名称就可以获得数组的长度，便于灵活操作数组。

综合前面下标的语法和长度的语法，则输出数组 n 中所有元素的代码为：

```
for (int i=0; i<len; i++) {
System.out.println (n[i]) ;
}
```

这种使用数组的方式称作数组的遍历，遍历数组是使用数组的基础，也是很多和数组相关逻辑实现的基础。

5．数组引用之间的相互赋值

只有相同类型的数组引用才可以相互赋值引用。

基本类型的数组引用之间是不可以相互赋值的，即使基本类型之间存在隐式的转换提升关系。

但是，对于对象引用型的数组，子类型的引用可以被赋给父类型，但反过来不成立。

多维数组的赋值首先要注意维数必须相同。

【例 2-3】一维数组举例。

```
public class ArrayTest
{
public static void main(String args[])
{
    int i;
    int a[]=new int[5];
    for(i=0;i<5;i++)
    a[i]=i;
    for(i=a.length-1;i>=0;i--)
    System.out.println("a["+i+"]="+a[i]);
}
}
```

程序运行结果如图 2-4 所示。

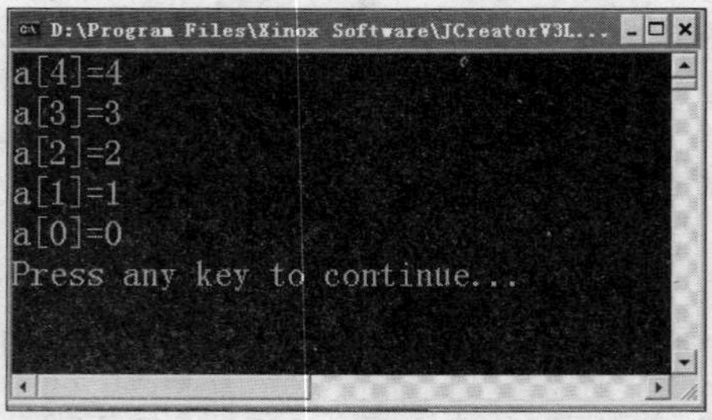

```
D:\Program Files\Xinox Software\JCreatorV3L...
a[4]=4
a[3]=3
a[2]=2
a[1]=1
a[0]=0
Press any key to continue...
```

图 2-4　ArrayTest.java 的运行结果

【例 2-4】编写程序实现冒泡排序。

说明：冒泡排序（BubbleSort）的基本概念是：依次比较相邻的两个数，将小数放在前面，大数放在后面。即在第一趟：首先比较第 1 个和第 2 个数，将小数放前，大数放后。然后比较第 2 个数和第 3 个数，将小数放前，大数放后，如此继续，直至比较最后两个数，将小数放前，大数放后。至此第一趟结束，将最大的数放到了最后。在第二趟：仍从第一对数开始比较（因为可能由于第 2 个数和第 3 个数的交换，使得第 1 个数不再小于第 2 个数），将小数放前，大数放后，一直比较到倒数第二个数（倒数第一的位置上已经是最大的），第二趟结束，在倒数第二的位置上得到一个新的最大数（其实在整个数列中是第二大的数）。如此下去，重复以上过程，直至最终完成排序。由于在排序过程中总是小数往前放，大数往后放，相当于气泡往上升，所以称作冒泡排序。

```
public class BubbleSort
{
    public static void main(String[] args)
    {
        int[] values ={3,1,6,2,9,0,7,4,5};
        sort(values);
        for(int i=0; i<values.length; ++i)
       {
          System.out.println("Index: "+i+"Value:"+values[i]);
        }
    }

    public static void sort(int[]  values)
    {
        int temp;
        for(int i=0 ; i<values.length ; ++i)
        {
            for(int j=0; j<values.length-i-1; ++j)
            {
                if(values[j]>values[j+1])
                {
                    temp=values[j];    //实现数组元素两两交换
                    values[j]=values[j+1];
                    values[j+1]=temp;
                }
            }
        }
    }
}
```

程序运行结果如图 2-5 所示。

图 2-5　BubbleSort.java 的运行结果

2.2　运算符及其优先级

Java 语言中的运算符号包括基本运算符、条件运算符和逗号运算符号。其中，基本运算符号有算术运算符、算术赋值符、一元增/减量运算符、比较运算符和逻辑运算符，如表 2-3 所示。

表 2-3　Java 语言中的运算符

序列号	符号	名称	结合性（与操作数）	目数	说明
1	.	点	从左到右	双目	
	()	圆括号	从左到右		
	[]	方括号	从左到右		
2	+	正号	从右到左	单目	
	-	负号	从右到左	单目	
	++	自增	从右到左	单目	前缀增，后缀增
	- -	自减	从右到左	单目	前缀减，后缀减
	~	按位非/取补运算	从右到左	单目	
	!	逻辑非	从右到左	单目	“!” 不可以与 “=” 联用
3	*	乘	从左到右	双目	
	/	除	从左到右	双目	整数除法：取商的整数部分，小数部分去掉，不四舍五入
	%	取余	从左到右	双目	
4	+	加	从左到右	双目	
	-	减	从左到右	双目	
5	<<	左移位运算符	从左到右	双目	
	>>	带符号右移位运算符	从左到右	双目	
	>>>	无符号右移	从左到右	双目	
6	<	小于	从左到右	双目	
	<=	小于或等于	从左到右	双目	
	>	大于	从左到右	双目	
	>=	大于或等于	从左到右	双目	
	instanceof	确定某对象是否属于指定的类	从左到右	双目	
7	==	等于	从左到右	双目	
	!=	不等于	从左到右	双目	
8	&	按位与	从左到右	双目	
9	|	按位或	从左到右	双目	
10	^	按位异或	从左到右	双目	
11	&&	短路与	从左到右	双目	
12	||	短路或	从左到右	双目	
13	? :	条件运算符	从右到左	三目	

续表

序列号	符号	名称	结合性（与操作数）	目数	说明
14	=	赋值运算符	从右到左	双目	
	+=	混合赋值运算符			
	-=				
	*=				
	/=				
	%=				
	&=				
	|=				
	^=				
	<<=				
	>>=				
	>>>=				

下面，对表 2-3 进行一些说明。

（1）算术运算符。+ :加法；- ：减法；* ：乘法；/ ：除法；% ：取余运算。

（2）关系运算符。< ：只能比较基本类型数据之间的关系，不能比较对象之间的关系。">""<="">=""=="同关系运算符"<"。== ：若使用该运算符比较两个对象的引用（变量），则实质上是比较两个变量是否引用了相同的对象。所谓相同的对象是指，是否是在堆栈（Heap）中开辟的同一块儿内存单元中存放的对象。"!="同关系运算符"=="。

若比较两个对象的引用（变量）所引用的对象的内容是否相同，则应该使用 equals()方法，该方法的返回值类型是布尔值。需要注意的是：若用类库中的类创建对象，则对象的引用调用 equals()方法比较的是对象的内容；若用自定义的类来创建对象，则对象的引用调用 equals()方法比较的是两个引用是否引用了同一个对象，因为第二种情况 equals()方法默认的是比较引用。

（3）逻辑运算符（操作符只能是布尔类型的）。"&&""||""!"均为逻辑运算符。

（4）位运算符。"&""|""^""!"均为位运算符。其中"!"不可以与"="联用，因为"!"是一元操作符。不可以对布尔类型的数据进行按位非运算。

（5）移位运算符（只能处理整数运算符）。Char、byte、short 类型变量，在进行移位之前，都将被转换成 int 类型，移位后的结果也是 int 类型；移位符号右边的操作数只截取其二进制的后 5 位（目的是防止因为移位操作而超出 int 类型的表示范围：2^5=32，int 类型的最大范围是 32 位）；对 long 类型进行移位，结果仍然是 long 类型，移位符号右边的操作符只截取其二进制的后 6 位。

<< ：左移位运算符。

>> ：若符号位为正，则在最高位插入 0；若符号位为负，则在最高位插入 1。

>>> ：无论正负，都在最高位插入 0。

运算符的优先级和结合性如表 2-4 所示。

表 2-4 运算符的优先级和结合性

<table>
<tr><th>优先级</th><th>操作符</th><th>结合性</th></tr>
<tr><td>1</td><td>::</td><td>左</td></tr>
<tr><td>2</td><td>. -> [] ()</td><td>左</td></tr>
<tr><td>3</td><td>++ -- ~ ! - + & * () sizeof new delete castname_cast<type>
单目操作符</td><td>右</td></tr>
<tr><td>4</td><td>. * -></td><td>左</td></tr>
<tr><td>5</td><td>* / %</td><td>左</td></tr>
<tr><td>6</td><td>+ -</td><td>左</td></tr>
<tr><td>7</td><td><< >></td><td>左</td></tr>
<tr><td>8</td><td>< <= > >=</td><td>左</td></tr>
<tr><td>9</td><td>== !=</td><td>左</td></tr>
<tr><td>10</td><td>&</td><td>左</td></tr>
<tr><td>11</td><td>^</td><td>左</td></tr>
<tr><td>12</td><td>|</td><td>左</td></tr>
<tr><td>13</td><td>&&</td><td>左</td></tr>
<tr><td>14</td><td>||</td><td>左</td></tr>
<tr><td>15</td><td>?:</td><td>右</td></tr>
<tr><td>16</td><td>= *= /= %= += -= <<= >>= &= |= ^=</td><td>右</td></tr>
<tr><td>17</td><td>throw</td><td>左</td></tr>
<tr><td>18</td><td>,</td><td>左</td></tr>
</table>

【例 2-5】运算符使用举例。

```
/* 程序 Operators.java: 运算符的使用*/
import java.io.*;                        //插入包
public class Operators
{
public static void main(String args[])
{
   //算术运算
   int vTot1=10+3*5;
   System.out.println(vTot1);        //输出 25
   int vTot2=100/4*5;
   System.out.println(vTot2);        //输出 125
    //优先级
   int vTot3=(10+3)*5;
   System.out.println(vTot3);        //输出 65
   int vTot4=100/(4*5);
   System.out.println(vTot4);        //输出 5
   int vTot5=7+(5*(8/2)+(4+6));
   System.out.println(vTot5);        //输出 37
    //求模运算
   int vRe1=7%3;
   int vRe2=0%3;
   int vRe3=2%3;
   System.out.println(vRe1);         //输出 1
   System.out.println(vRe2);         //输出 0
```

```
        System.out.println(vRe3);       //输出 2
         //增减运算:
        int iNum=1;
        int iRe=(iNum++)+(iNum++)+(iNum++);
        System.out.println("First Ouput Result: ");
        System.out.println("iRe="+iRe+"\tiNum="+iNum);    //输出 6、4
        iNum=1;
        iRe=(++iNum)+(++iNum)+(++iNum);
        System.out.println("Second output result: ");
        System.out.println("iRe="+iRe+"\tiNum="+iNum);    //输出 9、4
        iNum=1;
        iRe=-iNum++;
        System.out.println("Third output result: ");
        System.out.println("iRe="+iRe+"\tiNum="+iNum);    //输出-1、2
         //条件运算符
        int iNum1=10,iNum2=20,iMax;
        iMax=iNum1>iNum2 ? iNum1:iNum2;
        System.out.println("两个整数大者是:"+iMax);
    }
}
```

程序运行结果如图 2-6 所示。

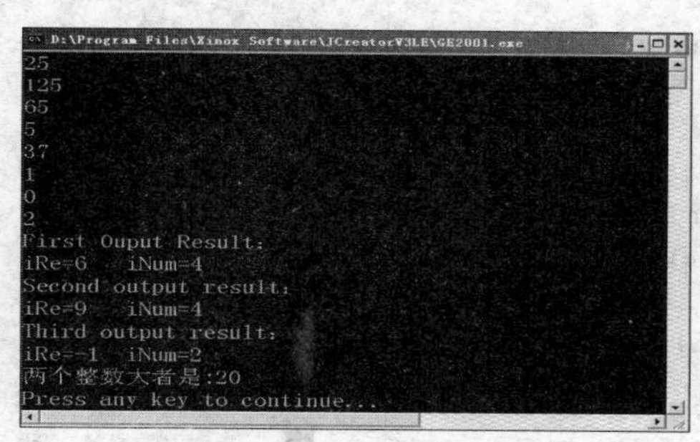

图 2-6　程序 Operators.java 的运行结果

2.3　条件判断和循环

2.3.1　条件判断

1. if 语句

if 语句是 Java 语言选择控制或分支控制语句之一，用来对给定条件进行判断，并根据判断的结果（真或假）决定执行给出的两种操作之一。

if 语句包括 3 种形式（图 2-7 描述了 3 种 if 语句分支形式的流程图）：

- 单分支 if 语句。
- 双分支 if 语句。
- 多分支 if 语句。

1）单分支 if 语句

语句的格式：

```
if(条件表达式){
     语句块
}
```

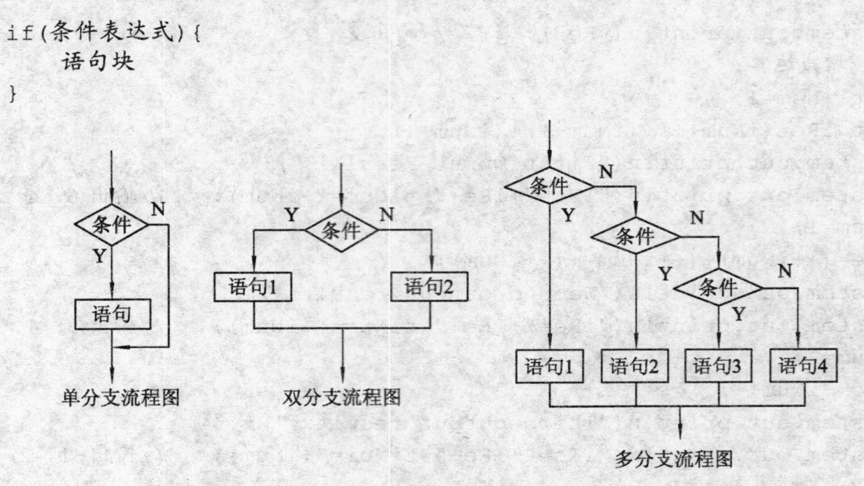

图 2-7　三种形式 if 语句的流程图

【例 2-6】使用单分支条件判断实现：要求用户输入年龄，只有当用户年龄输入大于等于 18 岁的时候，输出“欢迎请进!”。

```
import java.io.*;
public class Age
{
public static void main(String[] args)
{
    try{
        BufferedReader inObj=new BufferedReader   (new
        InputStreamReader(System.in));
        System.out.println("Input age: ");
        int age=Integer.parseInt(inObj.readLine());
         if(age>=18){
            System.out.println("欢迎请进");
        }
    }
    catch(Exception e)
    {
        System.out.println(e);
    }
}
}
```

程序运行结果如图 2-8 所示。

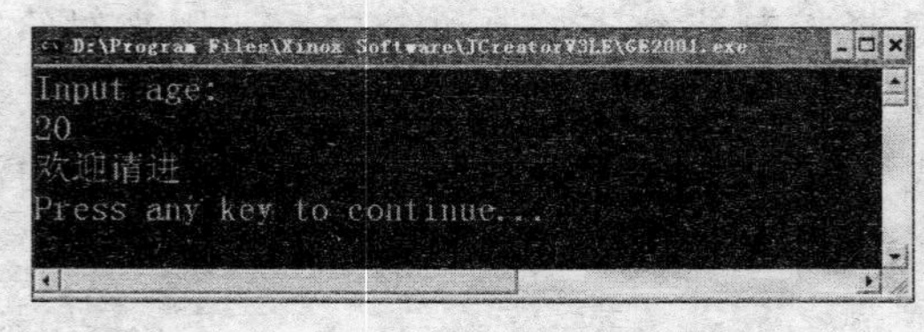

图 2-8　Age.java 的运行结果

2）双分支 if 语句

语句格式：

```
if(条件表达式){
```

```
    语句块 1
}else{
        语句块 2
}
```

【例 2-7】将例 2-6 用双分支条件判断来实现。

```
import java.io.*;
public class Age2
{
public static void main(String[] args)
{
    try{
        BufferedReader inObj=new BufferedReader  (new
        InputStreamReader(System.in));
        System.out.println("Input age: ");
        int age=Integer.parseInt(inObj.readLine());
        if(age>=18){
            System.out.println("欢迎请进");
        }
        else
        System.out.println("未成年人禁止进入");
    }
    catch(Exception e)
    {
        System.out.println(e);
    }
}
}
```

程序运行结果如图 2-9 所示。

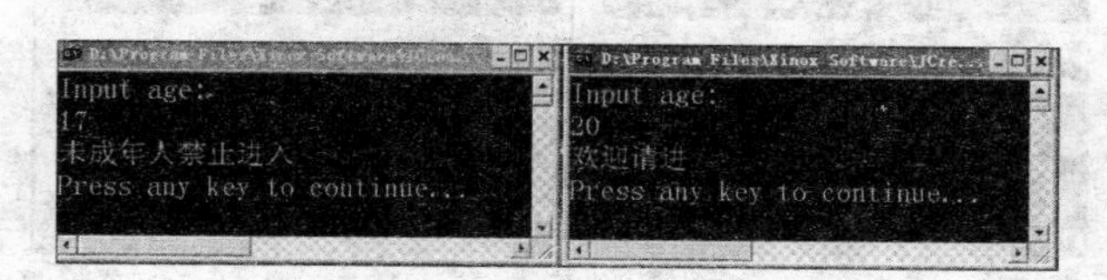

图 2-9　Age2.java 运行结果

3）多分支 if 语句

语句格式：

```
if(条件表达式 1){语句块 1}
else if(条件表达式 2){语句块 2}
else if(条件表达式 3){语句块 3}
…
else if(条件表达式 m-1){语句块 m-1}
else{语句块 m}
```

【例 2-8】将例 2-6 用多分支条件判断实现。

```
import java.io.*;
public class Age3
{
public static void main(String[] args)
{
    try{
```

```
        BufferedReader inObj=new BufferedReader  (new
        InputStreamReader(System.in));
        System.out.println("Input age: ");
        int age=Integer.parseInt(inObj.readLine());
         if(age>=60){
        System.out.println("欢迎你，老人家");
        }
          else if(age>=40){
        System.out.println("欢迎你，中年人");
          }
           else if(age>=18){
             System.out.println("欢迎你，年轻人");
            }
             else{
                 System.out.println("欢迎你，小朋友");
          }
    }
    catch(Exception e)
    {
        System.out.println(e);
    }
}
}
```

程序运行结果如图 2-10 所示。

图 2-10　Age3.java 的运行结果

2. if 语句的嵌套

所谓 if 语句的嵌套，是指在 if 语句中又包含一个或多个 if 语句的情况。一般形式如下：

```
if(条件 1)
  {
     if(条件 2)
        {语句 1}
     else{语句 2}
  }
 else
  {
     if(条件 3)
        {语句 3}
     else{语句 4}
  }
```

【例 2-9】 使用 if 嵌套实现：输入学生的成绩和年龄；年龄在 20 岁以上的，成绩及

格者打印 “Congratulation! you pass.”，不及格的打印 “You must be reody for next examination!”；年龄在 20 岁以下的，及格的打印 “You are a genius student!”，不及格的打印 “You must be strive to study!”。

```
import java.io.*;
public class Student
{
public static void main(String[] args)
{
    try{
        BufferedReader inObj=new BufferedReader  (new
        InputStreamReader(System.in));
        System.out.println("Input age: ");
        int age=Integer.parseInt(inObj.readLine());
        BufferedReader inObj2=new BufferedReader(new InputStreamReader
        (System.in));
        System.out.println("Input Score: ");
        int score=Integer.parseInt(inObj2.readLine());
         if(age>=20){
           if(score>=60){
              System.out.println("Congratulation! you pass.");
           }else{
              System.out.println("You must be ready for next examination!");
              }
           }
           else if(age<20){
              if(score>=60){
              System.out.println("You are a genius student! ");
           }else{
              System.out.println("You must be strive to study!");
           }
        }
     }
   catch(Exception e)
   {
       System.out.println(e);
   }
}
}
```

程序运行结果如图 2-11 所示。

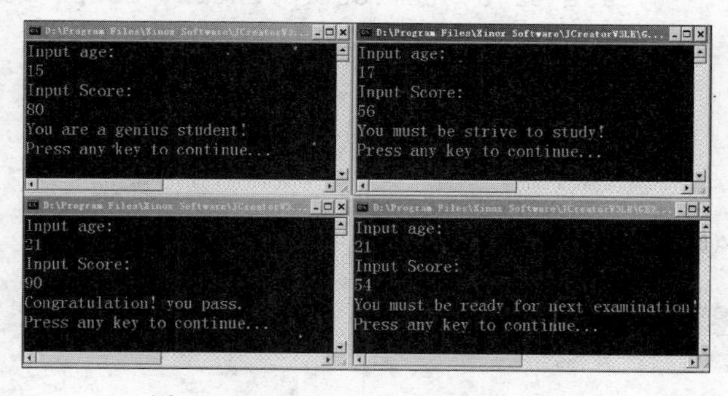

图 2-11　Student.java 的运行结果

3. switch 语句

switch…case 语句是 Java 语言中的另一种条件构造。当变量有多个数值时可使用它。因此，有时也被称为选择语句、开关语句或多重条件语句。该构造是根据一个整数表达式的值，从一系列代码中选出一个与之相符合的执行。

虽然嵌套的 if 语句完全可以实现多分支选择的功能，但是嵌套的层数过多，程序变得冗长难读，可读性会很差。引入 switch 语句后，可使程序的结构清晰明了，减少一些嵌套错误。

语句格式：

```
switch(算术表达式){
  case 常量表达式 1 : 语句块 1;
                   break;
  case 常量表达式 2 : 语句块 2;
                   break;
  …
  default : 语句;
}
```

语法中 case 和 default 两个语句可以以任意的顺序出现。case 后的表达式取值只能是 int 或 char 类型的表达式，且表达式不能取相同的数值。

【例 2-10】用 switch 语句判断一周中某一天的活动。

```
import java.io.*;
public class DayOfWeek
{
public static void main(String[] args)
{
  try{
       BufferedReader inObj=new BufferedReader(new InputStreamReader
       (System.in));
        System.out.println("Input day of the week: ");
           int day=Integer.parseInt(inObj.readLine());
           switch (day){
                  case 1: System.out.println("Weekly meeting");
                  break;
                  case 2: System.out.println("Library");
                  break;
                  case 3: System.out.println("Training");
                  break;
                  case 4: System.out.println("Job");
                  break;
                  case 5: System.out.println("Go to movie");
                  break;
                  case 6: System.out.println("Study");
                  break;
                  default: System.out.println("Park");
                  }
              }
        catch(Exception e)
        {
         System.out.println(e);
        }
  }
}
```

程序运行结果如图 2-12 所示。

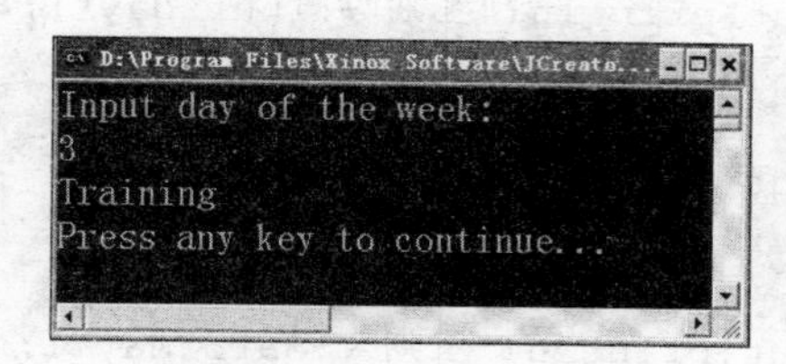

图 2-12　DayOfWeek.java 运行的结果

例 2-10 程序语句说明：

- switch 后面括号中的“算术表达式”的数据类型必须是字符型、字节型、短型整数、整数。
- 当算术表达式的值与某一个 case 后面的常量表达式的值相等时，就执行此 case 后面的语句，若所有的 case 中的常量表达式的值都没有与表达式的值匹配的，就执行 default 后面的语句。
- 每一个 case 的常量表达式的值必须互不相同，否则就会出现相互矛盾的现象。
- 各个 case 和 default 的出现次序不影响执行结果。
- 执行完一个 case 后面的语句后，流程控制转移到下一个 case 继续执行，因此使用 break。
- case 程序体中的 break 语句可以使执行跳出该 switch 的程序体，并且继续执行 switch 程序体以后的语句部分。

【例 2-11】将例 2-10 改写成判断一周中的某天是星期几。

```
/*程序 WeekDay.java:使用 Switch…case 条件构造*/
import java.io.*;                      //插入包
public class WeekDay                   //声明一个类 WeekDay
{
    public static void main(String args[])
    {
    int iday;
     try
     {
         BufferedReader inObj=new BufferedReader(new InputStreamReader
         (System.in));
         System.out.println("输入 1~7 中的数字： ");
         iday=Integer.parseInt(inObj.readLine());
         inObj.close();
         switch(iday)
      {
         case 1:
             System.out.println("星期一:Monday");
             break;
         case 2:
             System.out.println("星期二:Tuesday");
             break;
         case 3:
             System.out.println("星期三:Wednesday");
             break;
```

```
            case 4:
                System.out.println("星期四:Thursday");
                break;
            case 5:
                System.out.println("星期五:Friday");
                break;
            case 6:
                System.out.println("星期六:Saturday");
                break;
            case 7:
                System.out.println("星期日:Sunday");
                break;
            default:
                System.out.println("你输入的不是数字 1~7");
            }
        }
        catch(Exception e)
        {
            System.out.println(e);
        }
    }
}
```

程序的结果如图 2-13 所示。

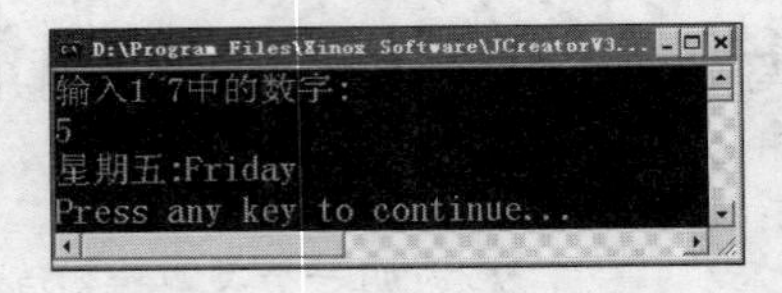

图 2-13　WeekDay.java 的运行结果

图 2-14 说明了有 break 语句和没有 break 语句的 switch 语句的执行情况。

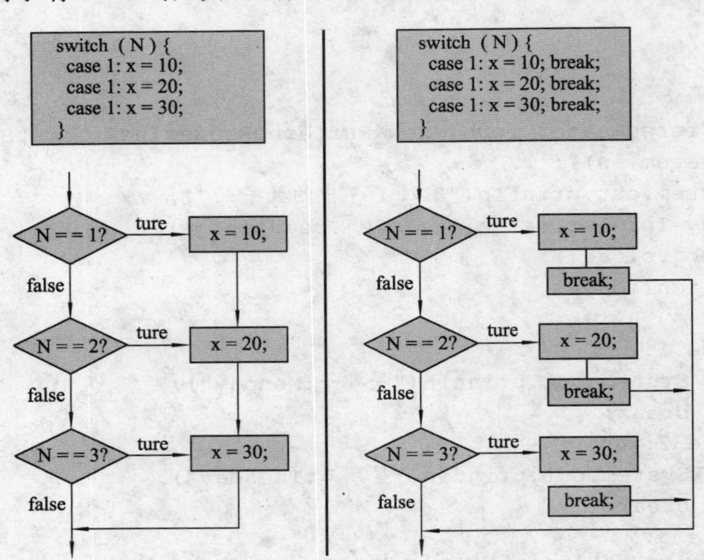

图 2-14　有 break 语句和没有 break 语句的 switch 语句的执行情况

switch 与 if 的使用区别：

- 如果有两个以上基于同一个整型或字符型变量的条件表达式，那么最好使用一条 switch 语句。
- switch 专门处理根据某个特定的值执行特定的操作，而 if...else if 除了能处理 switch 能处理的，还能根据某个范围进行特定的操作。

2.3.2　程序的三种基本结构

一般来说，程序的结构包含有 3 种：顺序结构（sequence structure），选择结构（selection structure）和循环结构（iteration structure）。

（1）顺序结构是由上至下（top to down）的语句方式，一行语句执行完毕后，接着再执行下一行语句。

（2）选择结构是根据条件的成立与否，再决定要执行哪些语句的结构，这种结构可以依据判断条件的结果，来决定执行的语句为何，当判断条件的值为真的时候，就运行“语句 1”，判断条件的值为假，则执行“语句 2”，不论执行哪一个语句，最后都会再回到“语句 3”继续执行。这种结构的流程图如图 2–15 所示。

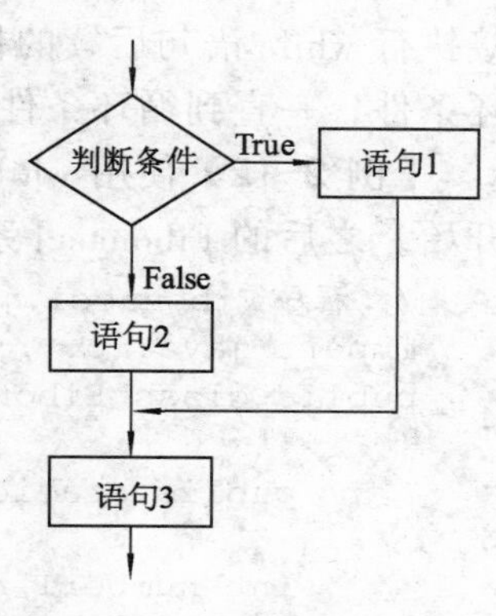

图 2–15　选择结构的流程图

循环结构则是根据判断条件的成立与否，决定程序段落的执行次数，这个程序段落就称为循环主体。

Java 所提供的循环语句有 for、while 及 do…while 三种。其中 for 是确定性循环，而 while 和 do…while 则是不确定循环。所谓不确定循环就是不能确定循环所要执行的次数，而是根据程序中参数的变化自动控制。

循环语句在程序设计中用来描述有规则重复的流程。在实际的程序中，存在很多需要重复执行的流程，为了简化这些重复的执行流程，在程序设计语言中新增了该类语句。在学习循环语句时，最重要的就是发现流程的规律，然后再用程序设计语言将该规律描述出来，以实现程序要求的流程。

循环语句是流程控制中最复杂，也是最有用、最难掌握的语句，在最初接触时，首先要熟悉基本的语法，然后需要能够快速观察出流程的规律，这个观察能力需要依靠大量的阅读和编写程序进行培养，这就是基本的逻辑思维，然后将该规律描述出来即可。所以在学习循环语句时，学习语法只是基本的内容，更多的是培养自己观察规律的能力，这个才是真正学习循环语句时的难点，也是重点。

1. while 语句

while 关键字的中文意思是“当……的时候”，也就是当条件成立时循环执行对应的代码。while 语句是循环语句中基本的结构，语法格式比较简单。

while 语句语法格式：

```
while（循环条件）
循环体;
```

为了结构清楚，并且使循环体部分可以书写多行代码，一般把循环体处理成代码块，则语法格式变为：

```
while（循环条件）{
循环体;
}
```

语法说明：和 if 语句类似，如果不是用代码块的结构，则只有 while 后面的第一个语句是循环体语句。在该语法中，要求循环条件的类型为 boolean 类型，指循环成立的条件，循环体部分则是需要重复执行的代码。

执行流程：在执行 while 语句时，首先判断循环条件，如果循环条件为 false，则直接执行 while 语句后续的代码，如果循环条件为 true，则执行循环体代码，然后再判断循环条件，一直到循环条件不成立为止。

【例 2-12】使用 while 语句显示 1~1000 的 Fibonacci 数列（Fibonacci 数列由 0 和 1 开始，之后的 Fibonacci 系数就由之前的两数组相加得到）。

```
/* 程序 Fibonacci.java:用 while 循环求 Fibonacci 数列*/
import java.io.*;                    //插入包
public class Fibonacci               //声明一个类 Fibonacci
{
     public static void main(String args[])
    {
     int number1,number2;
     number1=1;
     number2=2;
     System.out.println(number1);          //显示 number1
     while(number2<1000)
          {
            System.out.println(number2);  //显示 number2
            number2=number1+number2;
            number1=number2-number1;
          }
}
}
```

程序的运行结果如图 2-16 所示。

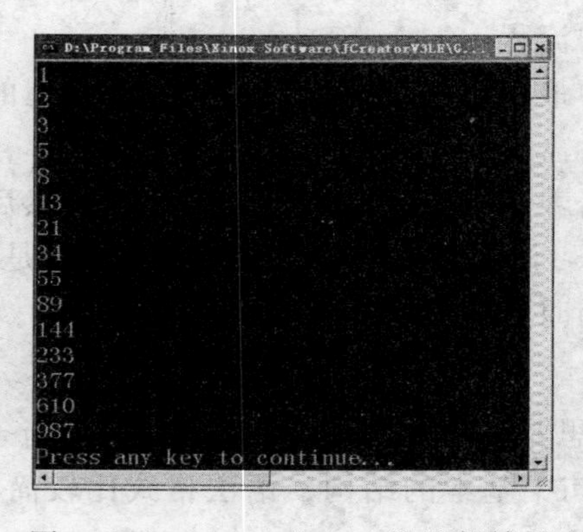

图 2-16　Fibonacci.java 的运行结果

例 2-12 演示了 while 语句的基本使用。当我们把程序中的 while(number2<1000)改写成 while（true）时，程序则实现一个无限循环，也称死循环。

对于 while 语句的执行顺序，首先判断 while 语句的循环条件 number2<1000，条件

成立，则执行循环体的代码：

```
System.out.println(number2);
number2=number1+number2;
number1=number2-number1;
```

输出字符 number2，然后再判别循环条件，条件成立，继续执行循环体代码，输出 number2，再判断循环条件……依次类推，直循环条件不成立，即出现 number2>=1000 时，该程序执行完毕。

2．do…while 语句

do…while 语句由关键字 do 和 while 组成，是循环语句中最典型的“先循环再判断”的流程控制结构，这个和其他两个循环语句都不相同。也就是说，不管条件是否成立，循环至少会执行一次，其条件在循环体执行完毕后求值。

do…while 语句的语法格式为：

```
do{
循环体;
}while(循环条件);
```

语法说明：在 do…while 语句中，循环体部分是重复执行的代码部分，循环条件指循环成立的条件，要求循环条件是 boolean 类型，值为 true 时循环执行，否则循环结束，最后整个语句以分号结束。

执行流程：当执行到 do…while 语句时，首先执行循环体，然后再判断循环条件，如果循环条件不成立，则循环结束，如果循环条件成立，则继续执行循环体，循环体执行完成以后再判断循环条件，依次类推。

【例 2-13】使用 do…while 语句显示 1~1000 的 Fibonacci 数列。

```
/* 程序 Fibonacci.java:用 do…while 循环求 Fibonacci 数列*/
import java.io.*;                         //插入包
public class Fibonacci                    //声明一个类 Fibonacci
{
      public static void main(String args[])
     {
       int number1,number2;
       number1=1;
       number2=2;
       System.out.println(number1);        //显示 number1
       do
              {
              System.out.println(number2); //显示 number2
              number2=number1+number2;
              number1=number2-number1;
              }while(number2<1000);
       }
}
```

在实际的程序中，do…while 的优势在于实现那些先循环再判断的逻辑，这个可以在一定程度上减少代码的重复，但是总体来说，do…while 语句使用的频率没有其他的循环语句高。

3．for 语句

for 关键字的意思是“当…的时候”，是实际开发中比较常用的循环语句，其语法格式相对于前面的循环语句来说稍显复杂，但是在熟悉以后，将会发现其语法安排的比较有条理，把循环控制和循环体很清晰的分开。

for 语句的语法格式为：

```
for（初始化语句; 循环条件; 迭代语句）
{
    循环体;
}
```

语法说明：

（1）和其他流程控制语句一样，语句中的大括号不是语法必须的，但是为了结构清楚以及在循环体部分可以书写多行代码，一般使用大括号。

（2）初始化语句作用是在循环开始以前执行，一般书写变量初始化的代码，例如循环变量的声明、赋值等。该语句可以为空。

（3）循环条件是循环成立的条件，要求必须为 boolean 类型，如果该条件为空，则默认为 true，即条件成立。

（4）迭代语句是指循环变量变化的语句，一般书写 i++、i--这样的结构，当然，该语句也可以为空。

（5）循环体指循环重复执行的功能代码。

执行流程：

（1）执行初始化语句。

（2）判断循环条件，如果循环条件为 false，则结束循环，否则执行下一步。

（3）执行循环体。

（4）执行迭代语句。

（5）跳转到步骤（2）重复执行。

需要注意的是：for 语句中的各个语句都可以为空，初始化语句在 for 语句执行时执行，且只执行一次。

依据 for 语句的语法格式，则最简单的 for 语句是如下格式：for（;;）; 由于循环条件为空时，默认为 true，则循环条件恒成立，该循环的循环体即最后的一个分号，这样的语句称作空语句，则该循环是一个死循环，循环体是空语句。

在实际书写代码时，一般把循环控制部分都写在 for 语句的小括号内部，而循环体只书写和逻辑相关的代码，这种结构使逻辑显得很清晰。

【例 2-14】使用 for 语句显示 1~1000 的 Fibonacci 数列。

```
/* 程序 Fibonacci.java:用 for 循环求 Fibonacci 数列*/
import java.io.*;                    //插入包
public class Fibonacci               //声明一个类 Fibonacci
{
    public static void main(String args[])
    {
    int number1,number2;
    number1=1;
    System.out.println(number1);            //显示 number1
    for(number2=2;number2<1000; )           //注意这里缺省第三个表达式!
        {
        System.out.println(number2); //显示 number2
```

```
            number2=number1+number2;
            number1=number2-number1;
        }
    }
}
```

在程序设计时，必须理解每种语句的语法格式和对应的特点，才能在实际使用时依据自己的逻辑进行灵活运用。

和前面的条件语句一样，在实际使用时，循环控制语句之间也可以进行相互的嵌套来解决复杂的逻辑，在语法上对于嵌套的层次没有限制。while 语句和 for 语句在循环语句中属于“先判断再循环”的结构，而 do…while 语句属于“先循环再判断”的结构，所以从语法角度来看，do-while 语句的循环体至少会执行一次，在实际使用时 while 语句和 for 语句之间可以进行很方便的替换。

【例 2-15】 使用循环的嵌套计算 1~20 的阶乘。

```
public class Factorial
{
   public static void main(String args[])
   {
       long limit=20 ;
       long factorial=1;
       for(int i=1; i<=limit; i++)
       {
         factorial=1 ;
         for(int j=2; j<=i; j++)
         factorial*=j ;
System.out.println(i+"!"+"="+factorial);
         }
    }
}
```

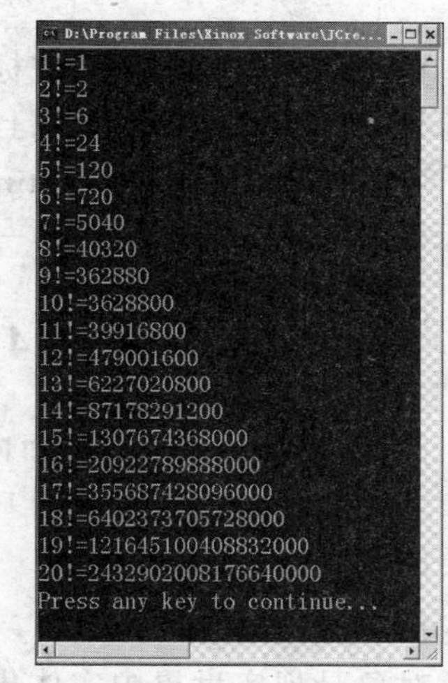

图 2-17　Factorial.java 的运行结果

程序运行结果如图 2-17 所示。

程序的运行过程：

i 控制了外层循环，其值经过了从 1 倒 limit 的所有整数值。在外层循环的每次迭代中，变量 factorial 都被初始化为 1，并且嵌套的内循环使用计数器 j 控制计算当前 i 的阶乘，j 的变化范围从 2 到 i 的当前值。最后，在进入外层循环的迭代前，显示 factorial 的结果。

另一种嵌套方法：

```
for(int i=1;i<=limit; i++)
{
  factorial=1 ;
  int j=2;
  while(j<=i)
  factorial *=j++ ;
   System.out.println(i+"i"+"="+factorial) ;
}
```

程序中使用 continue 语句：

```
public class Factorial
{
   public static void main(String args[])
```

```
        {
        long limit=20 ;
        long factorial=1;
        Outerloop:
        for(int i=1; i<=limit; i++)
        {
          factorial=1 ;
          for(int j=2; j<=i; j++)
           {
              if(i>10&&i%2==1)
              continue Outerloop ;
              factorial*=j ;
              System.out.println(i+"!"+"is "+factorial)
           }
        }
    }
}
```

程序运行：外层循环有标号 Outerloop。在内层循环中，当 if 语句的条件为 true 时，带标号的 continue 被执行并且使程序转移到外层循环的下一次迭代的第一条语句处。通常，可以使用代标号的 continue 语句从内层循环退出跳到任意的外层循环中，而不只是带标号的 continue 语句的那一层循环。

2.4 面向对象编程基本思想

前面提到 Java 是一种面向对象的编程语言（Object Oriented Programming，OOP），因此，掌握和理解面向对象的基本概念，对于学习和使用面向对象的程序设计语言有十分重要的意义。

1. 对象（Object）

对象是现实世界中实体集合的抽象。如各种轿车实体可以抽象为轿车这一对象，各类飞机可以抽象为飞机这一对象。

抽象的概念也是对象。对象可以用以下几个方面进行说明：对象标识符，即对象的名字；对象属性，即某一对象的性质；对象状态，即对象在事件完成后所处的状态；对象过程，即对象的活动的描述；对象活动进程，即对象的活动的时间关系。

牛津字典对对象进行了定义：对象是一组信息及其在上面的操作的描述。此中的“信息”是用数据表达，“操作”是用处理描述的。如椭圆这一对象是用长、短半轴数据表达和画椭圆处理描述的；堆栈这一对象是用堆栈段、堆栈指针数据表达和进栈、出栈处理描述的。

2. 对象类（Object class）

对象类是对象的集合的一种抽象，它描述的是一类对象的共同的性质和行为。一个对象类的性质是用数据表达，行为用处理描述。在一个对象类中用数据表达的性质和用处理描述的行为可以是公有的（Public）和私有的（Private）。

对象类之间的关系是层次关系，如图 2-18 所示为一个在线聊天室系统中客户端客户的层次关系。

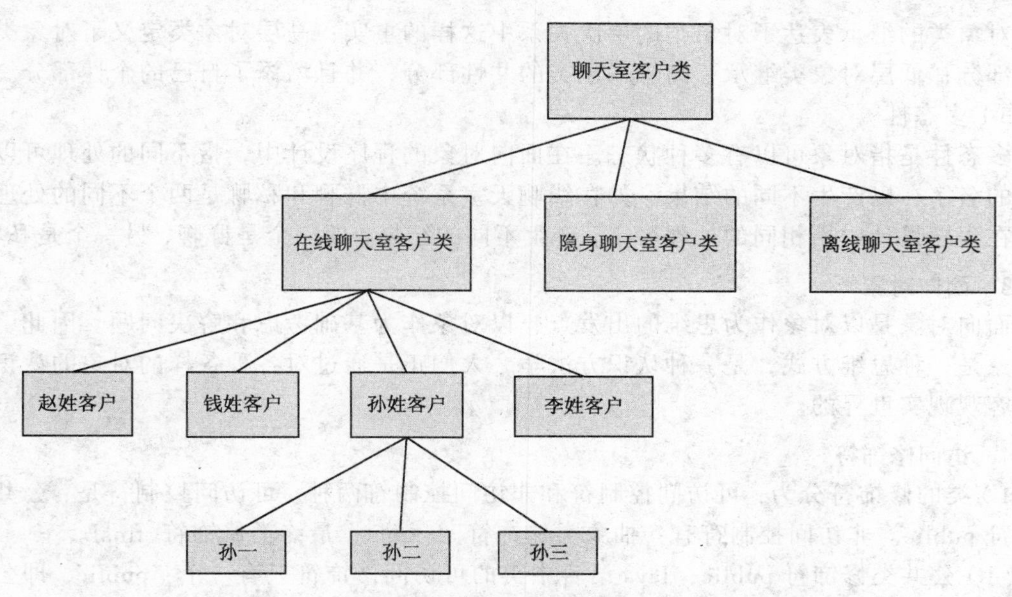

图 2-18　在线聊天室系统中客户端客户的层次关系

图中描述了聊天室客户类、在线聊天室客户类，隐身聊天室客户类和离线聊天室客户类的层次关系以及在线聊天室客户类和具体姓氏客户的层次关系。相对而言，上层的对象类称为父类，下层的对象类称为子类。对象类之间的层次关系用线段连接。图 2-18 中，在线聊天室客户类中的赵姓客户、钱姓客户、孙姓客户和李姓客户是该类中的对象。对象中的一个具体的实体称为该对象中的一个实例（Instance），如孙姓客户对象中的具体的孙一、孙二和孙三等。

对象类是在对象的概念上抽象的结果，因此它是从深度上发展了对象的概念。

1）封装

把某个对象类的共同的性质和行为"组装起来"称为对象类的封装，或称为信息隐蔽。封装的含义是某个对象类的共同的性质和行为，对该类中的某一对象来讲是信息隐蔽的，这个对象只能见到封装界面上的信息，即接口。对象类的封装同芯片的封装很相似，其内部的电路是不可见的。

Java 中通过将数据封装、声明为私有的(private)，再提供一个或多个公开的（public）方法实现对该属性的操作，以实现下述目的：

（1）隐藏一个类的实现细节。

（2）防止对封装数据的未经授权的访问。使用者只能通过事先制定好的方法来访问数据，可以方便地加入控制逻辑，限制对属性的不合理操作。

（3）有利于保证数据的完整性。

（4）便于修改，增强代码的可维护性。

2）继承

对象类之间的层次关系的内涵即为继承。子类与父类的继承关系主要有如下内容：子类继承父类的数据和行为；子类可以添加它自己的数据和行为；子类可以截取父类的数据和行为，这些是继承的核心内容。

对象类的继承表达了对象类的层次关系中这样的事实：高层对象类定义了对象类的共性部分；低层对象类继承了高层对象类的共性部分，并且增添了自己的个性部分。

3）多态性

多态性是指对象可以有多种状态。在面向对象的程序设计中，指不同的处理可以用相同的名字，以产生不同的结果。如在线聊天室系统中群聊和私聊是两个不同的处理，可以在程序设计中用相同的处理名字，产生不同的结果，即一个是群聊，另一个是私聊。

3．面向对象

面向对象是以对象作为思维的出发点，以对象作为基础考虑和解决问题。因此，面向对象是一种思维方式，是一种认识方法学，人们正是通过对各种各样的对象的认识来认识客观现实世界的。

4．访问修饰符

1）类的修饰符分为：可访问控制符和非访问控制符两种。可访问控制符是：公共类修饰符 public。非访问控制符有：抽象类修饰符 abstract；最终类修饰符 final。

（1）公共类修饰符 public：Java 语言中类的可访问修饰符只有一个：public，即公共的。每个 Java 程序的主类都必须是 public 类作为公共工具供其他类和程序使用。

（2）抽象类修饰符 abstract：凡是用 abstract 修饰符修饰的类，被称为抽象类。所谓抽象类是指这种类没有具体对象的一种概念类。

（3）最终类修饰符 final：当一个类不可能有子类时可用修饰符 final 把它说明为最终类。被定义为 final 的类通常是一些有固定作用、用来完成某种标准功能的类。

（4）类缺省访问控制符：如果一个类没有访问控制符，说明它具有缺省的访问控制符特性。此时，这个类只能被同一个包中的类访问或引用。这一访问特性又称为包访问性。

2）域的控制修饰符也分为可访问控制符和非访问控制符两类。

可访问控制符有 4 种：公共访问控制符 public；私有访问控制符 private；保护访问控制符 protected；私有保护访问控制符 private、protected。

（1）公共访问控制符 public：用 public 修饰的域称为公共域。如果公共域属于一个公共类，则可以被所有其他类所引用。由于 public 修饰符会降低运行的安全性和数据的封装性，所以一般应减少 public 域的使用。

（2）私有访问控制符 private：用 private 修饰的成员变量（域）只能被该类自身所访问，而不能被任何其他类（包括子类）所引用。

（3）保护访问控制符 protected：用 protected 修饰的成员变量可以被 3 种类所引用：①该类自身；②与它在同一个包中的其他类；③在其他包中的该类的子类。使用修饰符 protected 的主要作用是允许其他包中它的子类来访问父类的特定属性。

（4）私有保护访问控制符 private、protected ：用修饰符 private、protected 修饰的成员变量可以被该类本身或该类的子类两种类访问和引用。

非访问控制符有 4 种：静态域修饰符 static；最终域修饰符 final；易失（共享）域修饰符 volatile；暂时性域修饰符 transient。

① 静态域修饰符 static：用 static 修饰的成员变量仅属于类的变量，而不属于任何一个具体的对象，静态成员变量的值是保存在类的内存区域的公共存储单元，而不是保

存在某一个对象的内存区间。任何一个类的对象访问它时取到的都是相同的数据；任何一个类的对象修改它时，也都是对同一个内存单元进行操作。

② 最终域修饰符 final：最终域修饰符 final 是用来定义符号常量的。一个类的域（成员变量）如果被修饰符 final 说明，则它的取值在程序的整个执行过程中都是不变的。

③ 易失（共享）域修饰符 volatile ：易失（共享）域修饰符 volatile 是用来说明这个成员变量可能被几个线程所控制和修改。也就是说在程序运行过程中，这个成员变量有可能被其他的程序影响或改变它的取值。因此，在使用中要注意这种成员变量取值的变化。通常 volatile 用来修饰接受外部输入的域。

④ 暂时性域修饰符 transient：暂时性域修饰符 transient 用来定义一个暂时性变量。其特点是：用修饰符 transient 限定的暂时性变量，将指定 Java 虚拟机认定该暂时性变量不属于永久状态，以实现不同对象的存档功能。否则，类中所有变量都是对象的永久状态的一部分，存储对象时必须同时保存这些变量。

3）方法的控制修饰符也分为可访问控制符和非访问控制符两类。

可访问控制符有 4 种：公共访问控制符 public；私有访问控制符 private；保护访问控制符 protected；私有保护访问控制符 private、protected。

非访问控制符有 5 种：抽象方法控制符 abstract；静态方法控制符 static；最终方法控制符 final；本地方法控制符 native；同步方法控制符 synchronized。

（1）抽象方法控制符 abstract：用修饰符 abstract 修饰的方法称为抽象方法。抽象方法是一种仅有方法头、没有方法体和操作实现的一种方法。

（2）静态方法控制符 static：用修饰符 static 修饰的方法称为静态方法。静态方法是属于整个类的类方法；而不使用 static 修饰、限定的方法是属于某个具体类对象的方法。由于 static 方法是属于整个类的，所以它不能操纵和处理属于某个对象的成员变量，而只能处理属于整个类的成员变量，即 static 方法只能处理 static 的域。

（3）最终方法控制符 final：用修饰符 final 修饰的方法称为最终方法。最终方法是功能和内部语句不能更改的方法，即最终方法不能重载。这样，就固定了这个方法所具有的功能和操作，防止当前类的子类对父类关键方法的错误定义，保证了程序的安全性和正确性。所有被 private 修饰符限定为私有的方法，以及所有包含在 final 类（最终类）中的方法，都被认为是最终方法。

（4）本地方法控制符 native：用修饰符 native 修饰的方法称为本地方法。为了提高程序的运行速度，需要用其他的高级语言书写程序的方法体，那么该方法可定义为本地方法，用修饰符 native 来修饰。

（5）同步方法控制符 synchronized：该修饰符主要用于多线程共存的程序中的协调和同步。

4）下面以表格的形式说明 Java 中各种修饰符与访问修饰符。

（1）类访问修饰符的语法格式：

```
访问修饰符 修饰符 class 类名称 extends 父类名称 implement 接口名称
```

访问修饰符与修饰符的位置可以互换。对类的访问修饰符和修饰符的说明如表 2–5 和表 2–6 所示。

表 2-5 类的访问修饰符

名　称	说　明	备　注
public	可以被所有类访问（使用）	public 类必须定义在和类名相同的同名文件中
package	可以被同一个包中的类访问（使用）	默认的访问权限，可以省略此关键字，可以定义在和 public 类的同一个文件中

表 2-6 类的修饰符

名　称	说　明	备　注
final	使用此修饰符的类不能够被继承	
abstract	如果要使用 abstract 类，之前必须首先建一个继承 abstract 类的新类，新类中实现 abstract 类中的抽象方法	类只要有一个 abstract 方法，类就必须定义为 abstract，但 abstract 类不一定非要保护 abstract 方法不可

（2）变量：

- Java 中没有全局变量，只有方法变量、实例变量（类中的非静态变量）、类变量（类中的静态变量）。
- 方法中的变量不能够有访问修饰符。所以下面访问修饰符表仅针对于在类中定义的变量。
- 声明实例变量时，如果没有赋初值，将被初始化为 null（引用类型）或者 0、false（原始类型）。
- 可以通过实例变量初始化器来初始化较复杂的实例变量，实例变量初始化器是一个用{}包含的语句块，在类的构造器被调用时运行，运行于父类构造器之后，构造器之前。
- 类变量（静态变量）也可以通过类变量初始化器来进行初始化，类变量初始化器是一个用 static{}包含的语句块，只可能被初始化一次。

对变量的访问修饰符和修饰符的说明如表 2-7 和表 2-8 所示。

表 2-7 变量的访问修饰符

名　称	说　明	备　注
public	可以被任何类访问	
protected	可以被同一包中的所有类访问 可以被所有子类访问	子类没有在同一包中也可以访问
private	只能够被当前类的方法访问	
省略 无访问修饰符	可以被同一包中的所有类访问	如果子类没有在同一个包中，也不能访问

表 2-8 变量的修饰符

名　称	说　明	备　注
static	静态变量（又称为类变量，其他的称为实例变量）	可以被类的所有实例共享。 并不需要创建类的实例就可以访问静态变量
final	常量，值只能够分配一次，不能更改	注意不要使用 const，虽然它和 C、C++中的 const 关键字含义一样 可以同 static 一起使用，避免对类的每个实例维护一个拷贝

续表

名　称	说　明	备　注
Transient	告诉编译器，在类对象序列化的时候，此变量不需要持久保存	主要是因为改变量可以通过其他变量来得到，使用它是为了性能的问题
volatile	指出可能有多个线程修改此变量，要求编译器优化以保证对此变量的修改能够被正确的处理	

（3）方法：

访问修饰符 修饰符 返回类型 方法名称（参数列表）throws 违例列表。

- 类的构造器方法不能够有修饰符、返回类型和 throws 子句。
- 类的构造器方法被调用时，它首先调用父类的构造器方法，然后运行实例变量和静态变量的初始化器，然后才运行构造器本身。
- 如果构造器方法没有显式地调用一个父类的构造器，那么编译器会自动为它加上一个默认的 super( )，而如果父类又没有默认的无参数构造器，编译器就会报错。super 必须是构造器方法的第一个子句。
- 注意理解 private 构造器方法的使用技巧。

对方法的访问修饰符和修饰符的说明如表 2-9 和表 2-10 所示。

表 2-9　方法访问修饰符

名　称	说　明	备　注
public	可以从所有类访问	
protected	可以被同一包中的所有类访问 可以被所有子类访问	子类没有在同一包中也可以访问
private	只能够被当前类的方法访问	
省略 无访问修饰符	可以被同一包中的所有类访问	如果子类没有在同一个包中，也不能访问

表 2-10　方法修饰符

名　称	说　明	备　注
static	静态方法（又称为类方法，其他的称为实例方法）	提供不依赖于类实例的服务 并不需要创建类的实例就可以访问静态方法
final	防止任何子类重载该方法	注意不要使用 const，虽然它和 C、C++中的 const 关键字含义一样 可以同 static 一起使用，避免对类的每个实例维护一个拷贝
abstract	抽象方法，类中已声明而没有实现的方法	不能将 static 方法、final 方法或者类的构造器方法声明为 abstract
native	用该修饰符定义的方法在类中没有实现，而大多数情况下该方法的实现是用 C、C++编写的	参见 Sun 的 Java Native 接口（JNI），JNI 提供了运行时加载一个 native 方法的实现，并将其于一个 Java 类关联的功能
synchronized	多线程的支持	当一个此方法被调用时，没有其他线程能够调用该方法，其他的 synchronized 方法也不能调用该方法，直到该方法返回

（4）接口：

```
访问修饰符 interface 接口名称 extends 接口列表
```

- 接口不能够定义其声明的方法的任何实现。
- 接口中的变量总是需要定义为“public static final 接口名称”，但可以不包含这些修饰符，编译器默认就是这样，显示的包含修饰符主要是为了程序清晰。

表 2-11 所示为对接口的访问修饰符的说明。

表 2-11 接口的访问修饰符

名　称	说　明	名　称	说　明
public	所有	无访问修饰符（默认）	同一个包内

【例 2-16】一家人及其成员——举例说明修饰符的使用。

```
//注意：下面类 A 在 a 包中
package a;

/*类修饰符:
 * public: 公共类。同包不同包的类都能访问;
 * default: 默认类。只能被同一包的其他类访问，默认方式不加修饰符;
 * final: 最终类。该类不能被继承，即该类不能有子类;
 * abstract: 抽象类。该类不能被实例化。
 */
/*方法和变量权限修饰符，建立在其类能访问的基础上，这点很重要
 * public: 公共，在哪都能访问
 * protected:包私有级，不同包子类可以访问
 * default: 友好方法，什么都不加，包私有级，不同包子类不可以访问
 * private: 类私有级，只有所属类能访问
 * final:最终方法，不能由子类改变
 * abstract: 抽象方法，无方法体
 * static: 类方法修饰符，类方法只能调用类方法; 但它不是访问权限修饰符
 * 类方法以外的方法称实例方法: 实例方法可以调用其他实例方法和类方法
 * 记忆方法: 有 static 类方法的只能调用 static 或被别的方法调用
 */

public class A {

 // 常用变量的修饰符有: public protected private static final
 // 实例变量，有 private 只能在同一个类中使用
 // 如果一个对象改变了实例变量的值，不会影响其他变量的访问
 // 不同对象的实例变量将被分配不同的内存空间
 // 下面以一家人举例:
 public String surname;// 如姓: 张为 public 可以被任何地方访问
 /*
  * protected 变量同包能用，不同包不能访问，但不同包子类可以访问。举例: 带家里的存
折，家里人能用。儿子长大成家了，有条件可以用。
  */
 protected String depositbook;
 String id;
 /*
```

```
 * private变量同包能用，不同包不能访问，且不同包子类也不可以访问。举例：家里的存折，
家里人能用。姑娘出嫁了，家里存折不让用。
 */
private String colorType;
private int size;
float a, b;// 实例变量，对下面的方法都可见
private static String depart;

/*
 * 类变量，有static，其值为该类所有对象共享，不会因类的对象不同而不同 当类变量被加
载到内存时，类变量就会分配相应的内存空间
 * 所有实例对象都共用一个类变量，内存中只有一处空间存放变量的值，如果一个对象改变了
类变量的值，其他对象得到的就是改变后的值
 * 通过实例化变量，让其可以被访问
 */
public static String getDepart() {
 return depart;
}

public float getA() {
 return a;
}

public static void setDepart(String depart) {
 A.depart=depart;
}

public void setA(float a) {
 this.a=a;
}

// 常量，最终成员变量，其值不变,即常量
public final float PI=3.14f;

// 实例方法
void sum(float x, float y) {
 setA(PI);
 a=max(x, y);
 b=min(x, y);
}

static float getMaxSqrt(float x, float y) {

 float a, b, c;// 局部变量，仅在此方法中可见
 // 如果max方法中没有static下面这句话会显示错误，因为类方法不能调用实例方法
 a=max(x, y);
 // 下面这句没错，类方法能调用类方法
 b=min(x, y);
 c=a*b;
 return c;
}

// 缺省或友好方法，注意static不是权限修饰符
```

```
  static float min(float x, float y) {
   return x<=y?x:y;
  }

  // 私有方法
  private static float max(float x, float y) {
   return x<=y?y:x;
  }

  // 公共方法
  public void testPublic() {
   System.out.println("This is a Publictest!");
  }

  // 受保护方法
  protected void testProtected() {
   System.out.println("This is a Protectedtest!");
  }

  // 最终方法，不能被子类改变
  protected final boolean isLeapyer(int year) {
   if ((year%4==0&&year%100!=0)||(year%400==0)) {
    return true;
   }
   return false;
  }
 }

//注意：下面类B在b包中
package b;
import a.A;
public class B {
 protected B(){
  A test=new A();
      //import a.A后可以直接调用a.A的public变量和方法
  test.testPublic();
  test.getA();
  test.setDepart("三毛");
 }
}
//注意：下面类C在B包中
package b;
import a.A;
class C extends A{
 void testC(){
//  C为A的子类可以调用父类A的public和protected变量和方法
  testPublic();
  testProtected();
  isLeapyer(2000);
 }
}
```

小　结

本章主要讲述了以下内容：

（1）Java 语言包含标识符、关键字、运算符和分隔符等元素。

（2）Java 严格区分字母大小写，标识符中的大小写字母被认为是不同的两个字符。

（3）分隔符有 3 种：注释符、空白符和普通分隔符。

（4）Java 的数据类型分为两大类：原始类型（primitive type，也称为简单类型）和引用类型（reference type）。

（5）Java 中一共有 51 个关键字，true 和 false 虽然被用作特殊用途，但不是 Java 关键字。

（6）常量是在程序运行过程中数值不会改变的量，其同样有不同类型的数据类型。

（7）final 关键字与 static 关键字可以同时使用。

（8）变量其实是一小块内存的区域，一个程序运行的时候，是位于内存里面，开始运行，每个变量使用之前必须先声明，然后进行赋值，也就是在内存中的一个区域填充内容，以后直接通过它的名字使用它。变量在使用以前必须首先声明。

（9）每个变量都有特定的作用范围，也叫做有效范围或作用域，只能在该范围内使用该变量，否则将提示语法错误。通常情况下，在一个作用范围内部，不能声明名称相同的变量。

（10）Java 语言中的运算符号包括基本运算符、条件运算符和逗号运算符号。其中基本运算符号有算术运算符、算术赋值符、一元增/减量运算符、比较运算符和逻辑运算符性。

（11）运算符号的优先级和结合性。

（12）if 语句是 Java 语言选择控制或分支控制语句之一，用来对给定条件进行判定，并根据判定的结果（真或假）决定执行给出的两种操作之一。

（13）if 语句的嵌套，是指在 if 语句中又包含一个或多个 if 语句的情况。

（14）switch...case 是 Java 语言中的另一种条件构造。当变量有多个数值时可使用它。因此，有时也被称为选择语句、开关语句或多重条件句。

（15）一般来说，程序的结构包含有 3 种：顺序结构（sequence structure），选择结构（selection structure）和循环结构（iteration structure）。

（16）while 关键字的中文意思是“当……的时候”，也就是当条件成立时循环执行对应的代码。

（17）do...while 语句由关键字 do 和 while 组成，是循环语句中最典型的“先循环再判断”的流程控制结构，这个和其他两个循环语句都不相同。也就是说，不管条件是否成立，循环至少会执行一次，其条件在循环体执行完毕后求值。

（18）for 关键字的意思是“当……的时候”，是实际开发中比较常用的循环语句。

（19）在实际使用时，循环控制语句之间也可以进行相互的嵌套来解决复杂的逻辑，在语法上对于嵌套的层次没有限制。

（20）对象是现实世界中实体集合的抽象。

（21）对象类是对象的集合的一种抽象，它描述的是一类对象的共同的性质和行为。

（22）封装的含义是某个对象类的共同的性质和行为，对该类中的某一对象来讲是信息隐蔽的，这个对象只能见到封装界面上的信息，即接口。

（23）对象类之间的层次关系的内涵即为继承。

（24）多态性是指对象可以有多种状态。

（25）类的修饰符分为：可访问控制符和非访问控制符两种。可访问控制符是：公共类修饰符 public。非访问控制符有：抽象类修饰符 abstract；最终类修饰符 final。

（26）域的控制修饰符也分为：可访问控制符和非访问控制符两类。可访问控制符有4种：公共访问控制符 public；私有访问控制符 private；保护访问控制符 protected；私有保护访问控制符 private，protected。非访问控制符有4种：静态域修饰符 static；最终域修饰符 final；易失（共享）域修饰符 volatile；暂时性域修饰符 transient。

（27）方法的控制修饰符也分为：可访问控制符和非访问控制符两类。可访问控制符有4种：公共访问控制符 public；私有访问控制符 private；保护访问控制符 protected；私有保护访问控制符 private、protected。非访问控制符有5种：抽象方法控制符 abstract；静态方法控制符 static；最终方法控制符 final；本地方法控制符 native；同步方法控制符 synchronized。

练 习 题

一、选择题

1. 在 switch（expression）语句中，expression 的数据类型不能是（　　）。

A. double　　B. char　　C. byte　　D. short

2. 下列代码中，将引起编译错误的行是（　　）。

```
(1) public class Exercise{
(2) public static void main(String args[]){
(3) float f=0.0;
(4) f+=1.0;
(5) }
(6) }
```

A. 第（2）行　　B. 第（3）行　　C. 第（4）行　　D. 第（6）行

3. 给出下面的代码：

```
(1) public class Test {
(2) int m, n;
(3) public Test() {}
(4) public Test(int a) { m=a; }
(5) public static void main(String arg[]) {
(6) Test t1,t2;
(7) int j,k;
(8) j=0; k=0;
(9) t1=new Test();
```

（10）t2=new Test(j,k);

（11）}

（12）}

在编译时哪行将导致一个错误？（　　）

A. 第（3）行　　B. 第（5）行　　C. 第（6）行　　D. 第（10）行

4. 下列程序中：

```
class AClass{
  private long val;
  public AClass(long v){val=v;}
  public static void main(String args[]){
     AClass x=new AClass(10L);
     AClass y=new AClass(10L);
     AClass z=y;
     long a=10L;
     int b=10;
  }
}
```

哪些表达式正确？（　　）

A. a==b;　　B. a==x;　　C. y==z;

D. x==y;　　E. a==10.0;

5. 已知 String s="Example String";

下列表达式哪些合法？（　　）

A. s>>>=3;　　B. int i=s.length();

C. s[3]="x";　　D. String short_s=s.trim();

E. String t="root" s;

6. 编译和运行下列程序的结果是？（　　）

```
class Mystery{
 String s;
 public static void main(String[] args){
    Mystery m=new Mystery();
    m.go();
 }
 void Mystery(){
    s=" constructor" ;
 }
 void go(){
    System.out.println(s);
 }
}
```

A. 无法编译　　B. 编译无误，运行时出现异常

C. 运行时无结果　　D. 运行时输出 "constructor"

E. 运行时输出 "null"

7. 下列 Java 标识符号中，有效的是（　　）。

A. userName　　B. %passwd　　C. 3d_game

D. $charge　　E. this

8. 下列术语哪个是 Java 关键字？(　　)

A. goto　　B. null　　C. FALSE　　D. native　　E. const

9. 如下 Java 的类定义:

```
public class Example{
   static int x[]=new int[15];
   public static void main(String args[]){
         System.out.println(x[5]);
   }
}
```

哪个语句正确？(　　)

A. 编译时出错　　B. 运行时出错

C. 输出 0　　D. 无输出

10. 如下 Java 的类定义:

```
public class Example{
   public static void main(String args[]){
      static int x[] = new int[15];
      System.out.println(x[5]);
   }
}
```

哪个语句正确？(　　)

A. 编译时出错　　B. 运行时出错　　C. 输出结果为 0　　D. 无输出。

11. 字符的表达范围是？(　　)

A. $0 \sim 2^7-1$　　B. $0 \sim 2^{16}-1$　　C. $0 \sim 2^{16}$　　D. $0-2^8$

12. 下面的哪些程序片断可能导致错误？(　　)

A. String s="Gone with the wind";
   String t=" good ";
   String k=s + t;

B. String s="Gone with the wind";
   String t;
   t=s[3]+"one";

C. String s="Gone with the wind";
   String standard=s.toUpperCase();

D. String s="home directory";
   String t=s - "directory";

13. 在// point x 处的哪些申明是句法上合法的？(　　)

```
class Person {
   private int a;
   public int change(int m){ return m; }
}
public class Teacher extends Person {
   public int b;
   public static void main(String arg[]){
      Person p = new Person();
      Teacher t = new Teacher();
      int i;
      // point x
```

```
    }
}
```

A. i = m;　　B. i = b;　　C. i = p.a;

D. i = p.change(30);　　E. i = t.b.

14. 下面的哪些叙述为真？（　　）

A. equals()方法判定引用值是否指向同一对象

B. == 操作符判定两个分立的对象的内容和类型是否一致

C. equals()方法只有在两个对象的内容一致时返回 true

D. 类 File 重写方法 equals()在两个分立的对象的内容和类型一致时返回 true

15. （1）class Person {

（2）public void printValue(int i, int j) {/*…*/ }

（3）public void printValue(int i){/*…*/ }

（4）}

（5）public class Teacher extends Person {

（6）public void printValue() {/*…*/ }

（7）public void printValue(int i) {/*…*/}

（8）public static void main(String args[]){

（9）Person t=new Teacher();

（10）t.printValue(10);

（11）}

（12）}

第十行的声明将调用哪些方法？（　　）

A. 第（2）行　　B. 第（3）行　　C. 第（6）行　　D. 第（7）行

16. 下面哪些不是java的原始数据类型？（　　）

A. short　　B. Boolean　　C. unit　　D. float

17. 下面的哪些赋值语句是对的？（　　）

A. float f= 11.1　　B. double d=5.3E12

C. double d=3.14159　　D. double d=3.14D

18. 下面关于变量及其范围的陈述哪些是对的？（　　）

A. 实例变量是类的成员变量

B. 实例变量用关键字 static 声明

C. 在方法中定义的局部变量在该方法被执行时创建

D. 局部变量在使用前必须被初始化

19. 给出下面的代码：

```
public class Test {
  void printValue(int m){
     do { System.out.println("The value is"+m);}
     while( --m>10 )
  }
  public static void main(String arg[]) {
     int i=10;
```

```
        Test t=new Test();
        t.printValue(i);
    }
}
```

输出将是什么？（　　）

A. The value is 8　　B. The value is 9

C. The value is 10　　D. The value is 11

20. 下面的有关声明的哪些叙述是对的？（　　）

A. 对原始数据类型例如boolean，byte的变量的声明不会为该变量分配内存空间。

B. 对原始数据类型例如boolean，byte的变量的声明将为之分配内存空间。

C. 非原始数据类型例如String，Vector的变量的声明不会为该对象分配内存。

D. 非原始数据类型例如String，Vector的变量的声明会为该对象分配内存。

21. 类的设计要求它的某个成员变量不能被外部类直接访问。应该使用下面的哪些修饰符获得需要的访问控制？（　　）

A. public　　B. no modifier

C. protected　　D. private

22. 给出下面的代码片断：

（1）String str=null;

（2）if ((str!=null) && (str.length()>10)) {

（3）System.out.println("more than 10");

（4）}

（5）else if ((str!=null) & (str.length()<5)) {

（6）System.out.println("less than 5");

（7）}

（8）else { System.out.println("end"); }

哪些行将导致错误？（　　）

A. 第（1）行　　B. 第（2）行　　C. 第（5）行　　D. 第（8）行

23.
```
public class Parent {
    public int addValue( int a, int b) {
    int s;
    s=a+b;
    return s;
    }
}
  class Child extends Parent {
}
```

哪些方法可以加入类Child中？（　　）

A. int addValue(int a, int b){// do something...}

B. public void addValue (){// do something...}

C. public int addValue(int a){// do something...}

D. public int addValue(int a, int b)throws MyException
{//do something...}

24. 共有成员变量 MAX_LENGTH 是一个 int 型值，变量的值保持常数值 100。使用哪个短声明定义这个变量？（　　）

A. public int MAX_LENGTH=100;

B. final int MAX_LENGTH=100;

C. final public int MAX_LENGTH=100;

D. public final int MAX_LENGTH=100;

二、简答题

1. 下面哪些类可以被继承？（注：T 表示可以，F 表示不可以）

java.lang.Thread ( )

java.lang.Number ( )

java.lang.Double ( )

java.lang.Math　( )

java.lang.Void　( )

java.lang.Class　( )

java.lang.ClassLoader ( )

2. 解释术语：类；封装；继承。

三、程序设计

（1）计算 1/1+1/2+1/3+…+1/100 的值。

（2）从标准输入（即键盘）读入 10 个整数存入整型数组 a 中，然后逆序输出这 10 个整数。

（3）求两个数的最大值。

第3章 创建基于Web的Java程序

3.1 Applet与HTML基础

Applet可以翻译为小应用程序，Java Applet就是用Java语言编写的这样的一些小应用程序，它们可以直接嵌入到网页中，并能够产生特殊的效果。包含Applet的网页被称为Java-powered页，可以称其为Java支持的网页。

当用户访问这样的网页时，Applet被下载到用户的计算机上执行，但前提是用户使用的是支持Java的网络浏览器。由于Applet是在用户的计算机上执行的，因此它的执行速度不受网络带宽或者Modem存取速度的限制。用户可以更好地欣赏网页上Applet产生的多媒体效果。

在Java Applet中，可以实现图形绘制、字体和颜色控制、动画和声音的插入、人机交互及网络交流等功能。Applet还提供了名为抽象窗口工具箱（Abstract Window Toolkit，AWT）的窗口环境开发工具。AWT利用用户计算机的GUI元素，可以建立标准的图形用户界面，如窗口、按钮、滚动条等。目前，在网络上有非常多的Applet范例来生动地展现这些功能，读者可以去调阅相应的网页以观看它们的效果。

Applet的工作原理。

含有Applet的网页的HTML文件代码中部带有<applet> 和</applet>这样一对标记，当支持Java的网络浏览器遇到这对标记时，就将下载相应的小应用程序代码并在本地计算机上执行该Applet。

Applet的下载与图形文件一样需要一定的时间，若干秒后它才能在屏幕上显示出来。等待的时间则取决于Applet的大小和用户的网络连接的速度。一旦下载以后，它便和本地计算机上的程序以相同的速度运行了。

Applet在用户的计算机上执行时，还可以下载其他的资源，如声音文件、图像文件或更多的Java代码，有些Applet还允许用户进行交互式操作。但这需要重复的连接与下载，因此速度很慢，这是一个亟待解决的问题，可以想到的一个好办法是采用类似高速缓存的技术，将每次下载的文件都临时保存在用户的硬盘上，虽然第一次使用时花的时间比较多，但当再次使用时，只需直接从硬盘上读取文件而无须再与Internet连接，便可以大大提高性能了。

由于Applet是嵌入到网页中运行的小应用程序，不是驻留在本地计算机的硬盘上的，而必须在网络上通过Web浏览器装入Web页面时被调入和执行，常用的浏览器有：Microsoft Internet Explorer，Netscape Navigator和HotJava等。

可加入Applet到任何HTML中，HTML和Applet都能直接在浏览器上执行。但是HTML是静态的，类似文本格式的文件，不能用HTML加入多媒体事件，如：动画、声音、图像等，而Applet可以实现这些，可通过Applet在Web页面上加入多媒体事件，也可使用Applet使Web页面实现交互。

Applet类的构造函数只有一种，即public Applet()。

Applet实现了很多基本的方法，下面列出了Applet类中常用方法和用途。

```
public final void setStub(AppletStub stub)
/*设置Applet的stub.stub是Java和C之间转换参数并返回值的代码位，它是由系统自动
设定的。*/
public boolean isActive();              // 判断一个Applet是否处于活动状态。
public URL getDocumentBase();           // 检索表示该Applet运行的文件目录的对象。
public URL getCodeBase();               // 获取该Applet 代码的URL地址。
public String getParameter(String name);//获取该Applet 由name指定参数的值。
public AppletContext getAppletContext();      //返回浏览器或小应用程序观察器。
public void resize(int width,int height);     //调整Applet运行的窗口尺寸。
public void resize(Dimension d);              //调整Applet运行的窗口尺寸。
public void showStatus(String msg);    //在浏览器的状态条中显示指定的信息。
public Image getImage(URL url);        // 按URL指定的地址装入图像。
public Image getImage(URL url,String name);  /*按URL指定的地址和文件名加载
                                                                    图像。*/
public AudioClip getAudioClip(URL url);   //按URL指定的地址获取声音文件。
public AudioClip getAudioClip(URL url, String name); /*按URL指定的地址和
                                                         文件名获取声音。*/
public String getAppletInfo();      //返回Applet应用有关的作者、版本和版权方面的信息;
public String[][] getParameterInfo();     /*返回描述Applet参数的字符串数组，
          该数组通常包含3个字符串：参数名、该参数所需值的类型和该参数的说明。*/
public void play(URL url);          //加载并播放一个url指定的音频剪辑。
public void destroy();              /*撤消Applet及其所占用的资源。若该Applet
                                    是活动的，则先终止该Applet的运行。*/
```

在HTML文档中的<body>和</body>标签内写出<applet>标签，语法如下：

```
<applet
     code=".class文件的名"
     codebase=".class文件的路径"
     height="applet的最大高度，以像素为单位"
     width="applet的最大宽度，以像素为单位"
     vspace="applet与HTML之间的其余部分之间的垂直空间，以像素为单位"
     hspace="applet与HTML之间的其余部分之间的水平空间,以像素为单位"
     align="applet与Web页面的其余部分对齐"
     alt="如果浏览器不支持applets，显示可选文本"
     >
   <param name="参数名"  value="参数值">
 </applet>
```

属性：code、width、height是必需的。Applet元素用于把一个Web页和一个类文件连接起来。引用的类文件必须是Applet类的扩展。下面对相应的属性给出描述：

（1）code：指定要载入的Java类文件名。它不是一个绝对的URL（统一资源定位）。通常是针对当前的基目录被翻译的，提供了 codebase 的情况例外。尽管类文件必须是Web上可以访问的，但Java源文件与之无联系。code中不能给出绝对URL，如果要访问当前文档位置以外的其他Applet，可以设置codebase属性来实现。

（2）codebase：codebase 标志指定 Applet 的 URL 地址。Applet 的通用资源定位地址 URL，它可以是绝对地址，如 www.sun.com。也可以是相对于当前 HTML 所在目录的相对地址，如 /AppletPath/Name。如果 HTML 文件不指定 codebase 标志，浏览器将使用和 HTML 文件相同的 URL。code 中的入口需要参考这个设置来产生。默认情况下使用主 HTML 文档所在路径。

（3）width 和 height：设定 Applet 占用的空间大小。可以通过像素或相对浏览器的比例来给定其值。但是，在 Applet 查看器中是不能处理比例值的，这是因为 Applet 查看器没有可以参照的现成的浏览器窗口。所有的 Applet 都必须有这些属性。

（4）vspace：用像素值指定 Applet 中左边或右边的空白。

（5）hspace：用像素值指定 Applet 中顶边或底边的空白。

（6）align：指定 Applet 显示区域的对齐方式。可选内容有：left，right，top，bottom，middle 及其表达的意思。

（7）alt：给出 Applet 的替代文本。当浏览器不支持显示 Java Applet 时，将会显示该属性所设置的替代文本。

（8）param：用于向 Applet 传递参数，每个参数包含参数名 name 和参数值 value。在 Applet 中通过 Applet 类的 getParameter( )方法获得参数。

一旦一个 Applet 被创建并编译成功，结果类文件就得与一个 Web 页连接。编写 HTML 文档后，通过运行.html 文件来运行 Applet。HTML 中的 Applet 元素就是起这个作用。

说明：HTML 的相关标记如表 3-1 所示。

表 3-1　HTML 语言剖析

标　记	类　型	译名或意义	作　用	备　注
			文件标记	
<html>	●	文件声明	让浏览器知道这是 HTML 文件	
<head>	●	开头	提供文件整体资讯	
<title>	●	标题	定义文件标题，将显示于浏览顶端	
<body>	●	本文	设计文件格式及内文所在	
			排版标记	
<!--注解-->	○	说明标记	为文件加上说明，但不被显示	
<p>	○	段落标记	为字、画、表格之间留一空白行	
 	○	换行标记	令字、画、表格等显示于下一行	
<hr>	○	水平线	插入一条水平线	
<center>	●	居中	令字、画、表格等显示于中间	反对
<pre>	●	预设格式	令文件按照原始码的排列方式显示	
<div>	●	区隔标记	设定字、画、表格等的摆放位置	
<nobr>	●	不折行	令文字不因太长而绕行	
<wbr>	●	建议折行	预设折行部位	
			字体标记	
<strong>	●	加重语气	产生字体加粗 Bold 的效果	
<b>	●	粗体标记	产生字体加粗的效果	

续表

标　　记	类　　型	译名或意义	作　　用	备　　注
			字体标记	
<em>	●	强调标记	字体出现斜体效果	
<i>	●	斜体标记	字体出现斜体效果	
<tt>	●	打字字体	Courier 字体，字母宽度相同	
<u>	●	加上底线	加上底线	反对
<h1>	●	一级标题标记	变粗变大加宽，程度与级数反比	
<h2>	●	二级标题标记	将字体变粗变大加宽	
<h3>	●	三级标题标记	将字体变粗变大加宽	
<h4>	●	四级标题标记	将字体变粗变大加宽	
<h5>	●	五级标题标记	将字体变粗变大加宽	
<h6>	●	六级标题标记	将字体变粗变大加宽	
<font>	●	字形标记	设定字形、大小、颜色	反对
<basefont>	○	基准字形标记	设定所有字形、大小、颜色	反对
<big>	●	字体加大	令字体稍为加大	
<small>	●	字体缩细	令字体稍为缩细	
<strike>	●	画线删除	为字体加一删除线	反对
<code>	●	程式码	字体稍为加宽如<TT>	
<kbd>	●	键盘字	字体稍为加宽，单一空白	
<samp>	●	范例	字体稍为加宽如<TT>	
<var>	●	变数	斜体效果	
<cite>	●	传记引述	斜体效果	
<blockquote>	●	引述文字区块	缩排字体	
<dfn>	●	述语定义	斜体效果	
<address>	●	地址标记	斜体效果	
<sub>	●	下标字	下标字	
<sup>	●	上标字	指数（平方、立方等）	
			清单标记	
<ol>	●	顺序清单	清单项目将以数字、字母顺序排列	
<ul>	●	无序清单	清单项目将以圆点排列	
<li>	○	清单项目	每一标记标示一项清单项目	
<menu>	●	选单清单	清单项目将以圆点排列，如<UL>	反对
<dir>	●	目录清单	清单项目将以圆点排列，如<UL>	反对
<dl>	●	定义清单	清单分两层出现	
<dt>	○	定义条目	标示该项定义的标题	
<dd>	○	定义内容	标示定义内容	
			表格标记	
<table>	●	表格标记	设定该表格的各项参数	

续表

标　　记	类　　型	译名或意义	作　　用	备　　注
		表格标记		
<caption>	●	表格标题	做成一打通列以填入表格标题	
<tr>	●	表格列	设定该表格的列	
<td>	●	表格栏	设定该表格的栏	
<th>	●	表格标头	相等于<TD>，但其内之字体会变粗	
		表单标记		
<form>	●	表单标记	决定单一表单的运作模式	
<textarea>	●	文字区块	提供文字方盒以输入较大量文字	
<input>	○	输入标记	决定输入形式	
<select>	●	选择标记	建立 pop-up 卷动清单	
<option>	○	选项	每一标记标示一个选项	
		图形标记		
<img>	○	图形标记	用以插入图形及设定图形属性	
		连结标记		
<a>	●	连结标记	加入连结	
<base>	○	基准标记	可将相对 URL 转绝对及指定连结目标	
		框架标记		
<frameset>	●	框架设定	设定框架	
<frame>	○	框窗设定	设定框窗	
<iframe>	○	页内框架	于网页中间插入框架	IE
<noframes>	●	不支持框架	设定当浏览器不支持框架时的提示	
		影像地图		
<map>	●	影像地图名称	设定影像地图名称	
<area>	○	连结区域	设定各连结区域	
		多媒体		
<bgsound>	○	背景声音	于背景播放声音或音乐	IE
<embed>	○	多媒体	加入声音、音乐或影像	
		其他标记		
<marquee>	●	走动文字	令文字左右走动	IE
<blink>	●	闪烁文字	闪烁文字	NC
<isindex>	○	页内寻找器	可输入关键字寻找于该一页	反对
<meta>	○	开头定义	让浏览器知道这是 HTML 文件	
<link>	○	关系定义	定义该文件与其他 URL 的关系	
		StyleSheet		
<style>	●	样式表	控制网页版面	
<span>	●	自订标记	独立使用或与样式表同用	

注：

● 表示该标记属围堵标记，即需要关闭标记如 </标记>。

○ 表示该标记属空标记，即不需要关闭标记。

IE 表示该标记只适用于 Internet Explorer。

NC 表示该标记只适用于 Netscape Communicator。

反对 表示该标记不为 W3C 所赞同，通常这标记是 IE 或 NC 自订，且已为众所支持，只是 HTML 标准中有其他同功能或更好的选择。

3.2　Applet 与 Application

Applet 是一种特殊的 Java 程序，它的用途是嵌入到 Web 页中以完成某些扩展功能。当用户打开一个带有 Applet 的 Web 页时，Applet 将在 Web 浏览器的客户机上运行，而不是运行在 HTTP 服务器上。而 Application 是在本地计算机上运行的应用程序，可在任何操作系统下执行 Java 应用程序。单独的应用程序可以是基于窗口的应用程序（一般是图形用户界面）和基于控制台的应用程序（一般是基于字符的，没有图形用户界面）。

【例 3-1】下面程序说明了 Application 和 Applet 的不同，并将 Application 改写成 Applet。

```
//定义一个客户端的 Dealer.java，显示用户输入数据的界面
import javax.swing.*;
import java.awt.*;
public class Dealer
{
 public static void main(String args[])
{
  //定义框架对象
  JFrame frameObject=new JFrame("Dealer Data Entry");
  //定义面板对象
  JPanel panelObject=new JPanel();
  //面板初始化
  frameObject.add(panelObject);
  frameObject.setSize(300,300);
  frameObject.setVisible(true);
  //定义一组标签
  JLabel labelDealerName;
  JLabel labelDealerAddress;
  JLabel labelDealerPhone;
  JLabel labelDealerServices;
  //定义一组文本字段
  JTextField textDealerName;
  JTextField textDealerAddress;
  JTextField textDealerPhone;
  //定义列表
  JList listDealerServices;
  //定义按钮
  JButton b;
  //标签初始化
  labelDealerName=new JLabel("Dealer Name:");
  abelDealerAddress=new JLabel("Dealer Address:");
```

```
    abelDealerPhone=new JLabel("Dealer Phone:");
    abelDealerServices=new JLabel("Dealer Services Offered:");
    /文本字段初始化
    extDealerName=new JTextField(15);
    extDealerAddress=new JTextField(15);
      textDealerPhone=new JTextField(20);
    //列表的初始化
    String services[]={"A","B","C","D","E"};

    listDealerServices=new JList(services);
    //按钮初始化
    b=new JButton("Submit");
    //把标签、文本字段、列表、按钮添加到面板上
    panelObject.add(labelDealerName);
    panelObject.add(textDealerName);
    panelObject.add(labelDealerAddress);
    panelObject.add(textDealerAddress);
    panelObject.add(labelDealerPhone);
    panelObject.add(textDealerPhone);
    panelObject.add(labelDealerServices);
    panelObject.add(listDealerServices);
    panelObject.add(b);
  }
  }
```

程序运行的结果如图 3-1 所示。

（1）程序 Dealer.java 的界面比较零乱，是因为没有使用布局管理器，在第 4 章学习了布局管理器的使用后，即可解决该问题。

（2）Application 和 Applet 的另一个区别就是 Application 必须包含一个 main( )方法，Application 应用程序首先寻找 main( )方法，并且开始执行。而在 Applet 中，必须要继承 JApplet 类，而在 Web 页面中装入 Applet 时，运行 init( )。上面的程序改写成 Applet 如下：

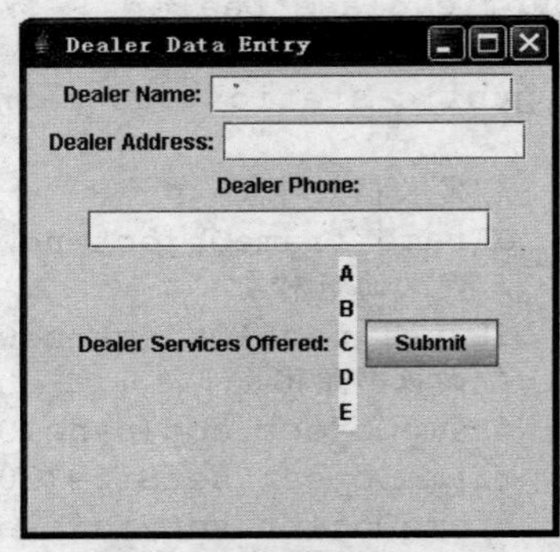

图 3-1 编译应用程序 Dealer.java 的界面

```
  import javax.swing.*;
  import java.awt.*;
  public class Dealer extends JApplet
  {
    //定义面板对象
    JPanel panelObject;
    //定义一组标签
    JLabel labelDealerName;
    JLabel labelDealerAddress;
    JLabel labelDealerPhone;
    JLabel labelDealerServices;
    //定义一组文本字段
    JTextField textDealerName;
```

```
    JTextField textDealerAddress;
    JTextField textDealerPhone;
    //定义列表
    JList listDealerServices;
    //定义按钮
    JButton b;
    //定义类的构造符
    public  void init( )
    {//面板初始化
        panelObject=new JPanel();
        getContentPane().add(panelObject);
//标签初始化
        labelDealerName=new JLabel("Dealer Name:");
      labelDealerAddress=new JLabel("Dealer Address:");
        labelDealerPhone=new JLabel("Dealer Phone:");
        labelDealerServices=new JLabel("Dealer Services Offered:");
        //文本字段初始化
        textDealerName=new JTextField(15);
        textDealerAddress=new JTextField(15);
            textDealerPhone=new JTextField(20);
         //列表的初始化
         String services[]={"A","B","C","D","E"};

         listDealerServices=new JList(services);
         //按钮初始化
         b=new JButton("Submit");
         //把标签、文本字段、列表、按钮添加到面板上
         panelObject.add(labelDealerName);
         panelObject.add(textDealerName);
         panelObject.add(labelDealerAddress);
         panelObject.add(textDealerAddress);
         panelObject.add(labelDealerPhone);
         panelObject.add(textDealerPhone);
         panelObject.add(labelDealerServices);
         panelObject.add(listDealerServices);
         panelObject.add(b);
    }
}
```

编写包含 Applet 的 HTML 文件如下：

```
<html>
<body>
<applet code="Dealer.class" height=800 width=800 >
</applet>
</body>
</html>
```

编译程序如图 3-2 所示，运行结果如图 3-3 所示。

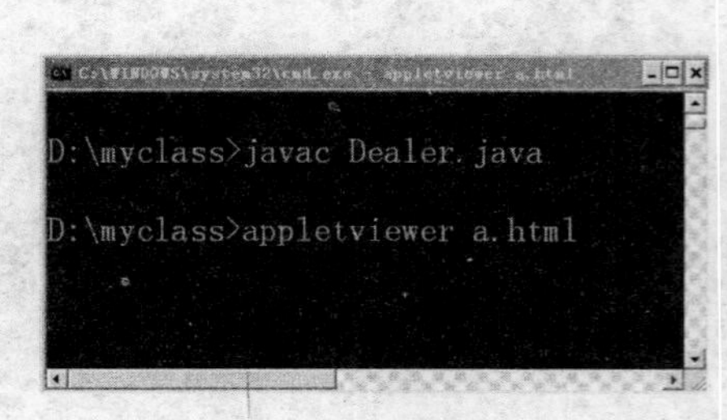

图 3-2 编译小应用程序 Dealer.java

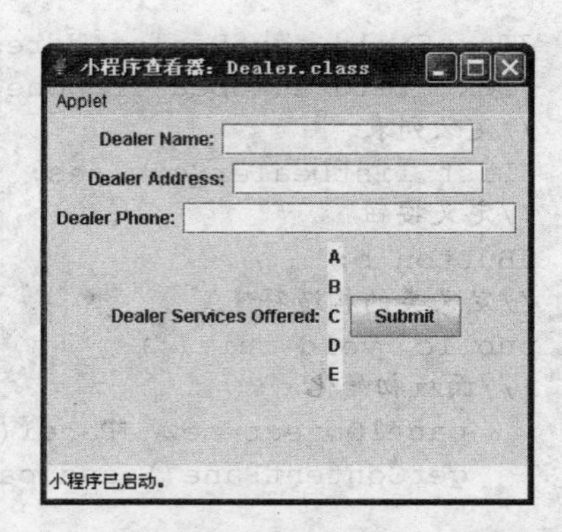

图 3-3 运行小应用程序 Dealer.java 的显示界面

（3）javax.swing 包包含了 JApplet 类，有 20 种以上的方法用来显示图像，播放音频文件以及当用户和 Applet 交互时做出响应。当打开含有 Applet 的 Web 页面时自动地加载和执行 Applet。

3.3 Applet 的生命周期与方法

Applet 在 Web 浏览器中加载的 Web 页面上运行。Applet 的生命周期是用方法 init( )、start( )、stop( )和 destroy( )来实现的，如图 3-4 所示。可以发送参数给 Applet 并使用 JApplet 类的方法检索有 Applet 的 HTML 文档的地址。

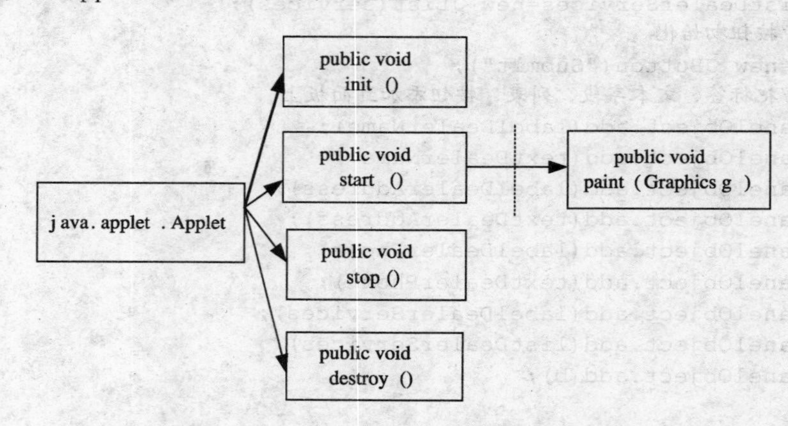

图 3-4 Applet 的生命周期中的方法

注：方法 paint( )虽不在生命周期内，但它的作用相当于 Applet 的灵魂。

在 Applet 的生命周期中，共有 4 种运行状态，对应图 3-4 所述 4 种方法：

1．初始化阶段与方法 init( )

init( )方法是 Applet 第一次装入计算机内存时调用使用，主要完成一些初始化工作。例如，可以在该方法中完成从网页向 Applet 传递参数、添加用户界面基本组件等操作。init( )方法在整个 Applet 生命周期中只执行一次。

2．启动阶段与方法 start( )

start( )方法是在调用完 init( )方法之后自动执行。每当用户离开包含该 Applet 的页面又再返回时，系统又会再执行一遍 start( )方法。因此，start( )方法可以被多次执行。可以使用该方法开始一个线程，例如，继续一个动画、音频文件等。

3. 停止阶段与方法 stop( )

stop( )方法是在用户离开 Applet 所在页面时执行，因此也可以多次执行。该方法可以停止某些消耗系统资源的工作以免影响系统的运行速度，且不必人为地调用该方法。如果 Applet 中不包含动画、音频等程序，建议不必实现该方法。

4. 撤消阶段与方法 destroy( )

destroy( )方法在用户关闭或从当前页面跳转另一 Web 页面时被调用，用来释放载入 Applet 时所分配的资源。如果在 Applet 仍在运行时关闭浏览器，系统将先执行 stop( )方法，再执行 destroy( )方法。

对于 Java 性能的浏览器，如果在解析一个 HTML 文件时遇到<applet>标记，就按照属性 width 和 height 的值为 Applet 保留一定大小的显示空间，并根据 code 和 codebase 来为所给的 URL 地址定位 Applet 的.class 文件；接着浏览器生成该 Applet 的一个实例，并调用 init( )方法，执行初始化操作，执行完毕后，浏览器调用 start( )方法启动该 Applet，Applet 通常在 start( )方法中启动一些线程完成响应任务。当退出当前主页时，浏览器调用 stop( )方法终止 start( )方法中启动的线程，当用户重新返回该主页时，浏览器会再次调用 start( )方法来启动对应的线程。当用户退出浏览器时，首先调用 stop( )方法终止程序，接着执行 destroy( )方法释放系统资源。具体可参照图 3-5 所示的 Applet 的生命周期。

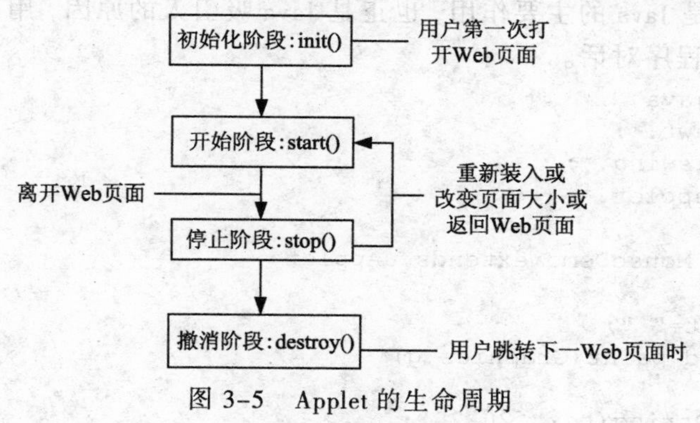

图 3-5　Applet 的生命周期

3.4 Applet 中的应用举例

【例 3-2】使用 Applet 显示文字。

显示文字是 Java 中最基本的功能，使用非常简单的方式来支持文字的显示，只要使用类 Graphics 中的 drawString( )函数就能实现。

```
//FontDemo.java
import java.awt.*;
import java.applet.*;
public class FontDemo extends Applet
{
   String text="FontDemo is a font demo";
   public void paint(Graphics g)
```

```
    {
        g.drawString(text,20,20);//在坐标 20,20 处显示 text 的内容
    }
}
```

编写 FontDemo.html 文件如下：

```
<html>
<body>
<applet  code="FontDemo.class"  height=300
width=300 >
</applet>
</body>
</html>
```

程序运行结果如图 3-6 所示。

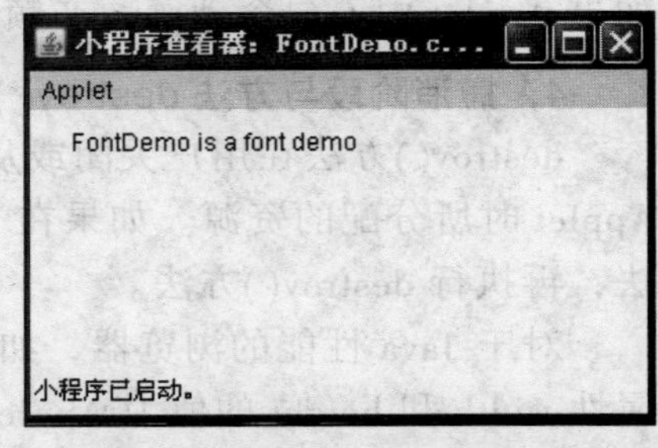

图 3-6　FontDemo.java 的运行结果

这是最基本的 Java Applet，运行的时候仅显示“FontDemo is a font demo”。Java 支持 Unicode，因此中文也能在 Java 中很好地显示出来，我们把“FontDemo is a font demo”改成“FontDemo 是一个关于字体的实例”，同样可以显示（如果无法正确显示，则是浏览器的 Bug，如用的 IE 4.0 就存在这样的问题，请改用 Netscape 或 IE 5.0 以上版本）。值得注意的是，在 Java 中每个字符用 16 位来表示，而不是 8 位，这与 C 语言是不同的。

【例 3-3】使用 Java Applet 编程实现响应鼠标键盘。

与用户的交互是 Java 的主要作用，也正是 Java 吸引人的原因，用户可以通过鼠标和键盘与 Java Applet 程序对话。

```
//MouseDemo.java
import java.awt.*;
import javax.swing.*;
import java.applet.*;

public class MouseDemo extends JApplet
{
    String text=" ";
    public void paint(Graphics g)
    {
        g.drawString(text,20,20);
    }
    public boolean mouseDown(Event evt,int x,int y)//鼠标按下处理函数
    {
        text="Mouse Down";
        repaint();
        return true;
    }
    public boolean mouseUp(Event evt,int x,int y)//鼠标松开处理函数
    {
        text="Mouse Up";
        repaint();
        return true;
    }
}
```

当用户单击程序时，程序将显示"Mouse Down"，说明程序对鼠标作出了响应。但是Java并不区分鼠标的左右键。下述例子是用户通过键盘与Java Applet程序对话：

```
//KeyboardDemo.java
import java.awt.*;
import javax.swing.*;
import java.applet.*;

public class KeyboardDemo extends JApplet
{
  String text="";
  public void paint(Graphics g)
  {
    g.drawString(text,20,20);}
    public boolean keyDown(Event evt,int x)//键盘被按下的处理函数
    {
      text="Key Down";
      repaint();
      return true;
    }
    public boolean keyUp(Event evt,int x)//键盘被松开的处理函数
    {
      text="";
      repaint();
      return true;
    }
  }
}
```

当键盘被按下时，程序就会显示"Key Down"，键盘松开时清除文字。利用这些函数，就可以用鼠标和键盘函数与用户交互。

【例3-4】加载图像：使用Java Applet编程显示图像。

JDK1.6支持GIF和JPEG两种最常用的图片格式。图片由其本身的高度、宽度、图像格式、大小及位置等性质决定其显示效果。Java Applet装载图片非常简单，在Applet内使用图像文件时需定义Image对象。多数Java Applet使用的是GIF或JPEG格式的图像文件。Applet使用getImage()方法把图像文件和Image对象联系起来。

Graphics类的drawImage()方法用来显示Image对象。为了提高图像的显示效果，许多Applet都采用双缓冲技术：首先把图像装入内存，然后再显示在屏幕上。

Applet可通过imageUpdate()方法测定一幅图像已经装了多少在内存中。

Java把图像也当做Image对象处理，所以装载图像时需首先定义Image对象，格式如下所示：

```
Image picture;
```

然后用getImage()方法把Image对象和图像文件联系起来：

```
picture=getImage(getCodeBase(),"ImageFileName.GIF");
```

getImage方法有两个参数：第一个参数是对getCodeBase()方法的调用，该方法返回Applet的URL地址，如www.sun.com/Applet；第二个参数指定从URL装入的图像文件名，如果图像文件位于Applet之下的某个子目录，文件名中则应包括相应的目录路径。

用getImage()方法把图片装入后，Applet便可用Graphics类的drawImage方法显示图

像，形式如下所示：

```
g.drawImage(Picture,x,y,this);
```

该 drayImage()方法的参数指明了待显示的图像、图像左上角的 x 坐标和 y 坐标以及 this。

参数 this 的目的是指定一个实现 ImageObServer 接口的对象，即定义了 imageUpdate()方法的对象（该方法随后讨论）。

```
//显示图片(ShowImageDemo.java)
import java.awt.*;
import javax.swing.*;
import java.applet.*;
public class ShowImageDemo extends JApplet
{
   Image picture;                                //定义 Image 类型的变量
   public void init()
   {
      picture=getImage(getCodeBase(),"work station.jpg");//装载图片
   }
   public void paint(Graphics g)
   {
      g.drawImage(picture,0,0,this);  //显示图片
   }
}

//ShowImageDemo.html
<html>
<title>Show Image Applet</title>
<applet
code="ShowImage.class" width=600
height=400>
</applet>
</html>
```

程序运行结果如图 3-7 所示。

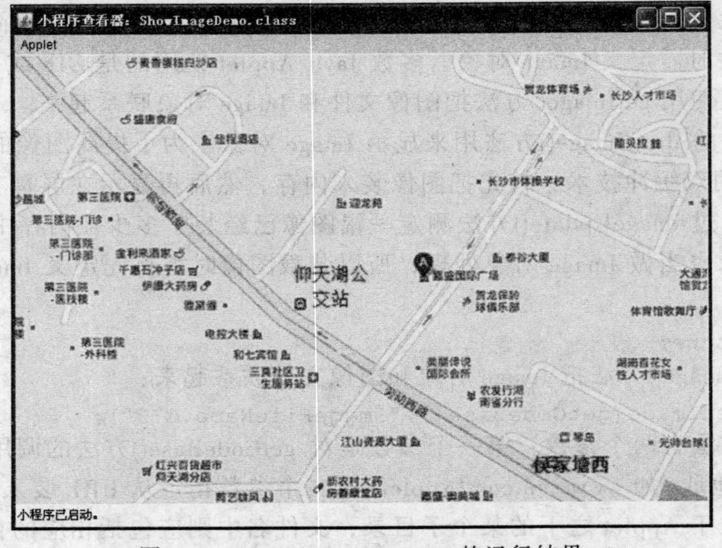

图 3-7　ShowImageDemo.java 的运行结果

编译之后运行该 Applet 时，图像不是一气呵成的。这是因为程序不是 drawImage()方法返回之前把图像完整地装入并显示的。与此相反，drawImage()方法创建了一个线程，该线程与 Applet 的原有执行线程并发执行，它一边装入一边显示，从而产生了这种不连续现象。为了提高显示效果。许多 Applet 都采用图像双缓冲技术，即先把图像完整地装入内存，然后再显示在屏幕上，这样可使图像的显示一气呵成。

【例 3-5】使用双缓冲图像技术显示例 3-4 中的图片。

```
/ BackgroundImageDemo.java
import java.awt.*;
import javax.swing.*;
import java. applet.*;
public class BackgroundImage extends JApplet                    //继承 JApplet
{
  Image picture;
  Boolean ImageLoaded=false;
  public void init()
  {
    picture=getImage(getCodeBase(),"work station.jpg ");     //装载图像
    Image offScreenImage=createImage(size().width,size().height);
    //用方法 createImage()创建 Image 对象
    Graphics offScreenGC=offScreenImage.getGraphics(); //获取 Graphics 对象
    offScreenGC.drawImage(picture,0,0,this);           //显示非屏幕图像
  }
  public void paint(Graphics g)
  {
    if(ImageLoaded)
    {
      g.drawImage(picture,0,0,null); //显示图像，第四参数为 null,不是 this
      showStatus("Done");
    }
    else
      showStatus("Loading image");
  }
  public boolean imageUpdate(Image img,int infoflags,int x,int y,int w,int h)
  {
    if(infoflags==ALLBITS)
    {
      imageLoaded=true;
      repaint();
      return false;
    }
    else
      reture true;
  }
}
```

分析该 Applet 的 init()方法可知，该方法首先定义了一个名为 offScreenImage 的 Image 对象并赋予其 createImage()方法的返回值，然后创建了一个名为 offScreenGC 的 Graphics 对象并赋予其图形环境——非屏幕图像将由它来产生。因为这里画的是非屏幕图像，所以 Applet 窗口不会有图像显示。

每当 Applet 调用 drawImage()方法时，drawImage 将创建一个调用 imageUpdate()方法

的线程。Applet 可以在 imageUpdate()方法里测定图像已装入内存多少。drawImage 创建的线程不断调用 imageUpdate()方法，直到该方法返回 false 为止。

imageUpdate 方法的第二个参数 infoflags 使 Applet 能够知道图像装入内存的情况。该参数等于 ImageLoaded 设置为 true 并调用 repaint()方法重画 Applet 窗口。该方法最终返回 false，防止 drawImage 的执行线程再次调用 imageUpdate()方法。

该 Applet 在 paint()方法里的操作是由 ImageLoaded 变量控制的。当该变量变为 true 时，paint()方法便调用 drawImage 方法显示出图像。paint()方法调用 drawImage()方法时把 null 作为第四参数，这样可防止 drawImage 调用 imageUpdate()方法。因为这时图像已装入内存，所以图像在 Applet 窗口的显示可一气呵成。

【例 3-6】图片像素的处理。

```
import java.applet.Applet;
import java.awt.Event;
import java.awt.Graphics;
import java.awt.Image;
import java.awt.image.FilteredImageSource;
import java.awt.image.ImageProducer;
import java.awt.image.RGBImageFilter;
import java.net.MalformedURLException;
import java.net.URL;

//实现图像色素过滤功能
public class PixelProcess extends Applet {
    Image oldImage;
    Image currentImage;
    int i = 0;
    public void init() {
        try {
            oldImage=this.getImage(new URL( "file:///D:/myclass/黄河母
            亲.jpg"));
        } catch (MalformedURLException e) {
            e.printStackTrace();
        }
        imageProcess();
    }
    public boolean mouseDown(Event e,int x,int y){ //重载父类方法
        i++;
        imageProcess();
        repaint();
        return true;
    }
    public void paint(Graphics g){
        g.drawImage(currentImage, 0, 0, this);
    }
    public synchronized boolean imageUpdate(Image m,int f,int x,int y,
    int w,int h){
        repaint(100);
        return true;
    }
    public synchronized void imageProcess() {
```

```
        RGBImageFilter imageFilter;
        if (i%2==0) {
            imageFilter=new NonFilter();
        } else {
            imageFilter=new RGBFilter();
        }
        ImageProducer imageProducer=oldImage.getSource();
        imageProducer=new FilteredImageSource(imageProducer, imageFilter);
        currentImage=createImage(imageProducer);
    }
}
// 不做渲染
class NonFilter extends RGBImageFilter {
      public int filterRGB(int x, int y, int rgb) {
        return rgb;
    }
}
class RGBFilter extends RGBImageFilter {
    public int filterRGB(int x, int y, int rgb) {
        return (rgb & 0xff00ff00)|((rgb & 0xff0000)>>16)
              |((rgb & 0xff)<<16);
    }
}
```

编写 HTML 文件 PixelProcess.html。

```
<html>
<body>
<applet code="PixelProcess.class" height=300 width=300 >
</applet>
</body>
</html>
```

初始图片如图 3-8（a）所示，单击 Applet 后图片如图 3-8（b）所示，再次单击就会状态交替出现。

（a）初始图片　　　　（b）单击 Applet 后图片

图 3-8　程序运行前后对比

【例 3-7】利用 Java Applet 播放声音文件。

使用 Applet 播放声音时需首先定义 AudioClip 对象，GetAudioClip()方法能把声音赋予 AudioClip 对象，使用 Applet 播放声音时需首先定义 AudioClip 对象，GetAudioClip()方法能把声音赋予 AudioClip 对象，如果仅想把声音播放一遍，应调用 AudioClip 类的 play()方法，如果想循环把声音剪辑，应选用 AudioClip 类的 loop()方法。

图像格式各种各样，如 BMP、GIF 和 JPEG 等。声音文件也一样，WAV 和 AU 是最常用的两种声音文件。目前 Java 仅支持 AU 文件，但 Windows 环境下常用的却是 WAV 文件，所以最好能有一个可把 WAV 文件转换为 AU 文件的工具。

播放声音的 AudioClip 类：

AudioClip 类用来在 Java Applet 内播放声音，该类在 java.Applet 包中有定义。

下面演示了如何利用 AudioClip 类播放声音，此例实现装入一个名为 mao.au 的声音文件并播放（SoundDemo.java）。

```
    //SoundDemo.java
import java.awt.*;
import javax.swing.*;
import java.applet.*;
public class SoundDemo extends JApplet
{
  public void paint(Graphics g)
  {
    AudioClip audioClip=getAudioClip(getCodeBase(),"mao.au ");
     //创建 AudioClip 对象并用 getAudioClip()方法将其初始化
    g.drawString("Here is the sound of Chairman Mao!",5,15);
    audioClip.loop();//使用 AudioClip 类的 loop()方法循环播放
  }
}
```

需把如下的 HTML 语句放入 SoundDemo.HTML 文件，为运行该 Applet 做准备。

```
<html>
<title>SoundDemo Applet</title>
<applet code="SoundDemo.class" width=300 height=200>
</applet>
</html>
```

编译并运行该 Applet，屏幕上将显示出一个 Applet 窗口并伴以音乐，关闭 Applet 时音乐终止。程序运行结果如图 3-9 所示。

图 3-9 SoundDemo.java 的显示界面

【例 3-8】利用 Java Applet 编程实现动画特技。

在 Java 中实现动画有很多种办法，但它们实现的基本原理是一样的，即在屏幕上画出一系列的帧来形成运动的感觉。

Java 不仅提供了对图形、图像的支持，还允许用户实现连续的图像播放，即动画技术。Java 动画的实现，首先用 Java.awt 包中的 Graphics 类的 drawImage()方法在屏幕上画出图像，然后定义一个线程，让该线程睡眠一段时间，然后再切换成另外一幅图像。如此循环，在屏幕上画出一系列的帧来形成运动的感觉，从而达到显示动画的目的。

为了每秒多次更新屏幕，必须创建一个线程来实现动画的循环，这个循环要跟踪当前帧并响应周期性的屏幕更新要求。实现线程的方法有两种，可以创建一个类 Thread 的派生类，或附和在一个 Runnable 的界面上。

在编写动画过程时，遇到最常见的问题是屏幕会出现闪烁的现象。闪烁有两个原因：一是绘制每一帧花费的时间太长（因为重绘时要求的计算量大）；二是在每次调用 Pain( )方法前，Java 会用背景颜色重画整个画面，当在进行下一帧的计算时，用户看到的是背景。

有两种方法可以明显地减弱闪烁：重载 update( )或使用双缓冲技术。

1）重载 update( )

当 AWT 接收到一个 Applet 的重绘请求时，它就调用 Applet 的 update( )方法，默认地，update() 清除 Applet 的背景，然后调用 paint( )方法。重载 update( )，将以前在 paint( )中的绘图代码包含在 update( )中，从而避免每次重绘时将整个区域清除。下面是 update( )方法的原始程序代码：

```
public void update(Graphics g)
{
  //首先用背景色来绘制整个画面
  g.setColor(getBackGround());
  g.fillRect(0,0,width,height);
  //接着设置前景色为绘制图像的颜色，然后调用 paint()方法
  g.setColor(getForeGround());
  paint(g);
}
```

所以要消除画面闪烁就一定要改写 update( ) 方法，使该方法不会清除整个画面，只是消除必要的部分。

2）使用双缓冲技术

另一种减小帧之间闪烁的方法是使用双缓冲技术，它在许多动画 Applet 中被使用。其主要原理是创建一个后台图像，将需要绘制的一帧画入图像，然后调用 DrawImage() 方法将整个图像一次画到屏幕上去。这样做的好处是大部分绘制是离屏的，将离屏图像一次绘至屏幕上比直接在屏幕上绘制要有效得多，从而大大提高做图的性能。

双缓冲技术可以使动画平滑，但有一个缺点，即要分配一张后台图像，如果图像相当大，这将需要很大一块内存；当使用双缓冲技术时，应重载 update( )方法。

```
//AnimatorDemo.java
import java.util.*;
import java.awt.*;
import java.applet.*;
import java.text.*;

public class AnimatorDemo extends Applet implements Runnable
{
  Thread timer;                        // 用于显示时钟的线程
  int lastxs, lastys, lastxm,
  lastym, lastxh, lastyh;
  SimpleDateFormat formatter;          //格式化时间显示
```

```
String lastdate;                          // 保存当前时间的字符串
Font clockFaceFont;                       //设置显示时钟里面的数字的字体
Date currentDate;                         // 显示当前时间
Color handColor;                          // 用于显示时针、分针和表盘的颜色
Color numberColor;                        // 用于显示秒针和数字的颜色

public void init()
{
  int x,y;
  lastxs=lastys=lastxm=lastym=lastxh=lastyh=0;
  formatter=new SimpleDateFormat ("yyyy EEE MMM dd hh:mm:ss ");
  currentDate=new Date();
  lastdate=formatter.format(currentDate);
  clockFaceFont=new Font("Serif", Font.PLAIN, 14);
  handColor=Color.blue;
  numberColor=Color.darkGray;

  try {
   setBackground(new Color(Integer.parseInt(getParameter("bgcolor"),16)));
  } catch (Exception E) { }
  try {
   handColor=new Color(Integer.parseInt(getParameter("fgcolor1"),16));
  } catch (Exception E) { }
  try {
   numberColor=new Color(Integer.parseInt(getParameter("fgcolor2"),16));
  } catch (Exception E) { }
  resize(300,300);                        // 设置时钟窗口大小
}

// 计算四分之一的圆弧
public void plotpoints(int x0, int y0, int x, int y, Graphics g)
{
  g.drawLine(x0+x,y0+y,x0+x,y0+y);
  g.drawLine(x0+y,y0+x,x0+y,y0+x);
  g.drawLine(x0+y,y0-x,x0+y,y0-x);
  g.drawLine(x0+x,y0-y,x0+x,y0-y);
  g.drawLine(x0-x,y0-y,x0-x,y0-y);
  g.drawLine(x0-y,y0-x,x0-y,y0-x);
  g.drawLine(x0-y,y0+x,x0-y,y0+x);
  g.drawLine(x0-x,y0+y,x0-x,y0+y);
}

// 用 Bresenham 算法来画圆，其中(x0,y0)是圆的中心，r 为圆半径
public void circle(int x0, int y0, int r, Graphics g)
{
  int x,y;
  float d;
  x=0;
  y=r;
  d=5/4-r;
  plotpoints(x0,y0,x,y,g);
  while (y>x) {
```

```
      if (d<0) {
        d=d+2*x+3;
        x++;
      }
      else {
        d=d+2*(x-y)+5;
        x++;
        y--;
      }
      plotpoints(x0,y0,x,y,g);
    }
  }

  public void paint(Graphics g)
  {
    int xh, yh, xm, ym, xs, ys, s=0, m=10, h=10, xcenter, ycenter;
    String today;

    currentDate=new Date();
    SimpleDateFormat formatter=new SimpleDateFormat("s",Locale.
    getDefault());
    try {
      s=Integer.parseInt(formatter.format(currentDate));
    } catch (NumberFormatException n) {
      s=0;
    }
    formatter.applyPattern("m");
    try {
      m=Integer.parseInt(formatter.format(currentDate));
    } catch (NumberFormatException n) {
      m=10;
    }
    formatter.applyPattern("h");
    try {
      h=Integer.parseInt(formatter.format(currentDate));
    } catch (NumberFormatException n) {
      h=10;
    }
    formatter.applyPattern("EEE MMM dd HH:mm:ss yyyy");
    today=formatter.format(currentDate);
    //设置时钟的表盘的中心点为(80,55)
    xcenter=80;
    ycenter=55;

    xs=(int)(Math.cos(s*3.14f/30-3.14f/2)*45+xcenter);
    ys=(int)(Math.sin(s*3.14f/30-3.14f/2)*45+ycenter);
    xm=(int)(Math.cos(m*3.14f/30-3.14f/2)*40+xcenter);
    ym=(int)(Math.sin(m*3.14f/30-3.14f/2)*40+ycenter);
    xh=(int)(Math.cos((h*30 + m/2)*3.14f/180-3.14f/2)*30+xcenter);
    yh=(int)(Math.sin((h*30 + m/2)*3.14f/180-3.14f/2)*30+ycenter);

    //画时钟最外面的圆盘其中心在(xcenter,ycenter)半径为 50
    g.setFont(clockFaceFont);
```

```
g.setColor(handColor);
circle(xcenter,ycenter,50,g);
//画时钟表盘里的数字
g.setColor(numberColor);
g.drawString("9",xcenter-45,ycenter+3);
g.drawString("3",xcenter+40,ycenter+3);
g.drawString("12",xcenter-5,ycenter-37);
g.drawString("6",xcenter-3,ycenter+45);

// 如果必要的话抹去然后重画
g.setColor(getBackground());
if (xs!=lastxs ||ys!=lastys) {
  g.drawLine(xcenter, ycenter, lastxs, lastys);
  g.drawString(lastdate, 5, 125);
}
if (xm!=lastxm||ym!=lastym) {
  g.drawLine(xcenter, ycenter-1, lastxm, lastym);
  g.drawLine(xcenter-1, ycenter, lastxm, lastym); }
  if (xh!=lastxh||yh!=lastyh) {
  g.drawLine(xcenter, ycenter-1, lastxh, lastyh);
  g.drawLine(xcenter-1, ycenter, lastxh, lastyh); }
  g.setColor(numberColor);
  g.drawString("", 5, 125);
  g.drawString(today, 5, 125);
  g.drawLine(xcenter, ycenter, xs, ys);
  g.setColor(handColor);
  g.drawLine(xcenter, ycenter-1, xm, ym);
  g.drawLine(xcenter-1, ycenter, xm, ym);
  g.drawLine(xcenter, ycenter-1, xh, yh);
  g.drawLine(xcenter-1, ycenter, xh, yh);
  lastxs=xs; lastys=ys;
  lastxm=xm; lastym=ym;
  lastxh=xh; lastyh=yh;
  lastdate = today;
  currentDate=null;
}
//Applet 的启动方法
public void start()
{
  timer=new Thread(this);
  timer.start();
}
// applet 的停止方法
public void stop()
{
  timer=null;
}
//线程的 run 方法
public void run()
{
  Thread me=Thread.currentThread();
  while (timer==me) {
    try {
```

```
            Thread.currentThread().sleep(1000);
          }
          catch (InterruptedException e) {
          }
          repaint();
        }
      }
      //注意：这里重写了update()方法，只是调用了paint()方法来消除闪烁现象
      public void update(Graphics g)
      {
        paint(g);
      }
    }
```

下面是运行该 Applet 需要的 AnimatorDemo.html 的内容。

```
<html>
<body>
<applet code="AnimatorDemo.class" height=300 width=300 >
</applet>
</body>
</html>
```

程序 AnimatorDemo.java 的运行结果如图 3-10 所示。

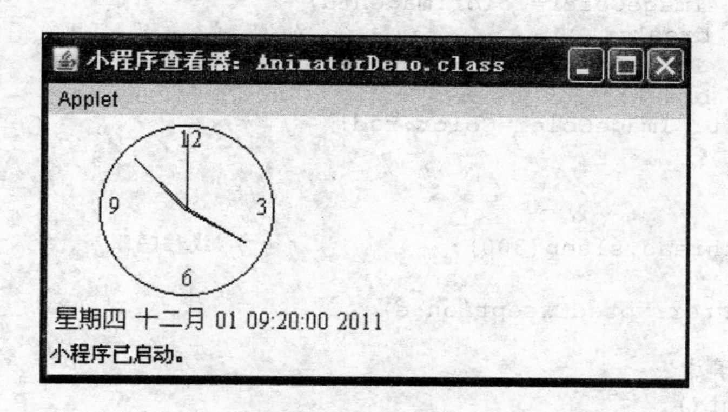

图 3-10　AnimatorDemo.java 的运行结果

【例 3-9】实现 Java Applet 实现声音和图像的协调。

在有些情况下，可能需要在发生某事件时伴之以声音，尤其是在 Applet 中装载图像的同时播放声音，这样将大大地丰富 Applet 的内容。

```
// 声音和图像的协调(AppletDemo.java)
import java.awt.*;
import java.applet.*;
import java.util.*;
public class AppletDemo extends Applet implements Runnable
{
  AudioClip audioClip;
  Thread ShapeThread=null;
  Random RandomNumber=new Random( );
  Color ImageColor;
  public void init( )
  {
```

```
    audioClip=getAudioClip(getCodeBase( ), "Sample.AU");// 创建一个
AudioClip 对象
   }
   public void start( )
   {
     if (ShapeThread==null)
     {
       ShapeThread=new Thread(this);
       ShapeThread.start( );
     }
   }
   public void run()
   {
     while (true)
     {
       switch (RandomNumber.nextlnt(5)) { //把随机数转换为 0~4 之间的值
       case 0: ImageColor=Color.black;
               break;
       case 1: ImageColor=Color.blue;
               break;
       case 2: ImageColor=Color.cyan;
               break;
       case3: ImageColor=Color.magenta;
               break;
       case4: ImageColor=Color.orange;
               break;
       default: ImageColor=Color.red;
     }
     try
     {
       ShapeThread.sleep(300);                        //线程睡眠
     }
     catch(InterruptedException e)
     {
       //忽略异常
       repaint();
     }
   }
   public void paint(Graphics g)
   {
     g.setColor(ImageColor);
     audioClip.play();                         //播放声音
     switch(RandomNumber.nextlnt(2))           //获取随机数与 2 整除的余数
     {
       case0:g.fillRect(25,25,200,200);        //添充一个矩形
            break;
       default:g.fillOval(25,25,200,200);      //添充一个椭圆
            break;
     }
   }
}
```

该 Applet 的声音处理非常简单。它首先创建一个 AudioClip 对象并用 getAudioClip( ) 方法把声音文件赋予该对象，然后用 AudioClip 类的 play( )方法播放声音。该 Applet 使用 Random 对象产生随机数。它首先根据随机数确定颜色；然后在 paint( )内根据随机数

确定画圆还是画方。Random 类的 nexsInt( )函数返回一个随机整数（int 型）。该 Applet 把随机数转换为一个 0~4 之间的值（在 run( )函数内）和一个 0~1 之间的值（在 paint( )函数内）。

需把如下的 HTML 语句放入 AppletDemo.HTML 文件，为运行该 Applet 做准备。

```
<html>
<body>
<applet code="AppletDemo.class" height=
300 width=300 >
</applet>
</body>
</html>
```

编译并运行该 Applet，屏幕上将显示出一个 Applet 窗口，结果如图 3-11 所示。

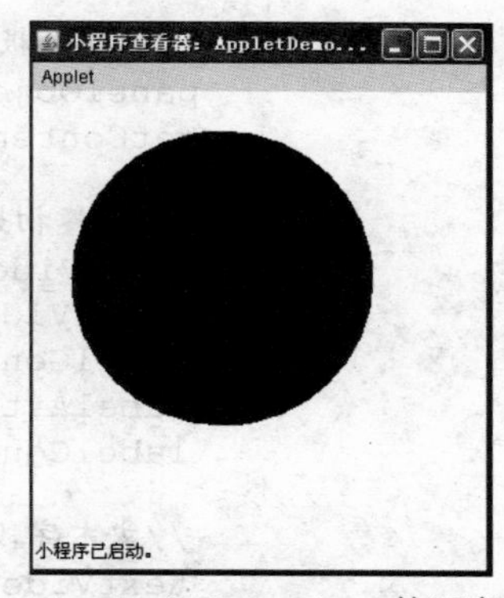

图 3-11　AppletDemo.java 的运行结果

【综合案例】应用本章内容编写程序实现图 3-12 的界面。

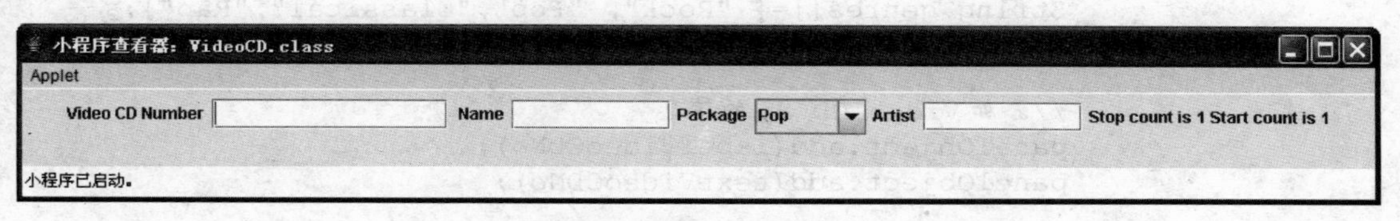

图 3-12　Applet 运用

代码如下：

```
/*
<html>
<body>
<applet code="VideoCD.class" width=300 height=300>
</applet>
</body>
</html>
*/
import javax.swing.*;
public class VideoCD extends JApplet
{
        //定义面板对象和变量
        static  JPanel  panelObject;
        int stopCount;
        int startCount;

        //声明标签变量
        JLabel   labelVideoCDNo;
        JLabel   labelVideoCDName;
        JLabel   labelGenre;
        JLabel   labelArtist;
        JLabel   labelCount;

        //输入数据变量
        JTextField   textVideoCDNo;
        JTextField   textVideoCDName;
```

```
    JComboBox  comboGenre;
    JTextField  textArtist;

    public void init()
      {
         //创建面板
         panelObject=new JPanel();
         getContentPane().add(panelObject);

         //标签初始化
         labelVideoCDNo=new JLabel("Video CD Number");
         labelVideoCDName=new JLabel(" Name");
         labelGenre=new JLabel("Package");
         labelArtist=new JLabel("Artist");
         labelCount=new JLabel();

         //文本字段初始化
         textVideoCDNo=new JTextField(15);
         textVideoCDName=new JTextField(10);
         textArtist=new JTextField(10);
         String genres[]={ "Rock", "Pop","Classical","Rap"};
         comboGenre=new JComboBox(genres);

         //添加 Video CD No 的信息
         panelObject.add(labelVideoCDNo);
         panelObject.add(textVideoCDNo);

         //添加 Video CD Name 的信息
         panelObject.add(labelVideoCDName);
         panelObject.add(textVideoCDName);

         //添加 genre 的信息
         panelObject.add(labelGenre);
         panelObject.add(comboGenre);

         //添加 Artist 的信息
         panelObject.add(labelArtist);
         panelObject.add(textArtist);

         //添加 Labelcount
         panelObject.add(labelCount);

         //StartCount 递增
         startCount++;

         //显示更新后的 count
         String count="Start count is "+startCount+" Stop count is
         "+stopCount;
         labelCount.setText(count);

         //StopCount 递增
         stopCount++;
         count="Stop count is "+stopCount+" Start count is "+startCount;
         labelCount.setText(count);
      }
}
```

小　结

本章中主要讲述了以下内容：

（1）Applet是嵌入在Web页面中的小应用程序，运行在浏览器上。

（2）为创建Applet，需要从java.swing包的JApplet中派生出来，即需要继承JApplet类。

（3）Application和Applet的一个区别就是Application必须包含一个main( )方法，Application应用程序首先寻找main( )方法，并且开始执行。而在Applet中，必须要继承JApplet类，而在Web页面中装入Applet时，运行init( )方法。

（4）JApplet类的4个阶段及方法是：

初始化阶段与方法init( )。

启动阶段与方法start( )。

停止阶段与方法stop( )。

撤消阶段与方法destroy( )。

（5）有两种方法执行Applet程序：appletviewer工具和使用Java支持的浏览器。

（6）可通过Applet在Web页面上加入多媒体事件。

（7）使用Graphics类可以绘制一些图形。

（8）Java支持GIF和JPEG两种最常用的图片格式；Java支持WAV和AU两种最常用的音频文件。

练 习 题

一、选择题

1. Java应用程序和小程序的区别在于（　　）。

A. 前者代码量较大　　B. 前者不能单独执行，后者可以

C. 前者可以单独执行，后者不能　　D. 二者用途一样，没什么区别

2. 在Java Applet程序用户自定义的Applet子类中，一般需要重载父类的（　　）方法来完成一些画图操作。

A. start( )　　B. stop( )　　C. init( )　　D. paint( )

3. 给出下面的类：

```
public class Sample{
    long length;
    public Sample(long l){ length=l; }
    public static void main(String arg[]){
        Sample s1, s2, s3;
        s1=new Sample(21L);
        s2=new Sample(21L);
        s3=s2;
        long m=21L;
    }
}
```

哪个表达式返回 true?（　　）

A. s1==s2　　B. s2==s3

C. m==s1　　D. s1.equals(m)

4. 下列程序的输出结果是（　　）。

```
public class Example{
  String str=new String("good");
  char ch[]={
  public static void main(String args[]){
     Example ex=new Example();
     ex.change(ex.str,ex.ch);
     System.out.println(ex.str " and"  ex.ch);
  }
  public void change(String str,char ch[]){
     str="test ok";ch[0]=?g?
  }
}
```

A. good and abc　　B. good and gbc

C. test ok and abc　　D. test ok and gbc

5. 给出下面的代码片断:

（1）public void create() {

（2）Vector myVect;

（3）myVect=new Vector();

（4）}

下面的哪些陈述为 true（真）?（　　）

A. 第 2 行的声明不会为变量 myVect 分配内存空间。

B. 第 2 行的声明分配一个到 Vector 对象的引用的内存空间。

C. 第 2 行语句创建一个 Vector 类对象。

D. 第 3 行语句创建一个 Vector 类对象。

E. 第 3 行语句为一个 Vector 类对象分配内存空间。

6. 给出下面的不完整的类代码:

```
class Person {
   String name, department;
   int age;
   public Person(String n){ name=n; }
   public Person(String n, int a){ name=n; age=a; }
   public Person(String n, String d, int a) {
       // doing the same as two arguments version of constructor
       // including assignment name=n,age=a
       department=d;
   }
}
```

下面的哪些表达式可以加到构造方法中的"doing the same as..."处?（　　）

A. Person(n,a);　　B. this(Person(n,a));

C. this(n,a);　　D. this(name,age).

7. 给出下面的代码:

```
public class Person{
    static int arr[]=new int[10];
```

```
    public static void main(String a[]) {
        System.out.println(arr[1];)
    }
}
```

那个叙述是对的？（   ）

A. 编译时将发生错误　　B. 编译时正确但是运行时出错

C. 输出为0　　D. 输出为null

8. 给出下面的代码：

```
public class Person{
    int arr[]=new int[10];
    public static void main(String a[]) {
        System.out.println(arr[1]);
    }
}
```

哪个叙述是对的？（   ）

A. 编译时出错　　B. 编译时正确而运行时出错

C. 输出0　　D. 输出null

9.
```
class Parent {
    String one, two;
    public Parent(String a, String b){
        one=a;
        two=b;
    }
public void print(){ System.out.println(one); }
}
public class Child extends Parent {
    public Child(String a, String b){
        super(a,b);
    }
    public void print(){
        System.out.println(one+"to"+two);
    }
    public static void main(String arg[]){
        Parent p=new Parent("south", "north");
        Parent t=new Child("east", "west");
        p.print();
        t.print();
    }
}
```

下面的（   ）正确。

A. 在编译时出错

B. south
east

C. south to north
east to west

D. south to north
east

E. south
east to west

二、简答题

1. 怎样将 Application 程序改写成 Applet 程序？
2. Applet 的运行机制是什么？
3. HTML 文件代码需要包含哪些标记？含义是什么？
4. 如何在 Applet 中绘图？
5. 抽象类和接口的区别是什么？

三、实践操作题

1. 运行下面的程序代码，并回答问题。

```
import java.applet.Applet;
import java.applet.Applet;
import java.awt.*;
import java.awt.event.*;
public class DataType extends Applet implements ActionListener
{
Label prompt=new Label("请分别输入整数和浮点数:");
   TextField input_int=new TextField(6);
   TextField input_double=new TextField(6);
   TextField output=new TextField(35);
   int getInt;
double getDouble;
public void init()
{
add(prompt);
add(input_int);
add(input_double);
add(output);
output.setEditable(false);
input_double.addActionListener(this);
   }
 public void actionPerformed(ActionEvent e)
{
   getInt=Integer.parseInt(input_int.getText());
   getDouble=Double.parseDouble(input_double.getText());
   output.setText("您输入了整数: "+getInt+"和浮点数: "+getDouble);
    }
}
```

思考问题：

（1）上面的程序是 Application 还是 Applet?

（2）上面的程序用什么方式接受数据的输入和输出？

（3）假如在输入整数的文本框输入了浮点数，运行的结果是什么？为什么？

（4）假如在输入浮点数的文本框输入了整数，运行的结果又是什么？为什么？

2. 编写一个程序，说明 Applet 如何工作以及启动 Applet 时调用 init()、start()和 paint()方法的顺序。

3. 在鼠标单击的两点间绘制直线，可以连续绘制直线且线段的颜色为红色。

4. 用 Applet 动画实现一个简单的 Applet 影集。

5. 编写 Applet 程序，实现下面的功能：

（1）接受用户输入指定的字号、字体和字体风格，在 Applet 上显示一段指定字体的文字。

(2) 接受用户输入的R、G、B三种颜色的分量，配置页面的背景颜色。

6. 下面程序是将Customer的相关信息显示出来，阅读程序，并修改错误。

```
import javax.swing.*;
public class Customer extends JApplet
{
        //声明面板
        JPanel  panelObject;

        //标签变量
        JLabel   labelCustCellNo;
        JLabel   labelCustName;
        JLabel   labelCustPackage;
        JLabel   labelCustAge

        //定义输入数据变量
        JTextField  textCustCellNo;
        JTextField  textCustName;
        JComboBox   comboCustPackage;
        JTextField  textCustAge;
        public void init()
          {
                //创建面板并添加到Applet容器上
                panelObject=new JPanel();
                getContentPane().add(panelObject);
                //Create and add the appropriate controls

                // 初始化标签
                labelCustCellNo=new JLabel("Cell Number");
                labelCustName=new JLabel(" Name");
                labelCustPackage=new JLabel("Package");
                labelCustAge=new JLabel("Age");

                      //初始化 textfield
                      textCustCellNo=new JTextField(15);
                      textCustName=new JTextField(30);
                      textCustAge=new JTextField(2);
                      String packages[]={ "Executive", "Standard"};
                      comboCustPackage=new JComboBox(packages);
                      //添加 Cell Number 信息
                       panelObject.add(labelCustCellNo);
                       panelObject.add(textCustCellNo);
                      //添加 Customer Name 信息
                      panelObject.add(labelCustName);
                      panelObject.add(textCustName);
                     //添加 customer Package 信息
                     panelObject.add(labelCustPackage);
                     panelObject.add(comboCustPackage);

                     //添加 customer Age 信息
                     panelObject.add(labelCustAge);
                     panelObject.add(textCustAge);

          }
  }
```

第4章 组件与布局管理器

4.1 MVC设计模式概述

4.1.1 MVC设计模式

MVC是3个单词的缩写，分别为：模型（Model）、视图（View）和控制（Controller）。MVC模式的目的就是实现Web系统的职能分工。Model层实现系统中的业务逻辑，通常可以用JavaBean或EJB来实现。View层用于与用户的交互，通常用JSP来实现。Controller层是Model与View之间沟通的桥梁，它可以分派用户的请求并选择恰当的视图以用于显示，同时它也可以解释用户的输入并将它们映射为模型层可执行的操作。

MVC是一个设计模式，它强制性的使应用程序的输入、处理和输出分开。使用MVC，应用程序被分成3个核心部件：模型、视图、控制器。它们各自处理自己的任务。

1．视图

视图是用户看到并与之交互的界面。对传统的Web应用程序来说，视图就是由HTML元素组成的界面，在新式的Web应用程序中，HTML依旧在视图中扮演着重要的角色，但一些新的技术已层出不穷，它们包括Macromedia Flash和XHTML，XML/XSL，WML等一些标识语言及Web Services。如何处理应用程序的界面变得越来越有挑战性。MVC一个好处是它能为用户的应用程序处理很多不同的视图。在视图中没有真正的处理发生，作为视图来讲，它只是作为一种输出数据并允许用户操纵的方式。

2．模型

模型表示企业数据和业务规则。在MVC的3个部件中，模型拥有最多的处理任务。例如它可能用EJB（企业级JavaBean）和ColdFusion Components这样的构件对象来处理数据库。被模型返回的数据是中立的，就是说模型与数据格式无关，这样一个模型能为多个视图提供数据。由于应用于模型的代码只需写一次就可以被多个视图重用，所以减少了代码的重复性。

3．控制器

控制器接受用户的输入并调用模型和视图去完成用户的需求。所以当单击Web页面中的超链接和发送HTML表单时，控制器本身不输出任何信息和做任何处理。它只是接收请求并决定调用哪个模型构件去处理请求，然后确定用哪个视图来显示模型处理返回的数据。

MVC 在处理过程中，首先控制器接收用户的请求，并决定应该调用哪个模型来进行处理，然后模型用业务逻辑来处理用户的请求并返回数据，最后控制器用相应的视图格式化模型返回的数据，并通过表示层呈现给用户。图 4-1 描述了 MVC 的设计模式。

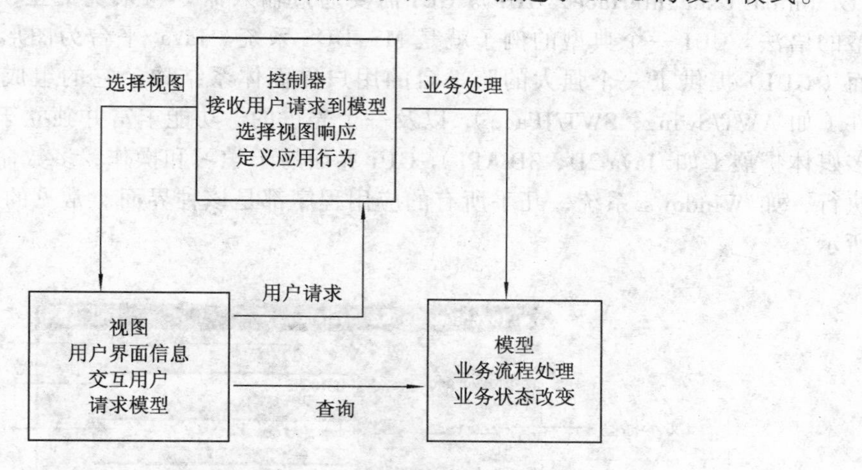

图 4-1　MVC 的设计模式

大部分 Web 应用程序都是用像 ASP、PHP，或者 CFML 这样的过程化（自 PHP 5.0 版本后已全面支持面向对象模型）语言来创建的。它们将像数据库查询语句这样的数据层代码和像 HTML 这样的表示层代码混在一起。经验比较丰富的程序员会将数据从表示层分离开来，但这通常不是很容易做到的，它需要精心的计划和不断的尝试。MVC 从根本上强制性的将它们分开。尽管构造 MVC 应用程序需要一些额外的工作，但是它带来的好处是勿庸质疑的。

首先，最重要的一点是多个视图能共享一个模型，现在需要用越来越多的方式来访问应用程序。对此，其中一个解决之道是使用 MVC，无论用户想要 Flash 界面或是 WAP 界面，用一个模型就能处理它们。由于已经将数据和业务规则从表示层分开，所以可以最大化的重用代码了。

由于模型返回的数据没有进行格式化，所以同样的构件能被不同界面使用。例如，很多数据可能用 HTML 来表示，但是它们也有可能要用 Macromedia Flash 和 WAP 来表示。模型也有状态管理和数据持久性处理的功能，例如，基于会话的购物车和电子商务过程也能被 Flash 网站或者无线联网的应用程序所重用。

因为模型是自包含的，并且与控制器和视图相分离，所以很容易改变应用程序的数据层和业务规则。如果需要把数据库从 MySQL 移植到 Oracle，或者改变基于 RDBMS 数据源到 LDAP，只需改变模型即可。一旦正确地实现了模型，不管数据来自数据库或是 LDAP 服务器，视图将会正确的显示它们。由于运用 MVC 的应用程序的 3 个部件是相互独立，改变其中一个不会影响其他两个，所以依据这种设计思想能构造良好的松耦合构件。

控制器还提供了一个好处，就是可以使用控制器来联接不同的模型和视图去完成用户的需求，这样控制器可以为构造应用程序提供强有力的手段。给定一些可重用的模型和视图，控制器可以根据用户的需求选择模型进行处理，然后选择视图将处理结果显示给用户。

4.1.2 MVC 视图中用户界面的基本组件介绍

用户界面包含字符用户界面（Calligraphy User Interface，CUI）和图形用户界面（Graphical User Interface，GUI）。CUI 需要通过输入命令与系统交互，记住所有命令和完整的语法。CUI 一个典型的例子就是 MS-DOS 系统。Java 平台为图形应用和图形用户界面（GUI）提供了一个强大的跨平台的用户界面体系结构，它的组成包括众多的高级组件（如 AWT/Swing、SWT/JFace），以及一个先进的、功能丰富并独立于设备的图形系统和多媒体扩展（如 Java 2D、3D API）。GUI 界面易于学习和操作，多数命令可直接通过鼠标执行，如 Windows 系统，几乎所有的应用程序都是该种界面。常见的 GUI 界面如图 4-2 所示。

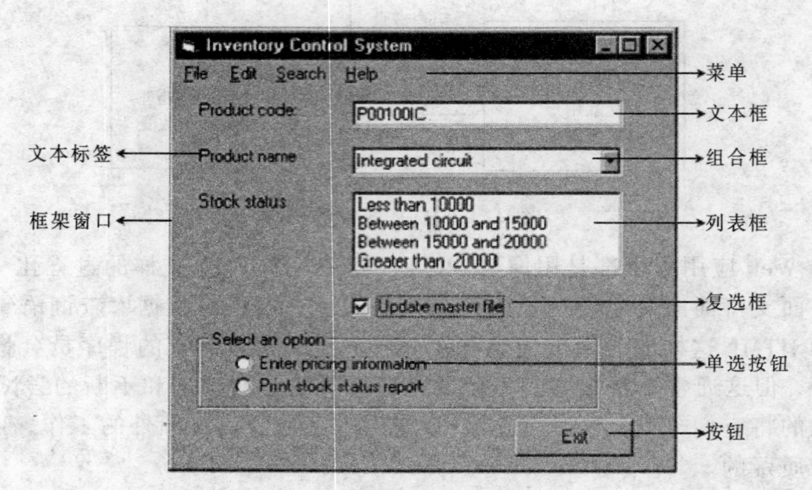

图 4-2 常见的 GUI 界面

在常见的 GUI 中，可视化界面的组件包含菜单（menu）、文本标签（label）、文本框（text box）、组合框（combo box）、列表框（list box）、复选框（check box）、单选按钮（radio button）和按钮（button）。表 4-1 描述了这些组件。

表 4-1 GUI 常用组件

组　件	功　能
文本标签（label）	显示静态文本，用于提示和说明
文本框（text box）	接收单行字符串输入
文本区域（text area）	接收多行字符串输入
组合框（combo box）	用于选择单个值，也可直接输入值
列表框（list box）	用于选择单个或多个值，也可直接输入值
复选框（check box）	接收 yes/no 值的数据，可选择多个
单选按钮（radio button）	从一组选项中选择单个选项
按钮（button）	触发一个操作

存放上述组件的窗口称为容器（Container）。每个组件都可以继承其父容器的性质，如字体和颜色。同时，容器也可以控制放置其中的组件位置。容器包含在框架窗口（frame window）中。框架窗口是顶层窗口，没有父容器。

Java 语言编写的程序，一个重要的功能是使用界面来接收来自用户的数据。因此，程序必须提供用于接收数据输入的接口。上述组件可以简化程序和用户的交互，使得输入数据更简单。可利用两种方法创建 Java 中的组件：

（1）AWT（抽象窗口工具，Abstract Windows Tools），组件在 java.awt 包中。

AWT 是 Java 提供的用来建立和设置 Java 的图形用户界面的基本工具。AWT 由 Java 中的 java.awt 包提供，里面包含了许多可用来建立与平台无关的图形用户界面（GUI）的类，这些类又被称为组件(components)。AWT 是 Java 的平台独立的窗口系统，是图形和用户界面器件工具包。AWT 是 Java 基础类（JFC）的一部分，为 Java 程序提供图形用户界面(GUI)的标准 API。

AWT 提供了 Java Applet 和 Java Application 中可用的用户图形界面（GUI）中的基本组件。由于 Java 是一种独立于平台的程序设计语言，但 GUI 却往往是依赖于特定平台的，Java 采用了相应的技术使得 AWT 能提供给应用程序独立于机器平台的接口，这保证了同一程序的 GUI 在不同机器上运行具有类似的外观（不一定完全一致）。

Java1.0 的 AWT 和 Java1.6（新 AWT）有着很大的区别，新的 AWT 克服了旧 AWT 的很多缺点，在设计上有较大改进，使用也更方便，这里主要介绍新的 AWT，但在 Java1.0 及以后版本中旧的 AWT 的程序也可运行。

AWT 是 API 为 Java 程序提供的建立图形用户界面 GUI 的工具集，AWT 可用于 Java 的 Applet 和 Applications 中。它支持图形用户界面编程的功能包括：用户界面组件；事件处理模型；图形和图像工具，包括形状、颜色和字体类；布局管理器，可以进行灵活的窗口布局而与特定窗口的尺寸和屏幕分辨率无关；数据传送类，可以通过本地平台的剪贴板来进行剪切和粘贴。

Java 问世的时候，AWT 作为 Java 最弱的组件受到不小的批评。最根本的缺点是 AWT 在原生的用户界面之上仅提供了一个非常薄的抽象层。例如，生成一个 AWT 的复选框会导致 AWT 直接调用下层原生例程来生成一个复选框。不幸的是，一个 Windows 平台上的复选框同 MacOS 平台或者各种 UNIX 风格平台上的复选框并不是那么相同。这种糟糕的设计选择使得那些拥护 Java“一次编写，到处运行”信条的程序员们过得并不舒畅，因为 AWT 并不能保证他们的应用在各种平台上表现得有多相似。一个 AWT 应用可能在 Windows 上表现很好，可是到了 Macintosh 上几乎不能使用，或者正好相反。

在第二版的 Java 开发包中，AWT 的器件很大程度上被 Swing 工具包替代。Swing 通过自己绘制器件而避免了 AWT 的种种弊端：Swing 调用本地图形子系统中的底层例程，而不是依赖操作系统的高层用户界面模块。

在 AWT 中，所有能在屏幕上显示的组件（component）对应的类，均是抽象类 Component 的子类或子孙类。这些类均可继承 Component 类的变量和方法。Container 类是 Component 的子类，它也是一个抽象类，它允许其他的组件（Component）加入其中。加入的 Component 也允许是 Container 类型，即允许多层嵌套的层次结构。Container 类在将组件以合适的形式安排在屏幕上时很有用，它有两个子类：Panel 和 Window。它们不是抽象类。

Window 对应的类为 java.awt.Windows，它可独立于其他 Container 而存在，它有两个子类，Frame 和 Dialog。Frame 是具有标题（title）和可伸缩的角（resize corner）的窗口

（Window）。Dialog 则没有菜单条，虽然它能移动，但不能伸缩。

滚动面板（ScrollPane）也是 Window 类的子类，这里就不讨论了，具体可查阅帮助文档。

Panel 对应的类为 java.awt.Panel，它可包含其他 Container 类型的组件，或包含在浏览器窗口中。Panel 标识了一个矩形区域，该区域允许其他组件放入。Panel 必须放在 Window 或其子类中才能显示。java.awt 包中主要类及类之间的层次结构如图 4-3 所示。

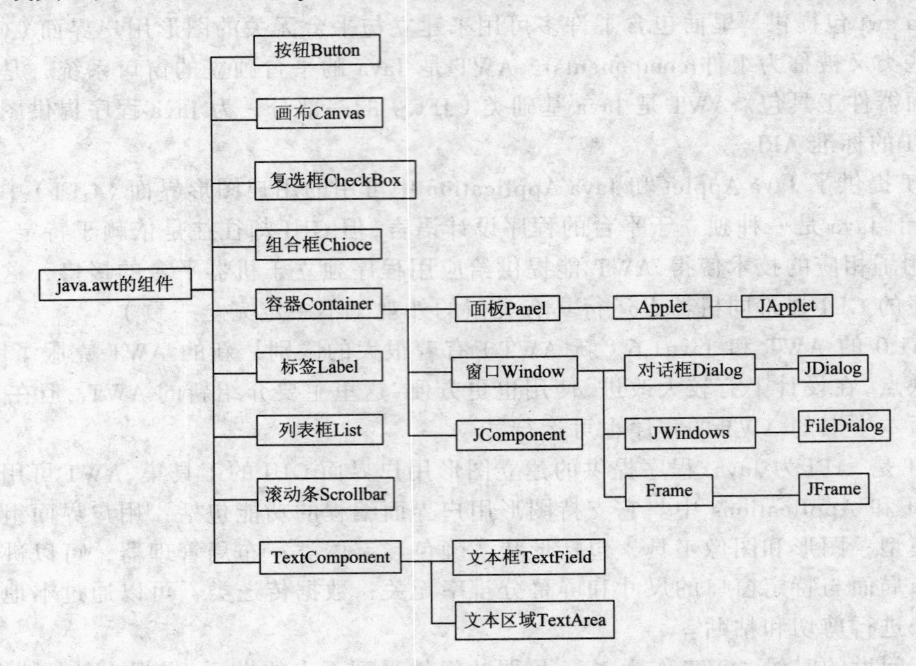

图 4-3　java.awt 包中主要类及类之间的层次结构

java.awt 包提供了基本的 java 程序的 GUI 设计工具。主要包括下述 3 个概念：

- 组件：Component。
- 容器：Container。
- 布局管理器：LayoutManager。

Java 的图形用户界面的最基本组成部分是组件（Component），组件是一个可以以图形化的方式显示在屏幕上并能与用户进行交互的对象，例如一个按钮、一个标签等。组件不能独立地显示出来，必须将组件放在一定的容器中才可以显示出来。类 java.awt.Component 是许多组件类的父类，Component 类中封装了组件通用的方法和属性，如图形的组件对象、大小、显示位置、前景色和背景色、边界、可见性等。

容器（Container）也是一个类，实际上是 Component 的子类，因此容器本身也是一个组件，具有组件的所有性质，但是它的主要功能是容纳其他组件和容器。布局管理器（LayoutManager）：每个容器都有一个布局管理器，当容器需要对某个组件进行定位或判断其大小尺寸时，就会调用其对应的布局管理器。

容器 java.awt.Container 是 Component 的子类，一个容器可以容纳多个组件，并使它们成为一个整体。容器可以简化图形化界面的设计，以整体结构来布置界面。所有的容器都可以通过 add( )方法向容器中添加组件。有 3 种类型的容器：Window、Panel、

ScrollPane，常用的有 Panel、Frame、Applet。

【例 4-1】使用 Frame 的例子。

```
import java.awt.*;
import javax.swing.*;
public class MyFrame extends JFrame
{
    public static void main(String[] args)
    {
      JFrame fr=new JFrame("Hello Out There!");
       fr.setSize(200,200);
       fr.setBackground(Color.red);
       fr.setVisible(true);
       fr.setDefaultCloseOperation(JFrame.EXIT_ON_CLOSE);
    }
}
```

其运行结果如图 4-4 所示。

（2）JFC（Java 基础类，Java Foundation Class），组件在 javax.swing 包中。

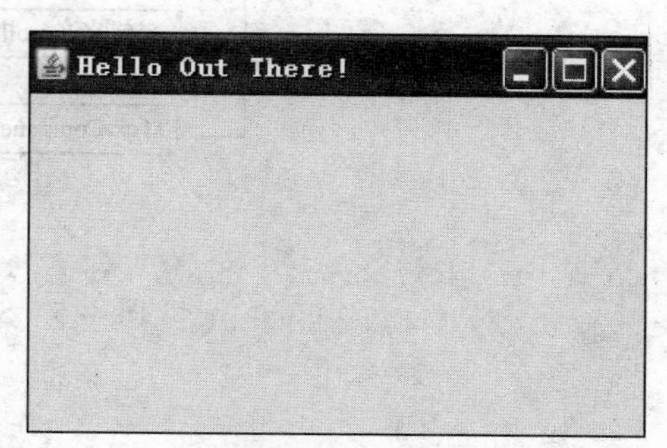

图 4-4　MyFrame.java 的运行结果

Java 基础类（JFC）是一组 API，它在 Java 1.1 中作为一个单独的库引入，而在 Java2 平台中则作为核心 API 包含在该平台中。开发这些库是打算补充 AWT。

JFC 库包括以下的一些模块：

① Swing 组件集：这个包提供一组“轻量型”组件来替代最初 AWT 类中可用的组件。

② 可访问性 API：开发这些类是用于简化支持（针对那些对数据输入和显示有特殊需求的人）“辅助”输入技术的 GUI 应用程序的构建。

③ 拖放 API：该 API 为使用定位设备在 Java 和其他应用程序之间以图形方式传送信息提供了框架。

④ Java 2D API：该 API 为窗口应用程序中的图形提供了高级图形能力。

javax.swing 包是对 java.awt 包的扩展。该包提供了管理 GUI 组件类的集合。Swing 组件的类层次结构如图 4-5 所示。

Swing 组件的类成员方法比较多，表 4-2 给出了常用的几个方法，其他成员方法的使用读者可查阅帮助文档。

表 4-2　Swing 组件的类成员方法

类的成员方法	功能说明
Graphics getGraphics( )	在组件上画出组件的图形内容
void setBackgroud( )	设置组件的背景颜色
void setFont(Font t)	设置组件中文本的字体
void setToolTipText(String str)	设置组件显示工具箱
void setVisible(Boolean bl)	设置组件能够被显示（True/False）
void setSize(int height, int width)	设置组件的高度、宽度。缺省时为（0，0）

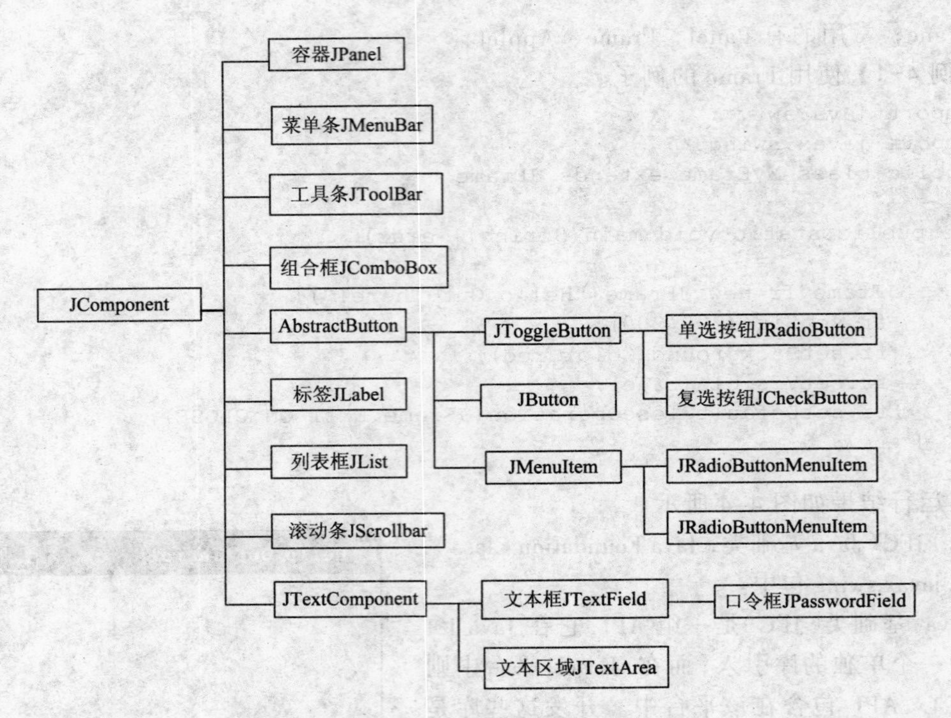

图 4-5 Swing 组件的类层次结构

4.2 组 件

4.2.1 按钮

JButton 按钮是 Swing 组件中最简单的一个组件，在界面上显示为一块有边界的矩形区域，上面的文字标记可用来说明按钮的功能。可以根据 JDK 帮助文档提供的如下 5 种构造方法来创建按钮：

- JButton()：创建不带有设置文本或图标的按钮。
- JButton(Action a)：创建一个按钮，其属性从所提供的 Action 中获取。
- JButton(Icon icon)：创建一个带图标的按钮。
- JButton(String text)：创建一个带文本的按钮。
- JButton(String text, Icon icon)：创建一个带初始文本和图标的按钮。

【例 4-2】在图 4-4 上添加一个“login”按钮。

```
import java.awt.*;
import javax.swing.*;
public class MyFrame extends JFrame
{
    public static void main(String[] args)
    {
        JFrame f=new JFrame("框架");
        JPanel panelObj=new JPanel();
```

```
        f.add(panelObj);
        JButton b=new JButton("login");
        panelObj.add(b);
        f.setSize(200,200);
        f.setBackground(Color.red);
        f.setVisible(true);
        f.setDefaultCloseOperation(JFrame.EXIT_ON_CLOSE);
    }
    public MyFrame(String str)
    {
        super(str);
    }
}
```

从本例的代码看，创建的用户界面可以理解为实际上由三层内容组成：框架 Frame 为基层，面板 Panel 为第二层，按钮 Button 为第三层。

容器类 JFrame 类和 JPanel 类对应 java.awt 包中的组件 Frame 和 Panel。javax.swing 包中的组件以“J”开头。JPanel 类是一个构件，是 JComponent 类的子类，也是一个简单的容器类。

JPanel 类的对象必须放在 JFrame 中才能可见，提供了添加其他组件的空间，即使添加另一个面板也可以。JPanel 容器默认为流布局管理器（FlowLayout）。JPanel 类的构造方法有：

- JPanel()：创建具有双缓冲和流布局的新 JPanel。
- JPanel(boolean isDoubleBuffered)：创建具有 FlowLayout 和指定缓冲策略的新 JPanel。
- JPanel(LayoutManager layout)：创建具有指定布局管理器的新缓冲 JPanel。
- JPanel(LayoutManager layout, boolean isDoubleBuffered)：创建具有指定布局管理器和缓冲策略的新 JPanel。

程序运行结果如图 4-6 所示。

思考题：

本例中“f.setBackground(Color.red);”为什么没有看到红色背景效果？如何将面板调成红色呢？如果再创建一个按钮“exit”，同样添加到面板上，最终显示的结果如图 4-7 所示，如何修改例 4-2？

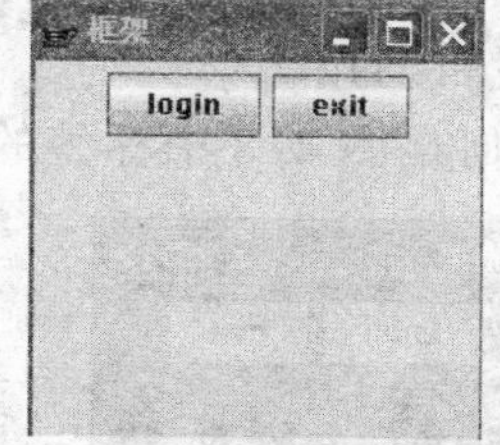

图 4-6　添加按钮后的 MyFrame.java 运行结果　　图 4-7　添加 exit 按钮后的显示界面

4.2.2　标签

框架上的文本标签也是很简单的 Swing 组件，用于显示用户界面的文本内容，用 Jlabel 类创建文本标签组件，该类的构造方法取标签的标题作为输出。根据 JDK1.6 的帮助文档，该类的构造方法有：

- JLabel()：创建无图像并且其标题为空字符串的 JLabel。
- JLabel(Icon image)：创建具有指定图像的 JLabel 实例。
- JLabel(Icon image, int horizontalAlignment)：创建具有指定图像和水平对齐方式的 JLabel 实例。
- JLabel(String text)：创建具有指定文本的 JLabel 实例。
- JLabel(String text, Icon icon, int horizontalAlignment)：创建具有指定文本、图像和水平对齐方式的 JLabel 实例。
- JLabel(String text, int horizontalAlignment)：创建具有指定文本和水平对齐方式的 JLabel 实例。

【例 4-3】在图 4-7 的基础上添加标签“Custmer Name”。

```
import java.awt.*;
import javax.swing.*;
public class MyFrame extends JFrame
{
   public static void main(String[] args)
   {
      JFrame f=new JFrame("框架");
      JPanel panelObj=new JPanel();
      f.add(panelObj);
      JButton b=new JButton("login");
      JButton b2=new JButton("exit");
      JLabel CustomerName=new JLabel("Customer Name");
      panelObj.add(b);
      panelObj.add(b2);
      panelObj.add(CustomerName);
      panelObj.setBackground(Color.red);
      f.setSize(200,200);
      f.setVisible(true);
      f.setDefaultCloseOperation(JFrame.EXIT_ON_CLOSE);
   }
}
```

如果没有使用布局管理器，在 Panel 上添加组件的顺序是按照从左到右，从上到下。对比图 4-6～图 4-8，将界面最大化，就可以发现。javax.swing 包的 JLabel 标签对应 java.awt 包的 Label，两者可通用。

思考题：如何在图 4-8 中标签的位置上插入图 BX5.JPG，得到图 4-9 所示的效果？

图 4-8　添加标签 Custmer Name 的运行结果

图 4-9　在标签 Custmer Name 上插入图 BX5.JPG 的效果

说明：需要在例 4-3 中标签初始化之后添加如下代码：

```
ICon iconObject=new ImageIcon("D:\\myclass\\BX5.jpg");
CustomerName=new JLabel(iconObject);
```

（1）在 JLabel 类的构造方法中使用 ICon 的对象 iconObject 为参数，用 ImageIcon 类实现 ICon 接口定义的方法，ImageIcon 类的构造方法可以取适用于 Java 图像格式的文件。

（2）指定图像文件的位置时，Java 以“\\”表示路径。

4.2.3 文本字段

在 GUI 中，采用文本字段来接收用户的单行数据。用 JTextField 类创建组件，可以使用 setText()方法显示文本框的默认值，用 getText()方法获取文本框的数据内容。JTextField 类的构造方法有：

- JTextField()：构造一个新的 TextField。创建一个默认的模型，初始字符串为 null，列数设置为 0。
- JTextField(Document doc, String text, int columns)：构造一个新的 JTextField，它使用给定文本存储模型和给定的列数。
- JTextField(int columns)：构造一个具有指定列数的新的空 TextField。
- JTextField(String text)：构造一个用指定文本初始化的新 TextField。
- JTextField(String text, int columns)：构造一个用指定文本和列初始化的新 TextField。

【例 4-4】在图 4-8 的基础上添加一个文本框，如图 4-10 所示。

```
import java.awt.*;
import javax.swing.*;
public class MyFrame extends JFrame
{
    public static void main(String[] args)
    {
        JFrame f=new JFrame("框架");
        JPanel panelObj=new JPanel();
        f.add(panelObj);
        JButton b=new JButton("login");
        JButton b2=new JButton("exit");
        JLabel CustomerName=new JLabel("Customer Name");
        JTextField CustNameText=new JTextField(10);
        panelObj.add(b);
        panelObj.add(b2);
        panelObj.add(CustomerName);
        panelObj.add(CustNameText);
        f.setSize(200,200);
        f.setVisible(true);
        f.setDefaultCloseOperation(JFrame.EXIT_ON_CLOSE);
    }
}
```

图 4-10　添加文本框后的运行结果

javax.swing 包的 JTextField 标签对应 java.awt 包的 TextField，两者可通用。本例中 JTextField CustName Text=new JTextField(10)；构造方法 JTextField(10)的参数为文本框可输入字符的长度。

如果实际输入大于该值时，最左字符会向前移动。

4.2.4 文本区域

JTextArea 类除了能处理文本框（JTextField）所能处理的单行文本内容外，还能处理更大量文本内容。JTextArea 是一个显示纯文本的多行区域，该文本区域可以指定高度和宽度，而且还带有滚动条。其类的构造方法如下：

- JTextArea()：构造新的 TextArea。
- JTextArea(Document doc)：构造新的 JTextArea，使其具有给定的文档模型，所有其他参数均默认为（null, 0, 0）。
- JTextArea(Document doc, String text, int rows, int columns)：构造具有指定行数和列数以及给定模型的新的 JTextArea。
- JTextArea(int rows, int columns)：构造具有指定行数和列数的新的空 TextArea。
- JTextArea(String text)：构造显示指定文本的新的 TextArea。
- JTextArea(String text, int rows, int columns)：构造具有指定文本、行数和列数的新的 TextArea。

【例 4-5】在图 4-10 中添加标签 “Customer Personal Details”，再在其后添加一个文本区域。

```
import java.awt.*;
import javax.swing.*;
public class MyFrame extends JFrame
{
    public static void main(String[] args)
    {
      JFrame f=new JFrame("框架");
      JPanel panelObj=new JPanel();
      f.add(panelObj);
      JButton b=new JButton("login");
      JButton b2=new JButton("exit");
      JLabel CustomerName=new JLabel("Customer Name");
      JLabel CustDetails=new JLabel("Customer Personal Details");
      JTextField CustNameText=new JTextField(10);
      JTextArea CustDetailsText=new JTextArea(10,20);
      panelObj.add(b);
      panelObj.add(b2);
      panelObj.add(CustomerName);
      panelObj.add(CustNameText);
      panelObj.add(CustDetails);
      panelObj.add(CustDetailsText);

      f.setSize(200,200);
      f.setVisible(true);
      f.setDefaultCloseOperation(JFrame.EXIT_ON_CLOSE);
    }
}
```

javax.swing 包的 JTextArea 标签对应 java.awt 包的 TextArea，两者可通用。程序中 JTextArea CustDetailsText=new JTextArea(10,20);构造方法 JTextArea(10,20)中的参数分别

表示文本框的行数和列数。如果在该区域输入的数据内容超过设置大小，会在水平和垂直方向自动添加滚动条。

该组件的缺省背景颜色为白色。可根据需要设置颜色，如下：

```
CustDetailsText.setBackground(Color.blue);
```

对比图 4-11 中的结果可以发现 JtextArea 组件添加的区域有立体的边界。图 4-11（a）左边的界面为例 4-5 运行结果，图 4-11（b）是在例 4-5 中添加 CustDetailsText.setBackground(Color.blue)语句后得到的结果，在蓝色区域有明显的边界。

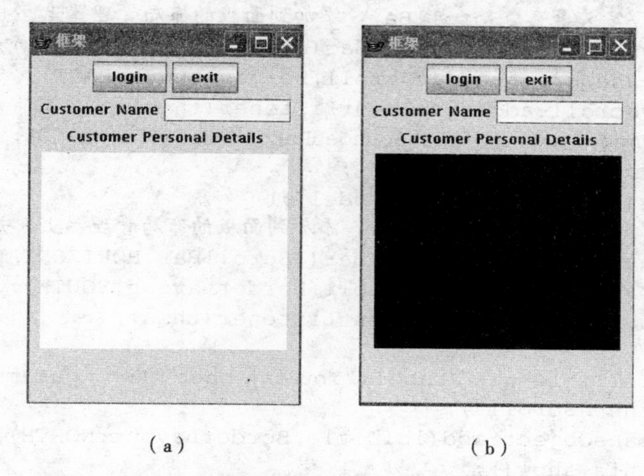

（a）　（b）

图 4-11　添加文本区域的运行结果

4.2.5　滚动条

在 JTextArea 组件显示的区域中，如果显示的内容超出设置参数，在组件边缘自动会出现滚动条，用户可以通过鼠标控制滚动条的操作来查阅文本区域中的内容。用户在滚动条内移动滑块可确定显示区域中的内容。该程序通常将滚动条的结束代表可显示内容的结束，或内容的 100%。滚动条的开始为可显示内容的开始，或 0%。然后滑块在其边界中的位置转换为可显示内容对应的百分比。其构造方法有：

- JScrollBar()：创建具有下列初始值的垂直滚动条。
- JScrollBar(int orientation)：创建具有指定方向和下列初始值的滚动条。
- JScrollBar(int orientation, int value, int extent, int min, int max)：创建具有指定方向、值、跨度、最小值和最大值的一个滚动条。

【例 4-6】编写程序实现两个 JScrollBar，在文本区域显示水平 JScrollBar 和垂直 JScrollBar 的取值。

```
import java.awt.*;
import java.awt.event.*;        //引入事件包
import javax.swing.*;
public class ScrollBarTest extends JFrame implements AdjustmentListener
 //定义的类扩展动作监听接口 AdjustmentListener
{
      JScrollBar vscroll=null;
      DefaultBoundedRangeModel vmodel=null;
      JScrollBar hscroll=null;
```

```
    JLabel  lblTitle = null;
    //定义构造方法 ScrollBarTest()
    public ScrollBarTest()
    {
            super("this is JScrollBar test!");
            setSize(400,300);
            Container paneObject=this.getContentPane();
            //设置面板采用的布局管理 BorderLayout
            paneObject.setLayout(new BorderLayout());
            //定义垂直 JScrollBar，添加到面板的布局管理器上，并注册动作监听事件
            vscroll=new JScrollBar(JScrollBar.VERTICAL);
            paneObject.add(vscroll,BorderLayout.EAST);
            vscroll.addAdjustmentListener(this);
            vmodel=new DefaultBoundedRangeModel(0,1,0,100); //Model 的使用方法
            vmodel.setExtent(10);
            vscroll.setModel(vmodel);
            //定义水平 JScrollBar，添加到面板的布局管理器上，并注册动作监听事件
            hscroll=new JScrollBar(JScrollBar.HORIZONTAL,0,10,0,100);
            paneObject.add(hscroll,BorderLayout.SOUTH);
            hscroll.addAdjustmentListener(this);

            lblTitle=new JLabel("You can check two  parameters'  value of
            the JScroll");
            paneObject.add(lblTitle,BorderLayout.NORTH);
            this.show();
            this.addWindowListener(new WindowAdapter()
             {
                    public void windowClosing(WindowEvent e)
                    {
                            System.exit(0);
                    }
             });
    }
    public static void main(String[] args)
    {
            new ScrollBarTest();
    }
    //动作事件的定义
    public void adjustmentValueChanged(AdjustmentEvent e)
    {
            if (e.getSource()==vscroll )
            {
                    lblTitle.setText("v:"+vmodel.getValue());
            }
            else if (e.getSource()==hscroll) {
                    lblTitle.setText("h:" + String.valueOf(e.getValue()));
            }
    }
}
```

（1）Java 中的 JScrollBar 的用法与一般控件差不多。与 JComboBox 很类似，可以指定一个 Model。

（2）程序中用了两个 JScrollBar。其中 vscroll 用了 MVC 的方式来使用。而 hscroll 用一般方式来使用。两种实现方式实质上都差不多。只是用 MVC 方式对于频繁改变 JScrollBar 属性值的时候很方便。

（3）JScrollBar 的使用有几个重要的属性：

① Orientation：表示滚动务的方向，可能值：JScrollBar.VERTICAL 垂直方向，JScrollBar.HORIZONTAL 水平方向。

② Value：当前滑动块所在的位置

③ Minimum：最小值

④ Maximum：最大值

⑤ Extent：表示滑动块的长度所占多少值。与 Delphi ScrollBar 控件里的 Page 属性一样，这个属性只能通过 Model 方式来读取与设置。

（4）JScrollBar 的 setModel()方法是用 BoundedRangeModel 来定义的参数，而实际使用时是用 DefaultBoundedRangeModel 。BoundedRangeModel 只是接口，这与 JComboBox 的操作差不多，具体可查阅帮助文档。

图 4-12（a）显示的是初始结果，图 4-12（b）显示的是查看垂直 JScrollBar 值，图 4-12（c）显示查看水平 JScrollBar 值。

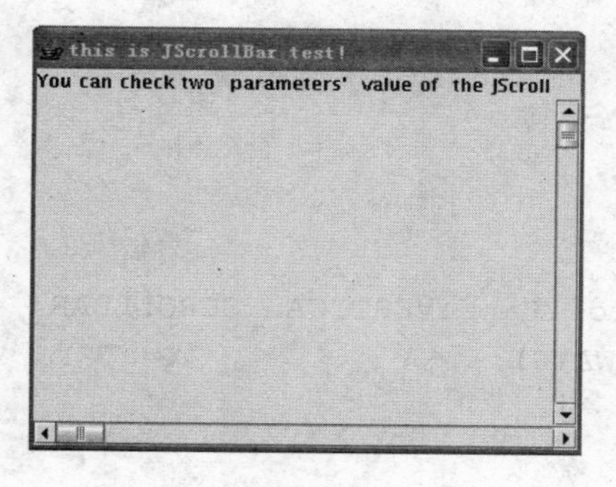

（a）初始结果

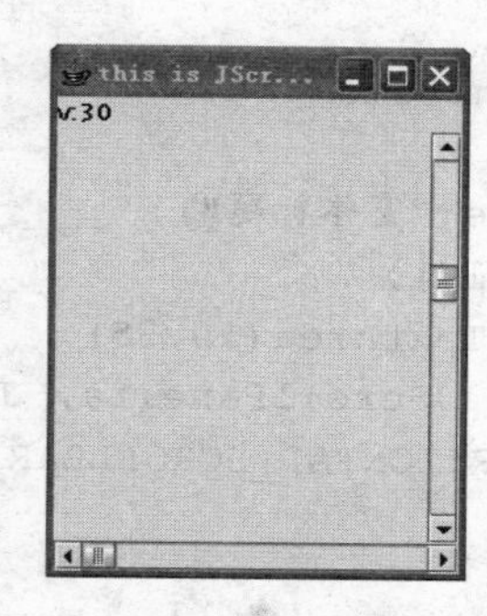

（b）查看垂直 JScrollBar 值

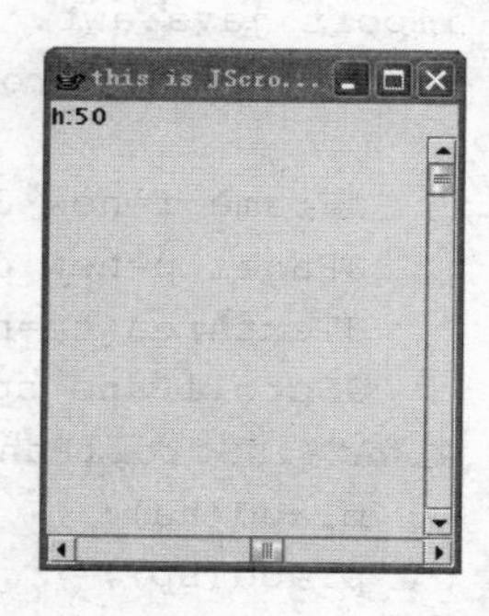

（c）查看水平 JScrollBar 值

图 4-12　ScrollBarTest 的运行结果及检测

4.2.6　滚动面板

滚动面板 JScrollPane 是 javax.swing 包中 JComponent 类的子类，也是一个容器类。它提供轻量级组件的滚动视图。包括 JScrollPane 管理窗口、可选的垂直和水平滚动条以及可选的行和列标题窗口。

JScrollPane 基本上由 JScrollBar、一个 JViewport 以及它们之间的连线组成。除了滚动条和窗口之外，JScrollPane 也可以有一个列标题和一个行标题。在两个滚动条的交汇处、行标题与列标题的交汇处，或者滚动条与其中一个标题的交汇处，两个组件在很接近角的地方停止，留下一个默认情况下为空的矩形空间。JScrollPane 的结构如图 4-13 所示。

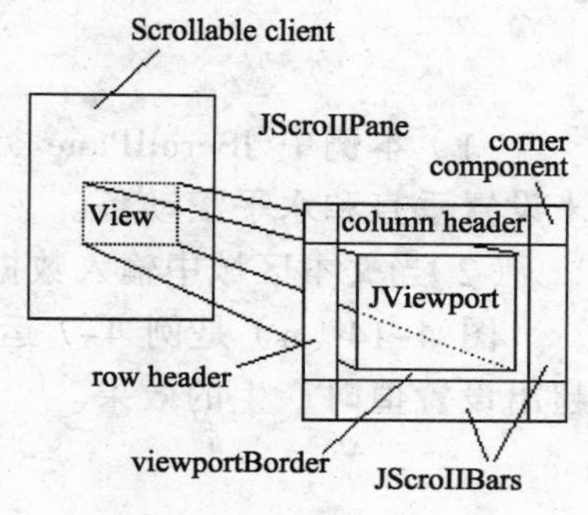

图 4-13　JScrollPane 的结构

JScrollPane 的构造方法如下：

- JScrollPane()：创建一个空的（无窗口的视图）JScrollPane，需要时水平和垂直滚动条都可显示。
- JScrollPane(Component view) ：创建一个显示指定组件内容的 JScrollPane，只要组件的内容超过视图大小就会显示水平和垂直滚动条。
- JScrollPane(Component view, int vsbPolicy, int hsbPolicy) ：创建一个 JScrollPane，它将视图组件显示在一个窗口中，视图位置可使用一对滚动条控制。
- JScrollPane(int vsbPolicy, int hsbPolicy) ：创建一个具有指定滚动条策略的空（无窗口的视图）JScrollPane。

JScrollPane 一个常见操作是设置背景颜色，此颜色可在主窗口小于窗口或透明时使用。使用 scrollPane.getViewport().setBackground() 设置窗口的背景色可实现此目的。设置窗口而不是滚动窗格的颜色的原因是，默认情况下，JViewport 为不透明，还有一些其他属性，这意味着它将用其背景色完全填充背景。因此当 JScrollPane 绘制其背景时，窗口通常将在它上面绘制。

【例 4-7】创建一个滚动面板。

```
import javax.swing.*;
import java.awt.*;
public class ScrollPaneDemo
{
    JFrame f=new JFrame("窗体标题");
    JPanel p=new JPanel();
    JTextArea ta=new JTextArea(10,35);
    JScrollPane sp=new JScrollPane(ta, JScrollPane.VERTICAL_SCROLLBAR_
ALWAYS,JScrollPane.HORIZONTAL_SCROLLBAR_ALWAYS);
    p.add(ta);
    p.add(sp);
    f.getContentPane().add();
    f.setDefaultCloseOperation(JFrame.EXIT_ON_CLOSE);
    f.setVisible(true);
    f.setSize(300,300);
    public static void main(String[] args)
    {
        new ScrollPaneDemo();
    }
}
```

（1）本例中 JScrollPane 类的构造方法的参数是 JTextArea 的对象，另外两个参数用来设置垂直和水平滚动条。

（2）当文本区域中输入数据超过其设定参数时，滚动面板上出现水平和垂直的滚动条。

图 4-14（a）是例 4-7 运行后的初始结果，图 4-14（b）是在文本区域内输入数据超出设置值时产生的效果。

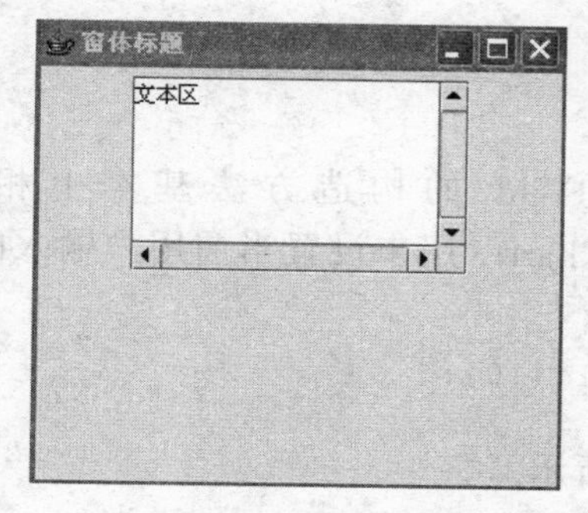

（a）运行后的初始结果

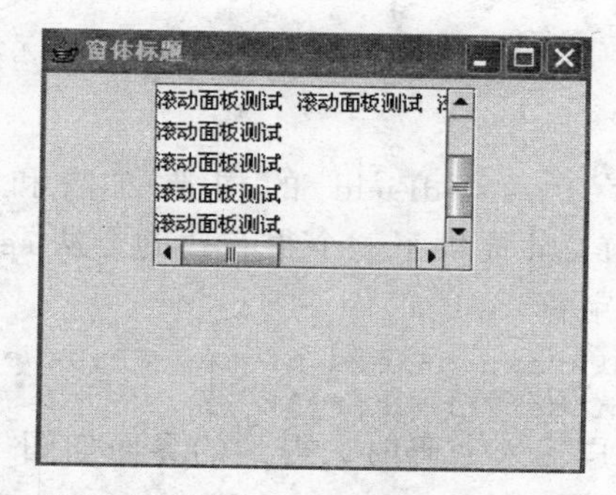

（b）输入数据超出设置值时产生的效果

图 4-14　ScrollPaneDemo.java 运行的结果及检测

4.2.7　密码文本框

JPasswordField 允许编辑单行文本，其界面以"*"号显示输入内容，但不显示原始字符。默认情况下，JPasswordField 禁用输入法。否则，当使用输入法组合时，输入字符应该是可见的。其构造方法有：

- JPasswordField( )：构造一个新 JPasswordField，使其具有默认文档、为 null 的开始文本字符串和为 0 的列宽度。
- JPasswordField(Document doc, String txt, int columns)：构造一个使用给定文本存储模型和给定列数的新 JPasswordField。
- JPasswordField(int columns)：构造一个具有指定列数的新的空 JPasswordField。
- JPasswordField(String text)：构造一个利用指定文本初始化的新 JPasswordField。
- JPasswordField(String text, int columns)：构造一个利用指定文本和列初始化的新 JPasswordField。

【例 4-8】编写程序，在界面上显示标签"Customer Password"和密码文本框。

```
import java.awt.*;
import javax.swing.*;
public class PasswordDemo extends JFrame
{
    public static void main(String args[])
    {
      JFrame f=new JFrame("PasswordField Demo");
      JPanel p=new JPanel();
      JLabel CustPassword=new JLabel("Customer Password");
      JPasswordField pf=new JPasswordField(10);
      p.add(CustPassword);
      p.add(pf);
      f.getContentPane().add(p);
      f.setSize(200,200);
      f.setVisible(true);
    }
    public PasswordDemo(String str)
    {
```

```
        super(str);
    }
}
```

（1）JPasswordField 的构造方法和 JTextField 的构造方法基本上相同，但 JPasswordField 提供了一个很有效的方法 setEchoChar()，用来设置当前用户输入的密码时所显示的字符。

```
JPasswordField pf=new JPasswordField(10);
pf.setEchoChar('#');
```

当用户输入密码时，得到的界面如图 4-15 所示。

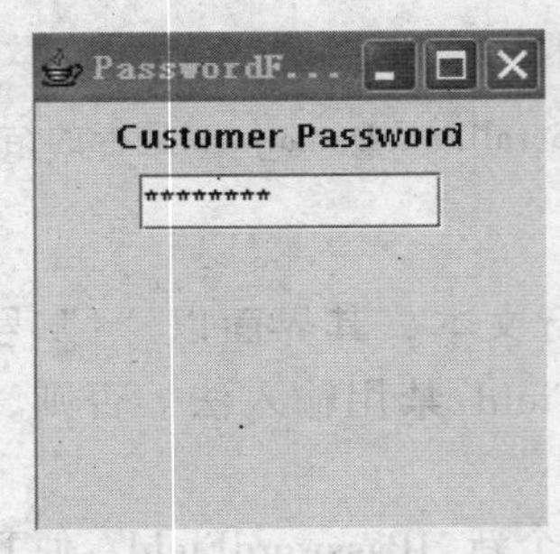

图 4-15　PasswordDemo.java 的运行结果

（2）如果需要得到用于密码回显的字符，可以通过 char c=pf.getEchoChar();实现。

4.2.8　文本列表框

文本列表框 JList 是用于显示对象列表并且允许用户选择一个或多个项的组件。其样式和文本区域相似。其类的构造方法有：

- JList()：构造一个具有空的、只读模型的 JList。
- JList(ListModel dataModel)：根据指定的非 null 模型构造一个显示元素的 JList。
- JList(Object[] listData)：构造一个 JList，使其显示指定数组中的元素。
- JList(Vector<?> listData)：构造一个 JList，使其显示指定 Vector 中的元素。

【例 4-9】编写程序实现一个文本列表框。

```
import java.awt.*;
import javax.swing.*;
public class ListDemo extends JFrame
{
    public static void main(String args[])
    {
    JFrame f=new JFrame("List Demo");
    JPanel p=new JPanel();
    String listArray[]={"The first list", "The second list","The three
    list","The four list"};
    JList list=new JList(listArray);
    list.setFixedCellWidth(100);
    list.setVisibleRowCount(4);
    p.add(list);
    f.getContentPane().add(p);
    f.setSize(200,200);
```

```
    f.setVisible(true);
    }
    public ListDemo(String str)
    {
       super(str);
    }
}
```

程序输出结果如图 4-16 所示。

（1）本例中 JList 的构造方法以 String 字符数组为参数，行数和列数根据数组的个数和最大字符串确定。

（2）该类常用的成员方法：

- setFixedCellWidth(int width)：置一个固定值，将用于列表中每个单元的宽度。
- setFixedCellHeight(int height)：设置一个固定值，将用于列表中每个单元的高度。
- setVisibleRowCount(int visibleRowCount)：设置 visibleRowCount 属性，对于不同的布局方向，此方法有不同的含义：对于 VERTICAL 布局方向，此方法设置要显示的首选行数（不要求滚动）；对于其他方向，它影响单元的包装。

List Demo
The first list
The second ...
The three list
The four list

图 4-16　ListDemo.java 的运行结果

4.2.9　组合列表框

组合列表框 JComboBox 也称为下拉式列表框。当单击下拉按钮时，选项会下拉弹出，用户可选择其中一项。其类的构造方法有：

public JComboBox(ComboBoxModelaModel)：创建一个 JComboBox，其项取自现有的 ComboBoxModel 中。由于提供了 ComboBoxModel，使用此构造方法创建的组合框不创建默认组合框模型，这可能对插入、移除和添加方法的行为都有影响。

public JComboBox(Object[] items)：创建包含指定数组中的元素的 JComboBox。默认情况下，选择数组中的第一项（因而也选择了该项的数据模型）。

publicJComboBox(Vector<?> items)：创建包含指定 Vector 中的元素的 JComboBox。默认情况下，选择数组中的第一项（因而也选择了该项的数据模型）。

public JComboBox()：创建具有默认数据模型的 JComboBox。默认的数据模型为空对象列表。使用 addItem 添加项。默认情况下选择数据模型中的第一项。

【例 4-10】编写程序实现一个组合列表框。

```
import java.awt.*;
import javax.swing.*;
public class ComboBoxDemo extends JFrame
{
   public static void main(String args[])
   {
   JFrame f=new JFrame("ComboBox Demo");
   JPanel p=new JPanel();
   String comBArray[]={"The first comboBox", "The second comboBox","The
   three comboBox","The four comboBox",
   "The five comboBox","The six comboBox","The seven comboBox","The eight
```

```
    comboBox","The nine comboBox"};
    JComboBox cb=new JComboBox(comBArray);
    p.add(cb);
    f.getContentPane().add(p);
    f.setSize(200,200);
    f.setVisible(true);
    }
    public ComboBoxDemo(String str)
    {
        super(str);
    }
}
```

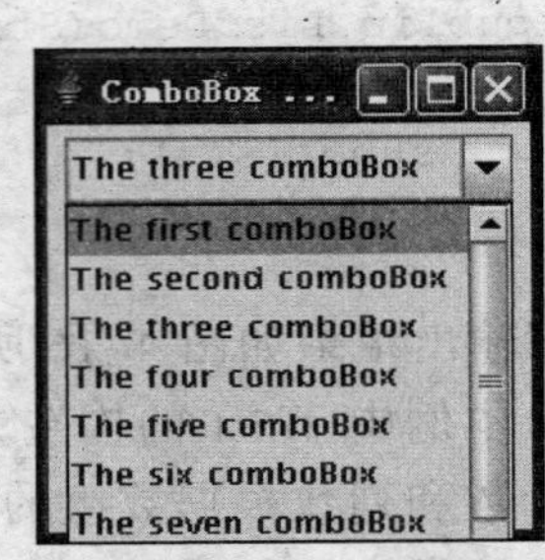

图 4-17　ComboBoxDemo.java 的运行结果

程序输出结果如图 4-17 所示。

4.2.10　单选按钮

JRadioButton 是用于多选一的情况，又称为单选框。与 ButtonGroup 对象配合使用可创建一组按钮，一次只能选择其中的一个按钮。其构造方法有：

- JRadioButton()：创建一个初始化为未选择的单选按钮，其文本未设定。
- JRadioButton(Action a)：创建一个单选按钮，其属性来自提供的 Action。
- JRadioButton(Icon icon)：创建一个初始化为未选择的单选按钮，其具有指定的图像但无文本。
- JRadioButton(Icon icon, boolean selected)：创建一个具有指定图像和选择状态的单选按钮，但无文本。
- JRadioButton(String text)：创建一个具有指定文本的状态为未选择的单选按钮。
- JRadioButton(String text, boolean selected)：创建一个具有指定文本和选择状态的单选按钮。
- JRadioButton(String text, Icon icon)：创建一个具有指定的文本和图像并初始化为未选择的单选按钮。
- JRadioButton(String text, Icon icon, boolean selected)：创建一个具有指定的文本、图像和选择状态的单选按钮。

【例 4-11】编写程序实现单选按钮。

```
import java.awt.*;
import javax.swing.*;
public class RadioButtonDemo extends JFrame
{
    public static void main(String args[])
    {
    JFrame f=new JFrame("RadioButton Demo");
    JPanel p=new JPanel();
    JRadioButton rb1=new JRadioButton("Yellow",true);
    JRadioButton rb2=new JRadioButton("Red",false);
    JRadioButton rb3=new JRadioButton("Green",false);

    ButtonGroup bg=new ButtonGroup();
    bg.add(rb1);
```

```
    bg.add(rb2);
    bg.add(rb3);
    p.add(rb1);
    p.add(rb2);
    p.add(rb3);
    f.getContentPane().add(p);
    f.setSize(200,200);
    f.setVisible(true);
    }
    public RadioButtonDemo(String str)
    {
        super(str);
    }
}
```

程序运行结果如图 4-18 所示。

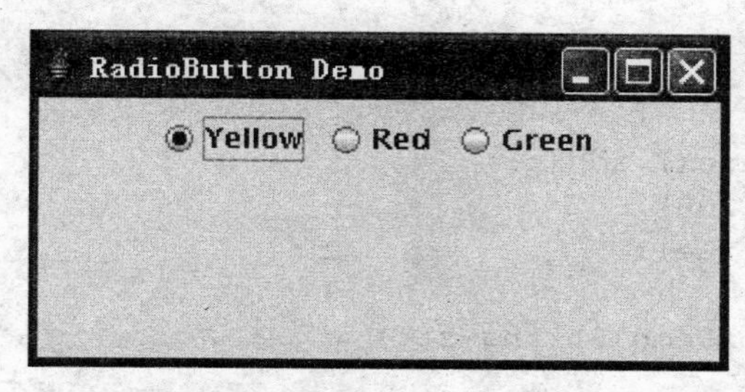

图 4-18　RadioButtonDemo.java 的运行结果

说明：ButtonGroup 类用于为一组按钮创建一个多斥（multiple-exclusion）作用域。使用相同的 ButtonGroup 对象创建一组按钮意味着"开启"其中一个按钮时，将关闭组中的其他所有按钮。组中的所有按钮都未被选择。一旦选择了任何按钮，该按钮在组中将总是选择状态。

4.2.11　复选框

复选框 JCheckBox 具有两种状态：open/close（被选/未选），表示在给定的待选框里，其中的任一都可被选中。可以有多个复选框，而且彼此独立。选择时被选者会自动勾选为"√"符号，再次选择时，该符号消失。

构造方法有：

- JCheckBox()：创建一个没有文本、没有图标并且最初未被选定的复选框。
- JCheckBox(Action a)：创建一个复选框，其属性从所提供的 Action 获取。
- JCheckBox(Icon icon)：创建有一个图标、最初未被选定的复选框。
- JCheckBox(Icon icon, boolean selected)：创建一个带图标的复选框，并指定其最初是否处于选定状态。
- JCheckBox(String text)：创建一个带文本的、最初未被选定的复选框。
- JCheckBox(String text, boolean selected)：创建一个带文本的复选框，并指定其最初是否处于选定状态。
- JCheckBox(String text, Icon icon)：创建带有指定文本和图标的、最初未选定的复选框。

- JCheckBox(String text, Icon icon, boolean selected)：创建一个带文本和图标的复选框，并指定其最初是否处于选定状态。

【例 4-12】编写程序实现复选框。

```
import java.awt.*;
import javax.swing.*;
public class CheckBoxDemo extends JFrame
{
    public static void  main(String args[])
    {
    JFrame f=new JFrame("CheckBox Demo");
    JPanel p=new JPanel();
    JCheckBox cb1=new JCheckBox("Today",true);
    JCheckBox cb2=new JCheckBox("Yesterday");
    JCheckBox cb3=new JCheckBox("Tomorrow");
    p.add(cb1);
    p.add(cb2);
    p.add(cb3);
    f.getContentPane().add(p);
    f.setSize(200,200);
    f.setVisible(true);
    }
    public CheckBoxDemo(String str)
    {
        super(str);
    }
}
```

程序运行结果如图 4-19 所示。

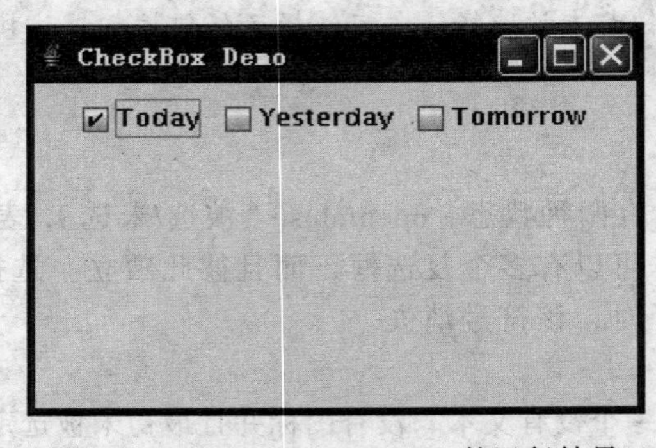

图 4-19　CheckBoxDemo.java 的运行结果

4.2.12　菜单

菜单是 GUI 编程中比较重要的一个组件，相对于前面的一些组件而言要复杂一些。创建一个菜单系统，由 JMenuBar、JMenu、JMenuItem 三个类共同实现。位于窗口的菜单栏包括下拉菜单的名字，当单击该名字时就能打开包含菜单项及子菜单项的菜单。下面就这 3 个类给出详细描述。

（1）JmenuBar：菜单栏的实现。将 JMenu 对象添加到菜单栏以构造菜单。当用户选择 JMenu 对象时，就会显示其关联的 JPopupMenu，允许用户选择其上的某一个

JMenuItem。构造方法 JMenuBar( ) 用于创建新的菜单栏。

（2）JMenu：菜单的实现，是一个包含 JMenuItem 的弹出窗口，用户选择 JMenuBar 上的项时会显示该 JMenuItem。除 JMenuItem 之外，JMenu 还可以包含 JSeparator。菜单本质上是带有关联 JPopupMenu 的按钮。当单击“按钮”时，就会显示 JPopupMenu。如果“按钮”位于 JMenuBar 上，则该菜单为顶层窗口。如果“按钮”是另一个菜单项，则 JPopupMenu 就是“右拉”菜单。其构造方法有：

- JMenu()：构造没有文本的新 JMenu。
- JMenu(Action a)：构造一个从提供的 Action 获取其属性的菜单。
- JMenu(String s)：构造一个新 JMenu，用提供的字符串作为其文本。
- JMenu(String s, boolean b)：构造一个新 JMenu，用提供的字符串作为其文本并指定其是否为分离式 (tear-off) 菜单。

（3）JMenuItem：菜单中的项的实现。菜单项本质上是位于列表中的按钮。当用户选择“按钮”时，则执行与菜单项关联的操作。JPopupMenu 中包含的 JMenuItem 正好执行该功能。其构造方法有：

- JMenuItem()：创建不带有设置文本或图标的 JMenuItem。
- JMenuItem(Action a)：创建从指定的 Action 获取其属性的菜单项。
- JMenuItem(Icon icon)：创建带有指定图标的 JMenuItem。
- JMenuItem(String text)：创建带有指定文本的 JMenuItem。
- JMenuItem(String text, Icon icon)：创建带有指定文本和图标的 JMenuItem。
- JMenuItem(String text, int mnemonic)：创建带有指定文本和键盘助记符的 JMenuItem。

【例 4-13】编写程序实现一个菜单系统的界面。

```
import java.awt.*;
import javax.swing.*;
public class MenuDemo extends JFrame
{
    public static void main(String args[])
    {
        JFrame f =new JFrame("Menu Demo");
        JPanel p=new JPanel();
        JMenuBar mb=new JMenuBar();
        p.add(mb);
        JMenu file=new JMenu("File");
        JMenu edit=new JMenu("edit");
        JMenu help=new JMenu("help");
        JMenu exit=new JMenu("exit");
        mb.add(file);
        mb.add(edit);
        mb.add(help);
        mb.add(exit);
        JMenuItem newc=new JMenuItem("new");
        JMenuItem save=new JMenuItem("save");
        JMenuItem exitItem=new JMenuItem("exit");
        file.add(newc);
        file.add(save);
        file.add(exitItem);
```

```
        JMenuItem cut=new JMenuItem("cut");
        JMenuItem paste=new JMenuItem("paste");
        JMenuItem delete=new JMenuItem("delete");
        edit.add(cut);
        edit.add(paste);
        edit.add(delete);
        f.getContentPane().add(p);
        f.setSize(200,200);
        f.setBackground(Color.red);
        f.setVisible(true);
    }
    public MenuDemo(String str)
    {
        super(str);
    }
}
```

程序运行结果如图 4-20 所示。

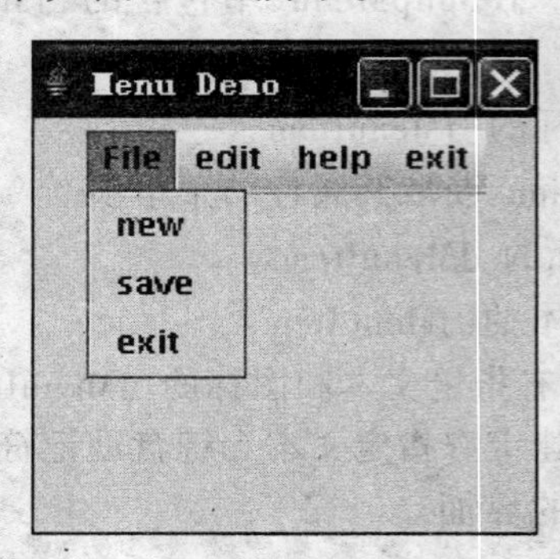

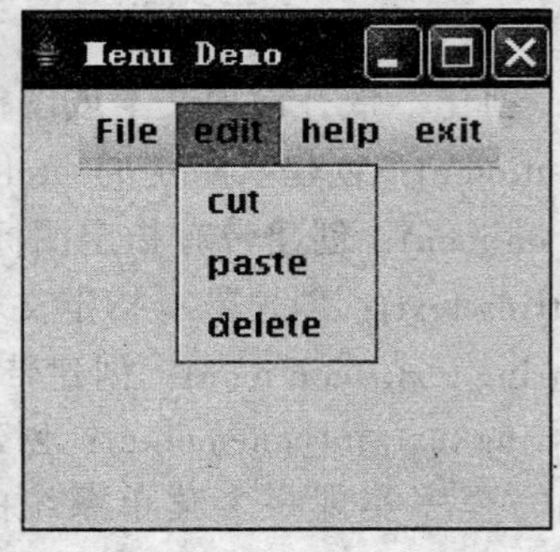

图 4-20　MenuDemo.java 的运行结果

【综合案例 1】为接收客户的姓名、地址、电话以及客户要求的服务，需要设计一个简易的客户登录界面（见图 4-21）。登录利用前面所学的组件编写实现。

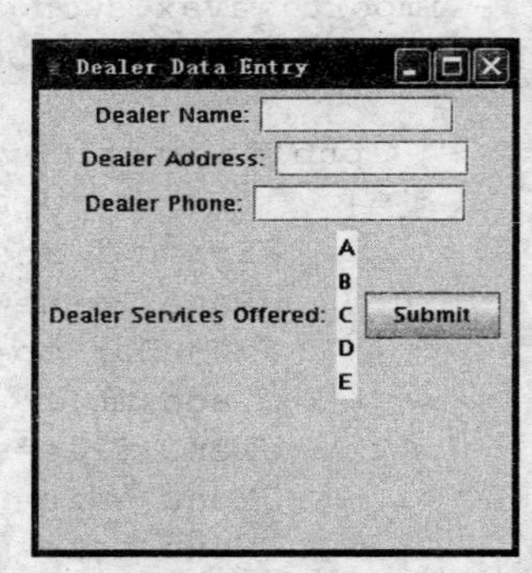

图 4-21　简易客户界面

（1）识别图中的组件名称和所需要的类。

（2）创建相应的组件，并添加到窗口中。

（3）如何解决图中界面布局零乱的问题？

```
import javax.swing.*;
import java.awt.*;
public class Dealer
    {//定义框架对象
    static JFrame frameObject;
    //定义面板对象
    JPanel panelObject;
    //定义一组标签
    JLabel labelDealerName;
    JLabel labelDealerAddress;
    JLabel labelDealerPhone;
    JLabel labelDealerServices;
    //定义一组文本字段
    JTextField textDealerName;
```

```
        JTextField textDealerAddress;
        JTextField textDealerPhone;
        //定义列表
        JList listDealerServices;
        //定义按钮
        JButton b;
        //定义类的构造符
        public Dealer()
        {//面板初始化
         panelObject=new JPanel();
        frameObject.getContentPane().add(panelObject);
        //标签初始化
        labelDealerName=new JLabel("Dealer Name:");
        labelDealerAddress=new JLabel("Dealer Address:");
        labelDealerPhone=new JLabel("Dealer Phone:");
        labelDealerServices=new JLabel("Dealer Services Offered:");
        //文本字段初始化
        textDealerName=new JTextField(10);
        textDealerAddress=new JTextField(10);
        textDealerPhone=new JTextField(11);
         //列表的初始化
         String services[]={"A","B","C","D","E"};
         listDealerServices=new JList(services);
         //按钮初始化
         b=new JButton("Submit");
         //把标签、文本字段、列表、按钮添加到面板上
         panelObject.add(labelDealerName);
         panelObject.add(textDealerName);
         panelObject.add(labelDealerAddress);
         panelObject.add(textDealerAddress);
         panelObject.add(labelDealerPhone);
         panelObject.add(textDealerPhone);
         panelObject.add(labelDealerServices);
         panelObject.add(listDealerServices);
         panelObject.add(b);
    }
    public static void main(String args[])
    {//初始化框架
        frameObject=new JFrame("Dealer Data Entry");
        Dealer dealer=new Dealer();
        frameObject.setSize(300,300);
        frameObject.setVisible(true);
    }
}
```

4.3　布局管理器

布局管理器管理组件在框架中的排列位置，它确定容器的组件的组织和管理。当创建一个容器时，Java 自动地为之创建一个默认的布局管理器。如：JFrame、Window 和 Dialog 默认的布局管理器是边界布局管理器，而 JPanel 和 Applet 默认的布局管理器是流

布局管理器。常用的布局管理器有：

- 流布局管理器（FlowLayout Manager）。
- 网格布局管理器（GridLayout Manager）。
- 边界布局管理器（BorderLayout Manager）。
- 卡片布局管理器（CardLayout Manager）。
- 盒布局管理器（BoxLayout Manager）。
- 网格组布局管理器（GridBagLayout Manager）。

除 BoxLayout 外，其他布局管理器都在 java.awt 包中，并实现 LayoutManager 接口，在创建布局管理器时，可使用方法 setLayout(LayoutManager, layout)来实现。

4.3.1 流布局管理器

该布局管理器对应的类为 java.awt.FlowLayout。流布局管理器用于安排有向流中的组件，类似于段落中的文本行。流的方向取决于容器的 componentOrientation 属性，可以是下面两个值中的一个：

- ComponentOrientation.LEFT_TO_RIGHT
- ComponentOrientation.RIGHT_TO_LEFT

流布局一般用来安排面板中的按钮。它使得按钮呈水平放置，直到同一条线上再也没有适合的按钮。线的对齐方式由 align 属性确定。可能的值为：

- CENTER：指示每一行组件都应该是居中的。
- LEADING：指示每一行组件都应该与容器方向的开始边对齐，例如，对于从左到右的方向，则与左边对齐。
- LEFT：指示每一行组件都应该是左对齐的。
- RIGHT：指示每一行组件都应该是右对齐的。
- TRAILING：指示每行组件都应该与容器方向的结束边对齐，例如，对于从左到右的方向，则与右边对齐。

流布局管理器构造方法有：

- FlowLayout()：构造一个新的 FlowLayout，它是居中对齐的，默认的水平和垂直间隙是 5 个单位。
- FlowLayout(int align)：构造一个新的 FlowLayout，它具有指定的对齐方式，默认的水平和垂直间隙是 5 个单位。
- FlowLayout(int align, int hgap, int vgap)：创建一个新的流布局管理器，它具有指定的对齐方式以及指定的水平和垂直间隙。

【例 4-14】编写程序实现一个流布局管理器，在其上设置按钮“Login”和“Submit”。

```
import java.awt.*;
public class FlowLayoutDemo
{
 private Frame f;
 private Button b1;
 private Button b2;
 public static void main(String args[])
  {
```

```
  FlowLayoutDemo fld=new FlowLayoutDemo();
  fld.go();
 }
 public void go()
 {
  //定义框架实例
  f=new Frame("FlowLayout Demo");
  f.setLayout(new FlowLayout());
  //定义按钮显示内容 Login
  b1=new Button("Login");
  //定义按钮显示内容 Submit
  b2=new Button("Submit");
  //添加两个按钮
  f.add(b1);
  f.add(b2);
  //强制告诉 Frame 对象，对它的组件再排版，以尽量小的空间存放这些组件
  f.pack();
  f.setVisible(true);
  f.setSize(200,200);
 }
}
```

程序运行结果如图 4-22 所示。

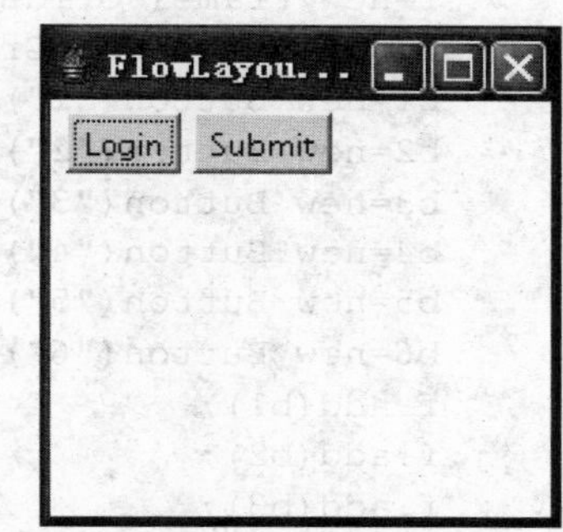

图 4-22　FlowLayoutDemo.java 的运行结果

（1）该例所使用的布局管理器是按行来放置组件的，每当一行放满后，就新产生一行开始放。与其他布局管理器不同，FlowLayout 不对其组件的大小加以限制，允许 FlowLayout 保持其自然的尺寸，即“要多大有多大”。

（2）FlowLayout 组件的排列一般是从左到右、从上到下，类似段落中的文字行。FlowLayout 通常用于安排 Panel 中的按钮和其他组件。用户可通过给 FlowLayout 的构造方法设置不同的参数来调整组件的位置和间距。

（3）FlowLayout 类有 3 种构造方法，最复杂的有 3 个参数，格式如下：

```
FlowLayout(int align,int hgap,int vgap);
```

其中，align 决定组件的位置，其值有 FlowLayout.LEFT、FlowLayout.CENTER、FlowLayout.RIGHT 三种，缺省为 FlowLayout.CENTER。 hgap 和 vgap 分别对应水平和垂直方向的间距，缺省为 5 单位(unit)。

（4）最常用、最简单的是不带参数的构造方法：FlowLayout()。

4.3.2　网格布局管理器

网格布局管理器 GridLayout 是流布局管理器的扩展，以矩形网格形式对容器的组件进行布置。容器被分成大小相等的矩形，一个矩形中放置一个组件，放置的顺序是从上到下、从左到右。其构造方法摘要有：

- GridLayout( )：创建具有默认值的网格布局，即每个组件占据一行一列。
- GridLayout(int rows, int cols)：创建具有指定行数和列数的网格布局。
- GridLayout(int rows, int cols, int hgap, int vgap)：创建具有指定行数和列数的网格布局，并给出水平和垂直方向间距。

当网格布局管理器对应的窗口发生变化时，内部组件的相对位置并不变化，只有大小发生变化。网格布局管理器总是忽略组件倾向的大小（prefered size），它把每个组件的大小设置成相同的。

【例 4-15】编写程序实现网格布局管理器，管理 6 个按钮。

```
import java.awt.*;
public class GridLayoutDemo
{
    private Frame f;
    private Button b1,b2,b3,b4,b5,b6;
    public static void main(String args[]) {
        GridLayoutDemo grid=new GridLayoutDemo();
        grid.go();
    }
    public void go() {
        f=new Frame("GridLayoutDemo");
        f.setLayout(new GridLayout(3,2));
        b1=new Button("1");
        b2=new Button("2");
        b3=new Button("3");
        b4=new Button("4");
        b5=new Button("5");
        b6=new Button("6");
        f.add(b1);
        f.add(b2);
        f.add(b3);
        f.add(b4);
        f.add(b5);
        f.add(b6);
        f.pack();
        f.setVisible(true);
        f.setSize(200,200);
    }
}
```

程序运行结果如图 4-23 所示。

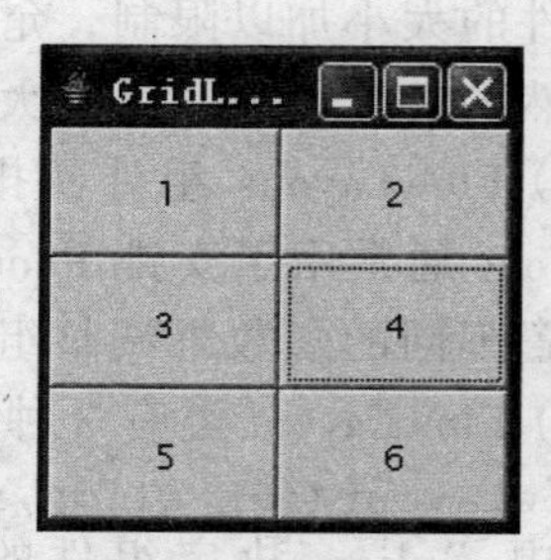

图 4-23 GridLayoutDemo.java 的运行结果

4.3.3 边界布局管理器

边界布局管理器提供了在 Panel 或 Window 中放置组件的更复杂的方法。它包括 5 个区：北区（North）、南区（South）、东区（East）、西区（West）和中区（Center）。这几个区在 Panel 上的分布规律是“上北下南，左西右东”。一旦东南西北 4 个区被填充后，剩下的空间都留给中区。当窗口水平扩展时，北、南、中三区得到扩展，垂直扩展时，东、西、中三区得到扩展。其构造方法有：

- BorderLayout( )：构造一个组件之间没有间距的新边框布局。
- BorderLayout(int hgap, int vgap)：构造一个具有指定组件间距的边框布局。

【例 4-16】编写程序实现边界布局管理器，用来管理 5 个按钮。

```
import java.awt.*;
public class BorderLayoutDemo
```

```
{
 private Frame f;
 private Button bn,bs,bw,be,bc;
 public static void main(String args[])
 {
  BorderLayoutDemo bld=new BorderLayoutDemo();
  bld.go();
 }
 public void go()
 {
  f=new Frame("Border Layout");
  bn=new Button("B1");
  bs=new Button("B2");
  be=new Button("B3");
  bw=new Button("B4");
  bc=new Button("B5");
  f.add(bn,BorderLayout.NORTH);
  f.add(bs,BorderLayout.SOUTH);
  f.add(be,BorderLayout.EAST);
  f.add(bw,BorderLayout.WEST);
  f.add(bc,BorderLayout.CENTER);
  f.setSize(200,200);
  f.setVisible(true);
 }
}
```

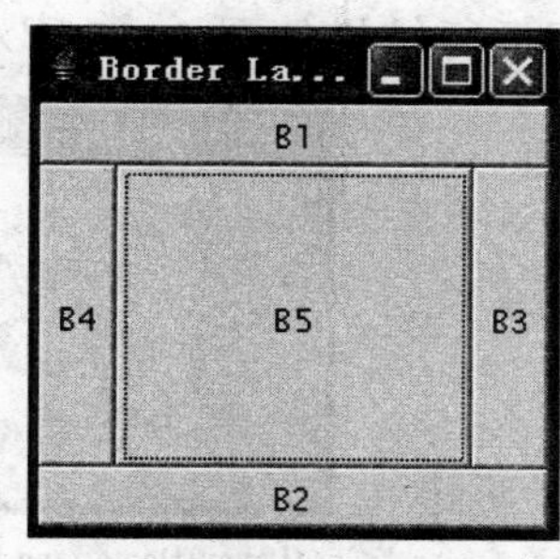

图 4-24　BorderLayoutDemo.java 的运行结果

程序运行结果如图 4-24 所示。

4.3.4　卡片布局管理器

卡片布局管理器将容器中的每个组件看作一张卡片。一次只能看到一张卡片，容器则充当卡片的堆栈。当容器第一次显示时，第一个添加到卡片布局管理器对象的组件为可见组件。卡片的顺序由组件对象本身在容器内部的顺序决定。卡片布局管理器定义了一组方法，这些方法允许应用程序按顺序地浏览这些卡片，或者显示指定的卡片。如 addLayoutComponent(java.awt.Component, java.lang.Object) 方法可用于将一个字符串标识符与给定卡片关联，以便进行快速随机访问。其构造方法有：

- CardLayout()：创建一个间距大小为 0 的新卡片布局。
- CardLayout(int hgap, int vgap)：创建一个具有指定水平间距和垂直间距的新卡片布局。

【例 4-17】编写程序实现一个卡片布局管理器。

```
import java.awt.*;
public class CardLayoutDemo
{
 private Frame f;
 private Button b1,b2,b3,b4,b5;
 public static void main(String args[])
 {
  CardLayoutDemo cd=new CardLayoutDemo();
  cd.go();
 }
 public void go()
 {
  f=new Frame("Card Layout");
  CardLayout cl=new CardLayout();
```

```
    f.setLayout(cl);
    b1=new Button("B1");
    b2=new Button("B2");
    b3=new Button("B3");
    b4=new Button("B4");
    b5=new Button("B5");
    f.add("Card1",b1);
    f.add("Card2",b2);
    f.add("Card3",b3);
    f.add("Card4",b4);
    f.add("Card5",b5);
    f.setSize(200,200);
    f.setVisible(true);
  }
}
```

程序运行结果如图 4-25 所示。

（a）CardLayoutDemo.java 中第 1 张卡片

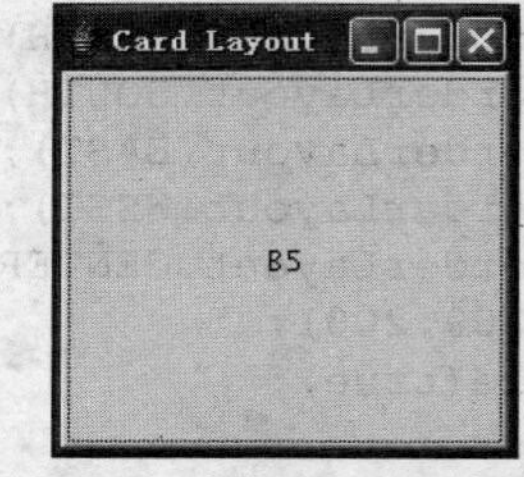

（b）CardLayoutDemo.java 中第 5 张卡片

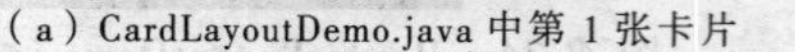

图 4-25　CardLayoutDemo.java

（1）CardLayout 管理器默认是显示第一张卡片，如果希望得到第 5 张卡片，则需执行：

```
cl.show(f,"Card5");
```

（2）显示卡片的方法有：

- void first(Container parent)：翻转到容器的第一张卡片。
- void last(Container parent)：翻转到容器的最后一张卡片。
- void next(Container parent)：翻转到指定容器的下一张卡片。
- void previous(Container parent)：翻转到指定容器的前一张卡片。
- void show(Container parent, String name)：翻转到使用 addLayoutComponent 添加到此布局的具有指定 name 的组件。

4.3.5　盒布局管理器

盒布局管理器允许垂直或水平布置多个组件的布局管理器，类似于 GridBagLayout，但没那么复杂，其组件的大小不会因容器大小而改变。BoxLayout 管理器是用 axis 参数构造的，该参数指定了将进行的布局类型。有 4 个选择：

- X_AXIS：从左到右水平布置组件。
- Y_AXIS：从上到下垂直布置组件。
- LINE_AXIS：根据容器的 ComponentOrientation 属性，按照文字在一行中的排列方式布置组件。
- PAGE_AXIS：根据容器的 ComponentOrientation 属性，按照文本行在一页中的排列方式布置组件。

对于所有方向，组件按照将它们添加到容器中的顺序排列。其构造方法摘要有 BoxLayout(Container target, int axis)：创建一个将沿给定轴放置组件的布局管理器。

【例 4-18】编写程序实现一个盒布局管理器。

```
import java.awt.*;
import javax.swing.*;
public class BoxLayoutDemo
{
    private Frame f;
    private Button b1,b2,b3,b4,b5;
    public static void main(String args[])
    {
        BoxLayoutDemo cd=new BoxLayoutDemo();
        cd.go();
    }
    public void go()
    {
        f=new Frame(" BoxLayout Demo");
        BoxLayout bl=new BoxLayout(f,BoxLayout.X_AXIS);
        f.setLayout(bl);
        b1=new Button("B1");
        b2=new Button("B2");
        b3=new Button("B3");
        b4=new Button("B4");
        b5=new Button("B5");
        f.add(b1);
        f.add(b2);
        f.add(b3);
        f.add(b4);
        f.add(b5);
        f.setSize(200,200);
        f.setVisible(true);
    }
}
```

程序运行结果如图 4-26 所示。

BoxLayou...
B1 B2 B3 B4 B5

图 4-26　BoxLayoutDemo.java 的运行结果

4.3.6　网格组布局管理器

网格组布局管理器 GridBagLayout 是一个灵活且复杂的布局管理器，类似于 GridLayout 管理器。它对组件的大小不做要求，可以将组件垂直、水平或沿它们的基线对齐。每个网格组布局管理器对象维持一个动态的矩形单元网格，每个组件占用一个或多个这样的单元，该单元被称为显示区域。

每个网格组布局管理器的组件都与 GridBagConstraints 的实例相关联。Constraints 对象指定组件的显示区域在网格中的具体放置位置，以及组件在其显示区域中的放置方式。除了 Constraints 对象之外，网格组布局管理器还考虑每个组件的最小大小和首选大小，以确定组件的大小。

网格组布局管理器可以通过设置一个或多个实例变量来自定义其对象：

1. GridBagConstraints.gridx、GridBagConstraints.gridy

指定包含组件显示区域的前导角的单元，在此显示区域中，位于网格原点的单元地址是 gridx = 0, gridy = 0。对于水平的从左到右的布局，组件的前导角是其左上角。对于水平的从右到左的布局，组件的前导角是其右上角。使用 GridBagConstraints.RELATIVE（默认值），指定会将组件直接放置在之前刚添加到容器中的组件的后面（沿 X 轴向为 gridx 或 Y 轴向为 gridy）。

2. GridBagConstraints.gridwidth、GridBagConstraints.gridheight

指定组件的显示区域中行（针对 gridwidth）或列（针对 gridheight）中的单元数。默认值为 1。使用 GridBagConstraints.REMAINDER 指定组件的显示区域，该区域的范围是从 gridx 到该行（针对 gridwidth）中的最后一个单元，或者从 gridy 到该列（针对 gridheight）中的最后一个单元。使用 GridBagConstraints.RELATIVE 指定组件的显示区域，该区域的范围是从 gridx 到其所在行（针对 gridwidth）的倒数第二个单元，或者从 gridy 到其所在列（针对 gridheight）的倒数第二个单元。

3. GridBagConstraints.fill

当组件的显示区域大于组件的所需大小时，用于确定是否（以及如何）调整组件。可能的值为 GridBagConstraints.NONE（默认值）、GridBagConstraints.HORIZONTAL（加宽组件直到它足以在水平方向上填满其显示区域，但不更改其高度）、GridBagConstraints.VERTICAL（加高组件直到它足以在垂直方向上填满其显示区域，但不更改其宽度）和 GridBagConstraints.BOTH（使组件完全填满其显示区域）。

4. GridBagConstraints.anchor

指定组件应置于其显示区域中何处。可能的值有 3 种：绝对值、相对于方向的值和相对于基线的值。相对于方向的值是相对于容器的 ComponentOrientation 属性进行解释的，而绝对值则不然。相关于基线的值是相对于基线进行计算的。有效值包括：

- GridBagConstraints.NORTH
- GridBagConstraints.SOUTH
- GridBagConstraints.WEST
- GridBagConstraints.EAST
- GridBagConstraints.NORTHWEST
- GridBagConstraints.NORTHEAST
- GridBagConstraints.SOUTHWEST
- GridBagConstraints.SOUTHEAST
- GridBagConstraints.CENTER（默认值）

5. GridBagConstraints.weightx、GridBagConstraints.weighty

用于确定分布空间的方式，这对于指定调整行为至关重要。除非在行 (weightx) 和列 (weighty) 中至少指定一个组件的权重，否则所有组件都会聚集在其容器的中央。这是因为，当权重为零（默认值）时网格组布局管理器对象会将所有额外空间置于其单元网格和容器边缘之间。

该布局管理器只有一个不带参数的构造方法 GridBagLayout()，用来创建网格包布局管理器。

【例 4-19】编写程序实现一个网格组布局管理器。

```
import java.awt.*;
import javax.swing.*;
public class GridBagLayoutDemo extends JFrame
 {
    Canvas c;
    Choice cb;
    JTextArea ta;
    JTextField tf;
    JButton b1, b2, b3;
    GridBagLayout gbLayout;
    GridBagConstraints gbConstraints;
    public static void main(String args[])
    {
       GridBagLayoutDemo demo=new GridBagLayoutDemo();
     }
    public GridBagLayoutDemo()
    {
       gbLayout=new GridBagLayout();
       setLayout(gbLayout);
       gbConstraints=new GridBagConstraints();
       ta=new JTextArea("Here is TextArea", 5, 10);
       cb=new Choice();
       cb.addItem("Today");
       cb.addItem("Yesterday");
       cb.addItem("Tomorrow");
       tf=new JTextField("Here is TextField");
       b1=new JButton("Button 1");
       b2=new JButton("Button 2");
       b3=new JButton("Button 3");
       c=new Canvas();
       c.setBackground(Color.blue);
       c.setSize(10, 5);
       // textarea
       gbConstraints.weightx=0;
       gbConstraints.weighty=0;
       gbConstraints.fill=GridBagConstraints.BOTH;
       addComponent(ta, gbLayout, gbConstraints, 0, 0, 1, 3);
       // button b1
       gbConstraints.fill=GridBagConstraints.HORIZONTAL;
       addComponent(b1, gbLayout, gbConstraints, 0, 1, 2, 1);
       // choice button
       addComponent(cb, gbLayout, gbConstraints, 2, 1, 2, 1);
       // button b2
       gbConstraints.weightx=1000;
       gbConstraints.weighty=1;
       gbConstraints.fill=GridBagConstraints.BOTH;
       addComponent(b2, gbLayout, gbConstraints, 1, 1, 1, 1);
       // button b3
       gbConstraints.weightx=0;
       gbConstraints.weighty=0;
       gbConstraints.fill=GridBagConstraints.BOTH;
       addComponent(b3, gbLayout, gbConstraints, 1, 2, 1, 1);
       // text field
       addComponent(tf, gbLayout, gbConstraints, 3, 0, 2, 1);
```

```
        // canvas
        addComponent(c, gbLayout, gbConstraints, 3, 2, 1, 1);
        setSize(250, 150);
        setVisible(true);
      }
    private void addComponent(Component c, GridBagLayout g,
            GridBagConstraints gc, int row, int column, int width, int height)
      {
        gc.gridx=column;
        gc.gridy=row;
        gc.gridwidth=width;
        gc.gridheight=height;
        g.setConstraints(c, gc);
        add(c);
      }
}
```

程序运行结果如图 4-27 所示。

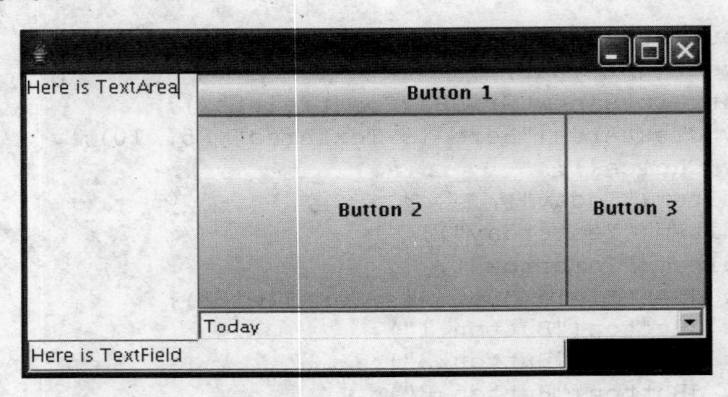

图 4-27 GridBagLayoutDemo.java 的运行结果

【综合案例 2】利用所学的布局管理设计一个计算器。

```
import java.awt.*;
import java.awt.event.*;
import javax.swing.*;
import java.awt.Font.*;
public class Calculator extends JFrame implements ActionListener{

    private String name[]={"7","8", "9","+","4","5","6", "-","1","2",
    "3","*","0",".","=","/"};
    String s="";
    int flag=0;
    double x;
    private JButton button[]=new JButton[name.length];
    JPanel J=new JPanel();
    JPanel j=new JPanel();
    JTextField tf=new JTextField(11);
    public Calculator(){
     super("计算器");
     setLayout(new FlowLayout());
     add(J);
     add(j);
}
public void init(){
```

```
        setLocation(400, 200);
        setSize(188, 220);
        JLabel L=new JLabel("结果:");
        J.add(L);
        J.add(tf);
        GridLayout but=new GridLayout(4,4,2,6);
           j.setLayout(but);
           Color c=new Color(200,200,80);
           tf.setBackground(c);
           Font f=new Font("黑体",Font.BOLD,30);
           for(int i=0;i<name.length;i++){
              button[i]=new JButton(name[i]);
              j.add(button[i]);
           }
        for(int i=0;i<name.length;i++){
             button[i].addActionListener(this);
        }
        setVisible(true);
    }
        public void actionPerformed(ActionEvent e) {
           tf.setText(tf.getText()+e.getActionCommand());
                if (e.getSource()==button[3]){
           //返回一个新的 double 值，该值被初始化为用指定 String 表示的值
                      x=Double.parseDouble(s);
                      flag=1;
                      tf.setText("");
                      s="";
                }
                else if (e.getSource()==button[7]){
                      x=Double.parseDouble(s);
                      flag=2;
                      tf.setText("");
                      s="";
                }
                else if (e.getSource()==button[11]){
                      x=Double.parseDouble(s);
                      flag=3;
                      tf.setText("");
                      s="";
                }
                else if (e.getSource()==button[15]){
                      x=Double.parseDouble(s);
                      flag=4;
                      tf.setText("");
                      s="";
                }
                else if (e.getSource()==button[14]){
                switch(flag){
                 case 1:{
                    x=x+Double.parseDouble(s);
                    //返回一个保持指定 String 所给出的值的 Byte 对象
                    String s=String.valueOf(x);
                    tf.setText(s);
                 break;
                 }
```

```
                case 2:{
                  x=x-Double.parseDouble(s);
                  String s=String.valueOf(x);
                  tf.setText(s);
                break;
                }
                case 3:{
                  x=x*Double.parseDouble(s);
                  String s=Double.toString(x);
                  tf.setText(s);
                break;
                }
                case 4:{
               if(Double.parseDouble(s)==0){
                 tf.setText("除数不能为 0");
               break;
               }
                 x=x/Double.parseDouble(s);
                 String s=String.valueOf(x);
                 tf.setText(s);
               break;
             }
          }
      }
              else{
                s=s+e.getActionCommand();
                tf.setText(s);
              }
  }
   public static void main(String[] args)
   {
     Calculator c=new Calculator();
     c.init();
     c.addWindowListener(new
  WindowAdapter(){});
  }

  }
```

程序运行结果如图 4-28 所示。

图 4-28 Calculator.java 的运行结果

说明：

（1）本案例采用了 FlowLayout 管理器设计了一个计算器。在程序中对按钮组件注册了动作事件监听，因此能够执行简单的四则运算。

（2）虽然一个容器只能使用一种类型的布局管理器，实际应用中，任何一个较实用的用户界面都不是一个容器和一种类型的布局管理器所能实现的。但是，一个容器可以作为一个单独的组件加到另一个容器的布局里。有兴趣的读者可自行尝试编写程序实现综合运用布局管理器。

【综合案例 3】设计 Swing 风格的表格。

```
import java.awt.*;
import javax.swing.*;
import javax.swing.table.AbstractTableModel;
import java.awt.event.*;
```

```
public class SetValueAtToSetValue extends JFrame {
public SetValueAtToSetValue() {
      final AbstractTableModel model=new MyModel();
      final JTable table=new JTable(model);
      getContentPane().add(new JScrollPane(table), BorderLayout.CENTER);
      model.setValueAt(new Integer(1), 0, 0);

      JButton button=new JButton("Increment selected cell");
      getContentPane().add(button, BorderLayout.SOUTH);
      button.addActionListener(new ActionListener() {
         public void actionPerformed(ActionEvent e) {
            int row=table.getSelectedRow();
            // 得到选中的行，-1 代表没有选中任何行
             if (row >= 0) {
            /* 改变单元格内容，将视图中位于 table.getSelectedColumn() 的列索
            引映射到表模型中的列索引*/
            int column=table.convertColumnIndexToModel(table.getSelected
            Column());
            int currentValue = ((Integer) model.getValueAt(row, column)).
            intValue();
            model.setValueAt(new Integer(currentValue+1), row, column);
            // 模型改变，表格内容自动变
             } else {
                // 将每个单元格归零
                int column=model.getColumnCount();
                int rows=model.getRowCount();
                for (int i=0; i < rows; i++) {
                    for (int j=0; j < column; j++) {
                        model.setValueAt(new Integer(0), i, j);
                    }
                }
             }
         }
      });
      /* 调整此窗口的大小，以适合其子组件的首选大小和布局。如果该窗口还不可显示
         则在计算首选大小之前都将变得可显示。在计算首选大小之后，将会验证该窗口。*/
      pack();
   }

   public static void main(String arg[]) {
      SetValueAtToSetValue ex2 = new SetValueAtToSetValue();
      ex2.setDefaultCloseOperation(JFrame.EXIT_ON_CLOSE);
      ex2.setVisible(true);
   }
}

class MyModel extends AbstractTableModel { // 自定义表格模型
   private int[][] table={ new int[3], new int[3], new int[3] };

   public MyModel() {
      for (int i=0; i < 3; i++) {
         for (int j=0; j < 3; j++) {
            table[i][j]=i+j;
         }
```

```
        }
    }

    public int getColumnCount() {
        return table.length;
    }

    public int getRowCount() {
        return table[0].length;
    }

    public Object getValueAt(int r, int c) {
        return new Integer(table[r][c]);
    }

    public void setValueAt(Object obj, int r, int c) {
        table[r][c]=((Integer) obj).intValue();
       fireTableCellUpdated(r, c);
    // 通知所有侦听器，已更新 [row, column] 处的单元格值
    }
}
```

程序运行结果如图 4-29 所示。

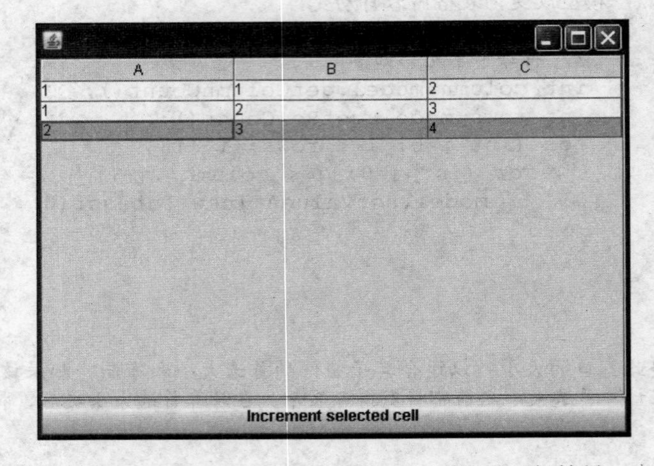

图 4-29 SetValueAtToSetValue.java 的的运行结果

对上述表格进行测试：

```
import java.awt.*;
import java.awt.event.*;
import java.util.*;
import javax.swing.*;
import javax.swing.table.*;

public class Test
{
    private JFrame frame=null;
    private JTable table=null;
    private Table_Model model=null;
    private JScrollPane s_pan=null;
    private JButton button_1=null, button_2=null, button_3=null;
```

```
    private JPanel pane=null;

    public Test() {
        frame=new JFrame("JTableTest");
        pane=new JPanel();
        button_1=new JButton("清除数据");
        button_1.addActionListener(new ActionListener()
        {
            public void actionPerformed(ActionEvent e)
            {
                removeData();
            }
        });
        button_2=new JButton("添加数据");
        button_2.addActionListener(new ActionListener()
        {
            public void actionPerformed(ActionEvent e)
            {
                addData();
            }
        });
        button_3=new JButton("保存数据");
        button_3.addActionListener(new ActionListener()
        {
            public void actionPerformed(ActionEvent e)
            {
                saveData();
            }
        });
        pane.add(button_1);
        pane.add(button_2);
        pane.add(button_3);
        model = new Table_Model(20);
        table = new JTable(model);
        table.setBackground(Color.white);
        String[] age = { "16", "17", "18", "19", "20", "21", "22" };
        JComboBox com = new JComboBox(age);
        TableColumnModel tcm = table.getColumnModel();
        tcm.getColumn(3).setCellEditor(new DefaultCellEditor(com));
        tcm.getColumn(0).setPreferredWidth(50);
        tcm.getColumn(1).setPreferredWidth(100);
        tcm.getColumn(2).setPreferredWidth(50);

        s_pan=new JScrollPane(table);

        frame.getContentPane().add(s_pan, BorderLayout.CENTER);
        frame.getContentPane().add(pane, BorderLayout.NORTH);
        frame.setDefaultCloseOperation(JFrame.EXIT_ON_CLOSE);
        frame.setSize(300, 200);
        frame.setVisible(true);
    }

private void addData()
{
        model.addRow("Jack", true, "19");
```

```
            table.updateUI();
        }

    private void removeData()
    {
            model.removeRows(0, model.getRowCount());
            table.updateUI();
        }

        // 保存数据，暂时是将数据从控制台显示出来
    private void saveData()
        {
            int col=model.getColumnCount();
            int row=model.getRowCount();
            for (int i=0; i<col; i++) {
                System.out.print(model.getColumnName(i) + "\t");
            }
            System.out.print("\r\n");
            for (int i=0; i<row; i++)
            {
                for (int j=0; j<col; j++)
                {
                    System.out.print(model.getValueAt(i, j)+"\t");
                }
                System.out.print("\r\n");
            }
            System.out.println("----------------------------------------");
        }

    public static void main(String args[])
    {
            new Test();
            System.out.println("按下保存按钮将会把 JTable 中的内容显示出来
\r\n------------------------------------");
        }
    }

    /* TableModel 类，继承了 AbstractTableModel */
    class Table_Model extends AbstractTableModel
    {
        private static final long serialVersionUID=-7495940408592595397L;
        private Vector content=null;
        private String[] title_name={ "ID", "姓名", "性别", "年龄" };
    public Table_Model()
    {
            content=new Vector();
        }

    public Table_Model(int count)
    {
            content=new Vector(count);
        }

    public void addRow(String name, boolean sex, String age)
    {
```

```
        Vector v=new Vector(4);
        v.add(0, new Integer(content.size()));
        v.add(1, name);
        v.add(2, new Boolean(sex));
        v.add(3, age);
        content.add(v);
    }

public void removeRow(int row)
 {
        content.remove(row);
    }

public void removeRows(int row, int count)
{
        for (int i=0; i<count; i++)
            {
            if (content.size()>row)
                {
                content.remove(row);
                }
            }
    }

    /* 让表格中某些值可修改，但需要 setValueAt(Object value, int row, int col)
方法配合才能使修改生效 */
public boolean isCellEditable(int rowIndex, int columnIndex)
{
        if (columnIndex==0)
        {
            return false;
        }
        return true;
    }
  /* 使修改的内容生效 */
public void setValueAt(Object value, int row, int col)
{
        ((Vector) content.get(row)).remove(col);
        ((Vector) content.get(row)).add(col, value);
        this.fireTableCellUpdated(row, col);
    }

public String getColumnName(int col)
{
//返回列名，即表头
        return title_name[col];
    }

public int getColumnCount()
{
        return title_name.length;
    }

public int getRowCount()
{
```

```
            return content.size();
        }

    public Object getValueAt(int row, int col)
    {
            return ((Vector) content.get(row)).get(col);
        }

        /* 返回数据类型*/
        public Class getColumnClass(int col) {
            return getValueAt(0, col).getClass();
        }
    }
```

程序的运行结果如图 4-30 所示。

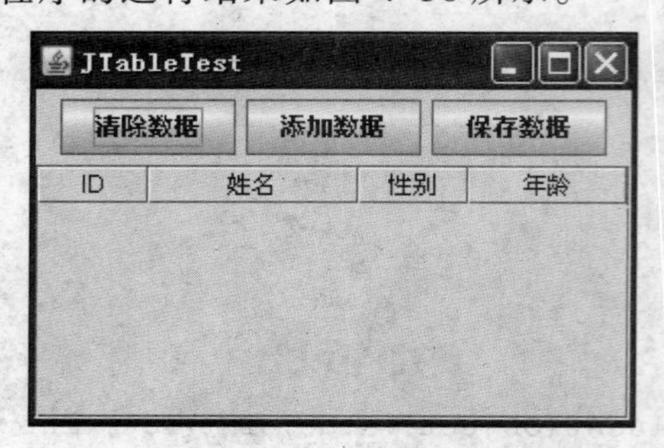

（a）Test.java 运行结果

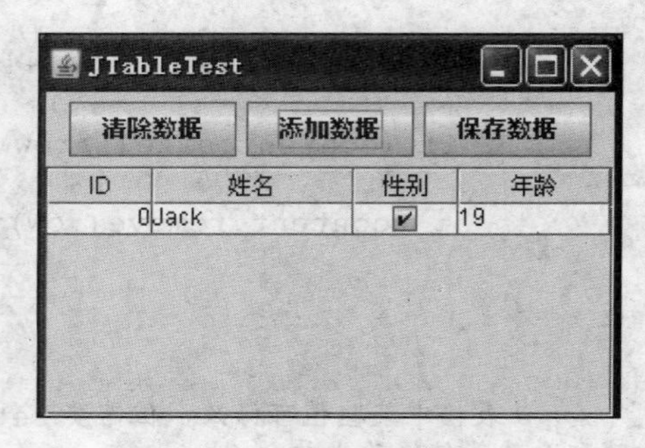

（b）单击按钮“添加数据”后

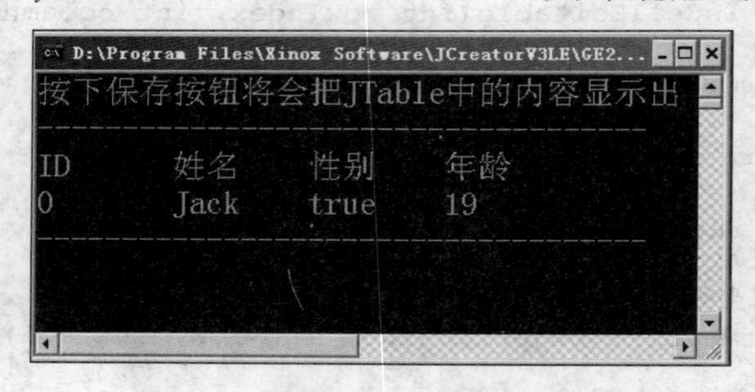

（c）单击按钮“保存数据”后

图 4-30 运行结果

小 结

本章主要讲述了以下内容：

（1）MVC 模式实现了 Web 系统的职能分工。Model 层实现系统中的业务逻辑，View 层用于与用户的交互，Controller 层是 Model 与 View 之间沟通的桥梁。

（2）用户界面包含字符用户界面 CUI 和图形用户界面 GUI。

（3）在常见的 GUI 中，可视化界面的组件包含菜单、文本标签、文本框、组合框、列表框、复选框、单选按钮和按钮。

（4）java.swing 包中典型的容器类：JFrame 类，默认为边界布局管理器；JPanel 类，默认为流布局管理器。

（5）java.swing 包中典型的组件有：

① 按钮，JButton 类。

② 标签，JLabel 类。

③ 文本字段，JTextField 类。

④ 文本区域，JTextArea 类。

⑤ 滚动条，JScrollBar 类。

⑥ 滚动面板，JScrollPane 类。

⑦ 密码文本框，JPasswordField 类。

⑧ 文本列表框，JList 类。

⑨ 组合列表框，JcomboBox 类。

⑩ 单选按钮，JRadioButton 类。

⑪ 复选框，JCheckBox 类。

⑫ 菜单系统，由 JMenuBar、JMenu、JMenuItem 三个类来实现。

（6）将组件添加到框架和容器中可以使用方法 getContentPane( )和 add( )。

（7）布局管理器用来确定如何组织容器中的组件，为每一个 JPanel 容器指定一个布局管理器。缺省情况下，JFrame、Window 和 Dialog 默认的布局管理器是边界布局管理器，而 JPanel 和 Applet 默认的布局管理器是流布局管理器。

（8）布局管理器有：

① 流布局管理器（FlowLayout Manager）：组件按加入到容器的顺序，按从上到下，从左到右放置。默认为中央对齐。

② 网格布局管理器（GridLayout Manager）：把组件放在容器的矩形网格中，可指定行和列，组件放置在容器中类似流布局管理器。

③ 边界布局管理器（BorderLayout Manager）：按照北、南、西、东和中的顺序放置组件。某些位置可以省略，但最多只能放置 5 个组件。

④ 卡片布局管理器（CardLayout Manager）：用于创建卡片一样的布局，默认显示第一个卡片，也可根据需要指定某一个卡片。

⑤ 盒布局管理器（BoxLayout Manager）：用于把多个组件水平或垂直放置在容器中。

⑥ 网格组布局管理器（GridBagLayout Manager）：最灵活且最复杂的布局管理器。需要创建 GridBagConstraints 类的对象来设置该类属性对象限制组件的位置和尺寸。其属性有：

- GridBagConstraints.gridx、GridBagConstraints.gridy：指定包含组件显示区域的前导角的单元。
- GridBagConstraints.gridwidth、GridBagConstraints.gridheight：指定组件的显示区域中行（针对 gridwidth）或列（针对 gridheight）中的单元数。
- GridBagConstraints.fill：是否充满网格。
- GridBagConstraints.anchor：指定组件应置于其显示区域中何处。可能的值有 3 种：绝对值、相对于方向的值和相对于基线的值。
- GridBagConstraints.weightx、GridBagConstraints.weighty ：用于确定分布空间的方式。

（9）除 BoxLayout 外，其他布局管理器都在 java.awt 包中，并实现 LayoutManager 接口，在创建布局管理器时，可使用方法 setLayout(LayoutManager, layout)来实现。

（10）一个容器可以包含多个组件，但只能使用一种布局管理器；一个容器可以作为一个组件加到另一个容器中。一个复杂的界面可以包含许多容器和布局。

练 习 题

一、选择题

1. 给出下面有关 List 的表达式：

```
List l=new List(6,true);
```

哪些叙述是对的？（ ）

A. 在没有其他约束的条件下该列表将有 6 行可见

B. 一行的最大字符数是 6

C. 列表将允许用户多选

D. 列表只能有一项被选中

2. 在容器中使用按钮时，仅按钮的宽度会随容器大小改变，应使用什么布局管理器？（ ）

A. FlowLayout; B. GridLayout; C. North of BorderLayout

D. South of BorderLayout E. East or West of BorderLayout

3. 当 Frame 的大小被改变，Frame 中按钮的位置可能被改变时，使用的哪一个布局管理器？（ ）

A. BorderLayout B. FlowLayout

C. CardLayout D. GridLayout

4. 给出以下关于一个使用适当的字符间距和字体的 TextField 的表达式。

```
TextField t=new TextField("they are good",40);
```

哪些叙述是对的？（ ）

A. 被显示的字符串可以使用多种字体

B. 一行中最大的字符数是 40

C. 显示的宽度正好是 40 个字符宽

D. 用户可以编辑字符。

5. 为一个游戏应用程序创建主面板，其中包括 3 个导航按钮。对面板上的 "Game Help" "Play Game" 和 "Current Score vs Time Remaining" 进行操纵。希望主面板显示在 Java 程序的左侧。而将要显示在程序右侧的三个面板中的一个取决于当前在主面板上被激活的按钮。程序将使用下列哪一个 layout？（ ）

A. BoxLayout B. FlowLayout

C. BorderLayout D. GridLayout

6. 一个 Java 应用程序包含了一个 JButton 控件。该控件应该被置于应用程序的右下角。应该使用下列类 GridBagConstraints 的哪一个属性来放置该 JButton 控件？

A. fill B. anchor C. insets D. gridwidth 和 gridheight

7. 下列哪一种方法用来获取产生一个事件的组件？（ ）

A. actionPerformed() B. getSource() C. super() D. getContentPane()

二、简答题

1. 什么是MVC设计模式？MVC的各个部分都由哪些技术来实现？如何实现？
2. 用户界面的类型有哪几种？各有什么特点？
3. 为什么要使用布局管理器？布局管理器有哪几种？各有什么特征？
4. JFrame和JPanel默认的布局管理器是什么？
5. 在网格组布局管理器中，GridBagConstraints有哪些属性，各有什么涵义？
6. 判断下列程序是否存在问题。

（1）
```
interface Playable {
  void play();
  }
interface Bounceable {
void play();
}
interface Rollable extends Playable, Bounceable {
Ball ball=new Ball("PingPang");
}
class Ball implements Rollable {
private String name;
public String getName() {
    return name;
}
public Ball(String name) {
    this.name=name;
}
public void play() {
    ball=new Ball("Football");
    System.out.println(ball.getName());
}
}
```
（2）
```
public class Something {
  void doSomething () {
    private String s="";
    int l=s.length();
  }
}
```

三、实践题

1. 编写代码，创建标题为“基本GUI编程”的窗口。
2. 编写代码，使用按钮排出BorderLayout布局的5个方向。
3. 编写一个程序，模拟图4-31所示的小键盘界面。

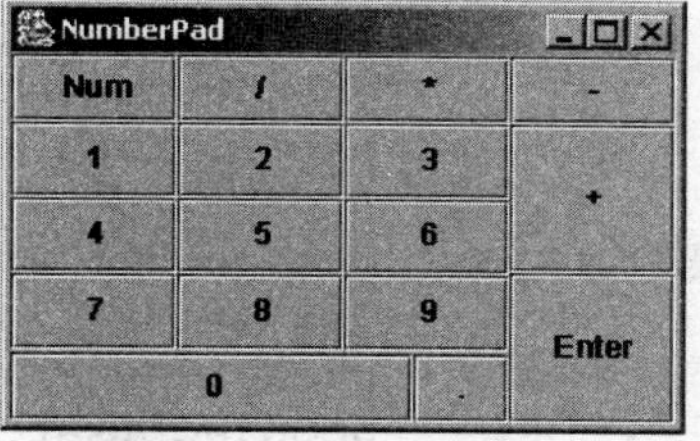

图4-31　小键盘界面

4. 下列程序利用GridBagLayout布局管理器设计了一个客户信息的界面，阅读程序并修改错误。

```
import javax.swing.*;
import java.awt.*;

public class Customer extends JApplet
{
   JPanel panelObject;
```

```
JLabel labelCustName;
JLabel labelCustCellNo;
JLabel labelCustPackage;
JLabel labelCustAge;

JTextField textCustName;
JTextField textCustCellNo;
JComboBox comboCustPackage;
  JTextField textCustAge;

GridBagLayout gbObject;
GridBagConstraints gbc;

public void init()
{
    gbObject=new GridBagLayout();
    panelObject=(JPanel)getContentPane();
    panelObject.setLayout(gbObject);

    labelCustName=new JLabel("Customer Name");
    labelCustCellNo=new JLabel("Cell Number");
    labelCustPackage=new JLabel("Package");
    labelCustAge=new JLabel("Age");

    textCustName=new JTextField(30);
    textCustCellNo=new JTextField(15);
    textCustAge=new JTextField(2);
    String packages[]={ "Executive", "Standard"};
    comboCustPackage=new JComboBox(packages);

    gbc.anchor=GridBagConstraints.NORTHWEST;
    gbc.gridx=1;
    gbc.gridy=5;
    gbObject.setConstraints(labelCustName,gbc);
    panelObject.add(labelCustName);

    gbc.anchor=GridBagConstraints.NORTHWEST;
    gbc.gridx=4;
    gbc.gridy=5;
    gbObject.setConstraints(textCustName,gbc);
    panelObject.add(textCustName);

    gbc.anchor=GridBagConstraints.NORTHWEST;
    gbc.gridx=1;
    gbc.gridy=8;
    gbObject.setConstraints(labelCustCellNo,gbc);
    panelObject.add(labelCustCellNo);

    gbc.anchor=GridBagConstraints.NORTHWEST;
    gbc.gridx=4;
    gbc.gridy=8;
    gbObject.setConstraints(textCustCellNo,gbc);
    panelObject.add(textCustCellNo);
```

```
        gbc.anchor=GridBagConstraints.NORTHWEST;
        gbc.gridx=1;
        gbc.gridy=11;
        gbObject.setConstraints(labelCustPackage,gbc);
        panelObject.add(labelCustPackage);

        gbc.anchor=GridBagConstraints.NORTHWEST;
        gbc.gridx=4;
        gbc.gridy=11;
        gbObject.setConstraints(comboCustPackage,gbc);
        panelObject.add(comboCustPackage);

        gbc.anchor=GridBagConstraints.NORTHWEST;
        gbc.gridx=1;
        gbc.gridy=14;
        gbObject.setConstraints(labelCustAge,gbc);
        panelObject.add(labelCustAge);

        gbc.anchor = GridBagConstraints.NORTHWEST;
        gbc.gridx = 4;
        gbc.gridy = 14;
        gbObject.setConstraints(textCustAge,gbc);
        panelObject.add(textCustAge);

    }
}
```

5. 图 4-32 所示是一个聊天室系统中客户注册的界面，识别界面中使用的组件和布局管理器，编写程序实现之。

6. 图 4-33 所示是一个聊天室系统中聊天室的界面，识别界面中使用的组件和布局管理器，编写程序实现之。

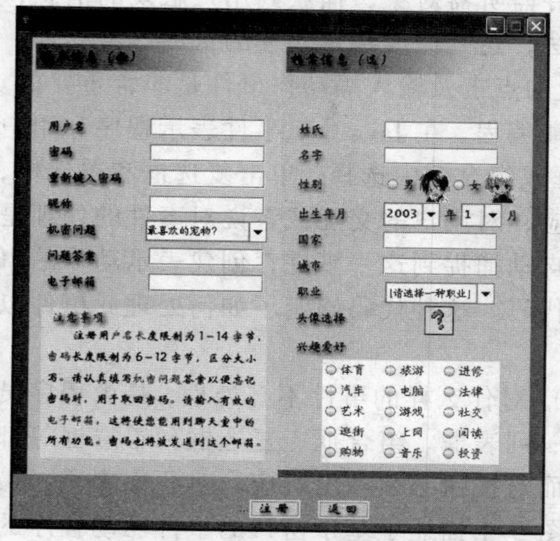

图 4-32　某聊天室系统中客户注册的界面

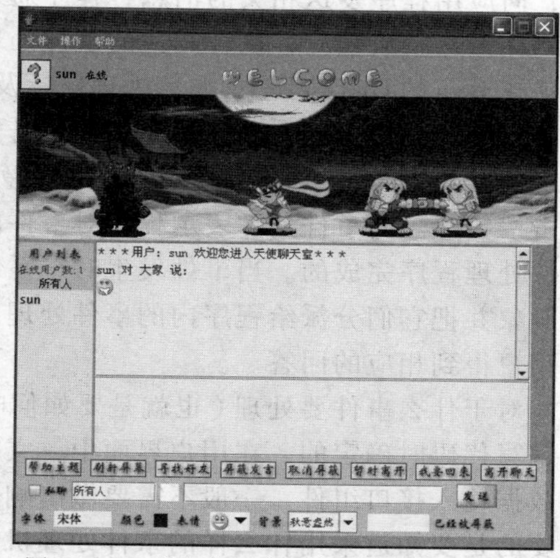

图 4-33　某个聊天室系统中聊天室的界面

第 5 章　事件模型与事件处理

5.1　事件处理概述

事件表达了系统、应用程序及用户之间的动作和响应。利用事件机制实现用户与程序之间的交互。事件产生和处理的流程如下：

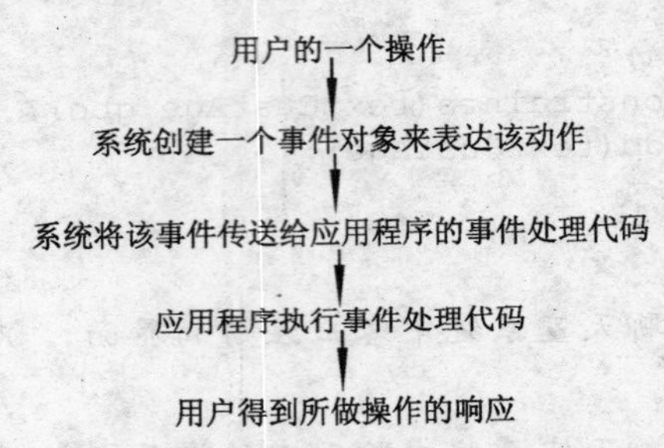

一旦程序具备事件处理的能力，用户就可以通过单击按钮或执行特定菜单命令等操作，向应用程序发送相关的消息；程序通过事件监听器对象，捕获到用户触发的消息，并对此做出积极响应，执行相关的事件处理方法，达到完成预定任务的目的。

在 Java 的 GUI 编程中，如何处理鼠标及键盘的点击及输入等动作事件是非常重要的。只有实现了事件编程，才能算是真正实现了 GUI 编程。在 Java 中，事件表示程序和用户之间的交互，例如，在文本框中输入、在列表框或组合框中选择、单击复选框和单选框，单击按钮等。而事件处理表示程序对事件的响应，对用户的交互或者说对事件的处理是事件处理程序完成的。当事件发生时，系统会自动捕捉到这一事件，创建表示动作的事件对象并把它们分派给程序内的事件处理程序代码。这种代码确定了如何处理此事件以使用户得到相应的回答。

对于什么事件要处理（也就是要如何响应）、对什么样的事件不必处理，是由程序员在编写代码时确定的。在用户界面中，文本框、列表框、组合框、复选框和单选框等都是数据输入接口组件，一般不需要做出响应，而对按钮必须做出响应。对我们来说，最重要的是要知道采用什么样的事件处理机制。图 5-1 描述了基于窗口的事件驱动程序的流程。

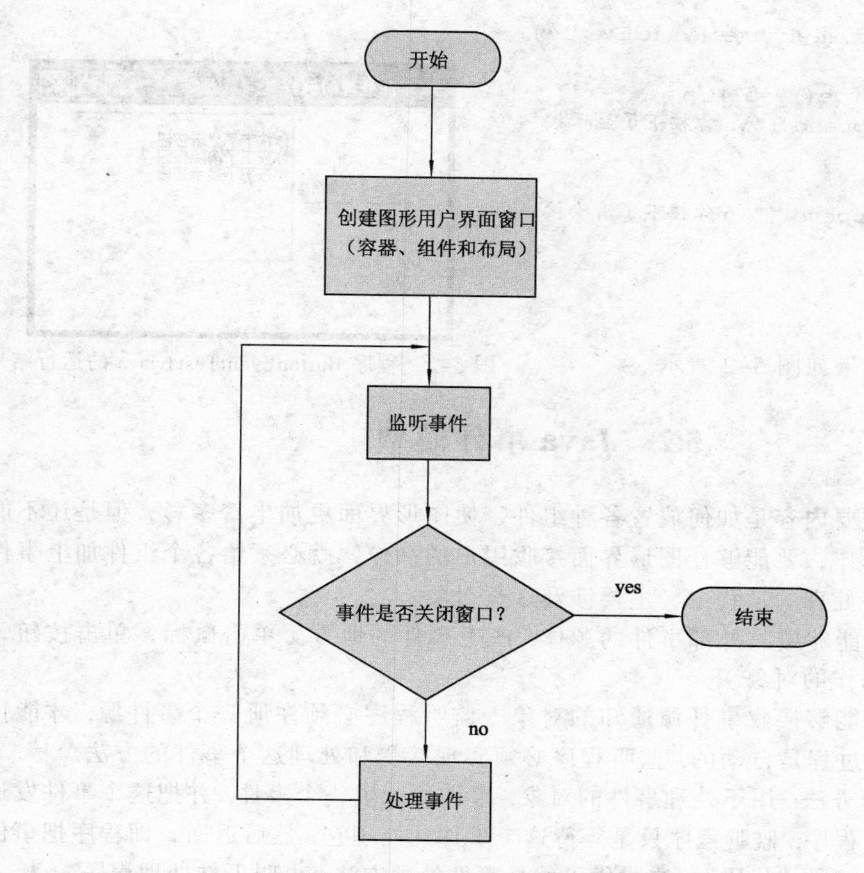

图 5-1　基于窗口的事件驱动程序的流程

【例 5-1】编写程序实现对按钮的控制。

```
import java.awt.*;
import java.awt.event.*;
public class ButtonEventTest1
{
static Button b1=new Button("显示");
//由于在静态方法里使用该对象，所以也是静态
 static Button b2=new Button("清除");
 static TextArea ta1=new TextArea (6,20);
 public static void main(String args[])
 {
   Frame f1=new Frame("事件处理的例程");
   f1.setSize(300,200);
   f1.setLayout(new FlowLayout());
   f1.add(b1);  f1.add(b2);  f1.add(ta1);
   b1.addActionListener(new ButtenL( ));
   b2.addActionListener(new ButtenL( ));
   f1.setVisible(true);
   f1.setDefaultCloseOperation(JFrame.EXIT_ON_CLOSE);
 }
 static class ButtenL implements ActionListener
 {
```

```
public void actionPerformed(ActionEvent e)
    {
if (e.getSource()==b1)
        ta1.append ("\n 你按下了显示按
        钮");
      else
        ta1.append ("\n 你按下了清除按
        钮");
    }
  }
}
```

程序的运行结果如图 5-2 所示。

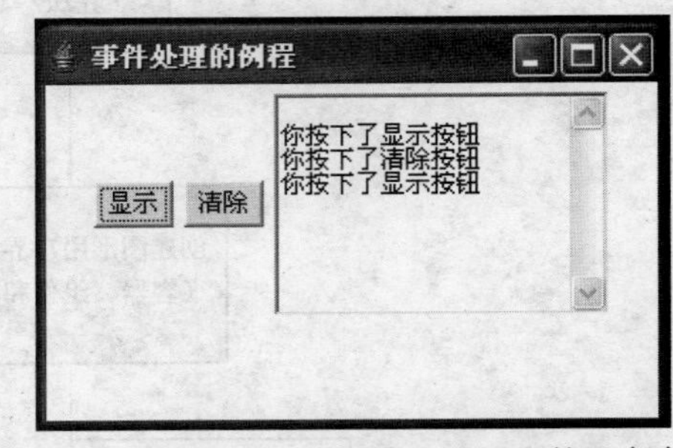

图 5-2 程序 ButtonEventTest1.java 的运行结果

5.2 Java 事件模型

第 4 章中的主要内容是如何放置各种组件，使图形界面更加丰富多彩，但是还不能响应用户的任何操作，要能够让图形界面接收用户的操作，就必须给各个组件加上事件处理机制。在事件处理的过程中，主要涉及 3 类对象：

（1）事件源：能够接收外部事件的源体，产生事件的地方（单击鼠标，单击按钮，选择项目等产生动作的对象）。

（2）监听器：能够接收事件源通知的对象。监听程序必须注册一个事件源，才能接收这个事件，这个过程是自动的，监听程序必须实现接受和处理这个事件的方法。

（3）事件处理方法：用于处理事件的对象，事件源产生一个事件，并把这个事件发送到一个或多个监听程序，监听程序只是等待这个事件并处理它，然后返回，即程序把事件的处理“委托”给一段“代码”。这段代码就是事件处理方法，也叫事件处理程序。

例 5-1 中，如果用户单击了按钮对象 b1 或者 b2，则该按钮就是事件源，而 Java 运行时系统会生成 ActionEvent 类的对象 e，该对象中描述了该单击事件发生时的一些信息，然后，事件处理者对象将接收由 Java 运行时系统传递过来的事件对象 e，并进行相应的处理。

GUI 程序设计归根到底要完成两个层面的任务：

（1）首先要完成程序外观界面的设计，包括创建窗体，在窗体中添加菜单、工具栏及多种 GUI 组件，设置各类组件的大小、位置、颜色等属性。这个层次的工作可以认为是对程序静态特征的设置。

（2）其次要为各种组件对象提供响应与处理不同事件的功能支持，从而使程序具备与用户或外界事物交互的能力，使得程序“活”起来。这个层次的工作可以认为是对程序动态特征的处理。

很多面向对象编程语言是将事件处理方法作为对象的成员方法，发生事件时，由对象自己调用相应的事件处理方法，如 VB、Delphi。而 Java 采用了委托型事件处理模式，即对象（指组件）本身没有用成员方法来处理事件，而是将事件委托给事件监听者处理，这就使得组件更加简练。如果希望对事件进行处理，可调用事件源的注册方法把事件监听者注册给事件源，当事件源发生事件时，事件监听者就代替事件源对事件进行处理，这就是所谓的委托。事件监听者可以是一个自定义类或其他容器，如 Frame。它们本身也没有处理方法，需要使用事件接口中的事件处理方法。因此，事件监听者必须实现事件接口。

事件处理的过程如图 5-3 所示。

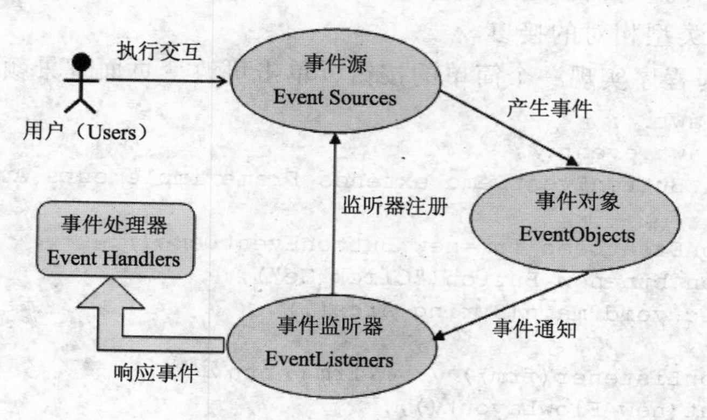

图 5-3　事件处理的过程

Java 最常用的可视化编程当属 Java Swing 技术，Java Swing 为开发者提供了很多现成的组件，如：按钮（JButton）、单选按钮（JRadioButton）、菜单（JMenu）、菜单项（JMenuItem）等。为了管理用户与组成程序图形用户界面的组件间的交互，必须理解在 Java 中如何使用方法处理事件，如图 5-4 所示。

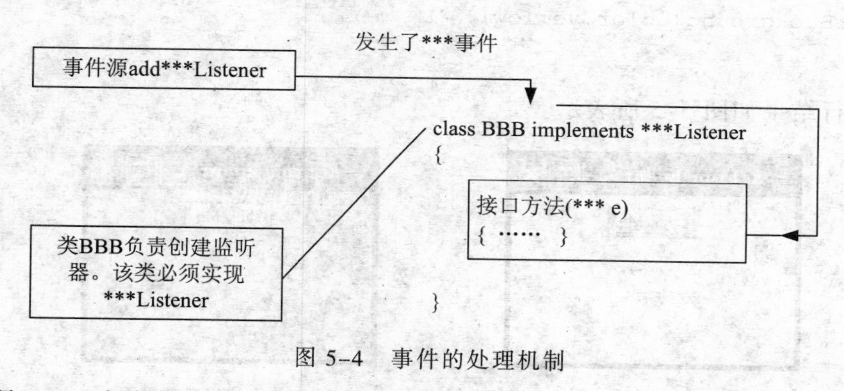

图 5-4　事件的处理机制

下面是 Java 中事件模型处理机制的描述：

（1）监听器对象是一个实现了专门监听接口的类的实例。

（2）可以向事件源注册相应事件的监听器。

（3）当事件发生时，事件源能够把事件对象发给已注册的相应监听器。

（4）监听器对象中的事件处理方法会使用事件中的信息决定对事件的反应。

简而言之就是当监听器监听到事件源发生某事时做出相应的反应。

由于同一个事件源上可能发生多种事件，因此 Java 采取了授权处理机制（Delegation Model），事件源可以把在其自身所有可能发生的事件分别授权给不同的事件处理者来处理。比如在 Canvas 对象上既可能发生鼠标事件，也可能发生键盘事件，该 Canvas 对象就可以授权给事件处理者一来处理鼠标事件，同时授权给事件处理者二来处理键盘事件。有时也将事件处理者称为监听器，主要原因也在于监听器时刻监听着事件源上所有发生的事件类型，一旦该事件类型与自己所负责处理的事件类型一致，就马上进行处理。授权模型把事件的处理委托给外部的处理实体进行处理，实现了将事件源和监听器分开的机制。事件处理者（监听器）通常是一个类，该类如果要能够处理某种类型的事件，就必须实现与该事件类型相对的接口。

【例 5-2】 编写程序实现一个简单的按钮，单击可改变页面背景颜色。

```
import java.awt.*;
import java.awt.event.*;
public class ButtonEventDemo extends Frame implements ActionListener
{
static ButtonEventDemo frm=new ButtonEventDemo();
static Button btn=new Button("Click Me");
public static void main(String args[])
{
btn.addActionListener(frm); // 把 frm 向 btn 注册
frm.setLayout(new FlowLayout());
frm.setTitle("Action Event");
frm.setSize(200,150);
frm.add(btn);
frm.setVisible(true);
}
public void actionPerformed(ActionEvent e) // 事件发生的处理操作
{
frm.setBackground(Color.yellow);
}
}
```

程序运行结果如图 5-5 所表示。

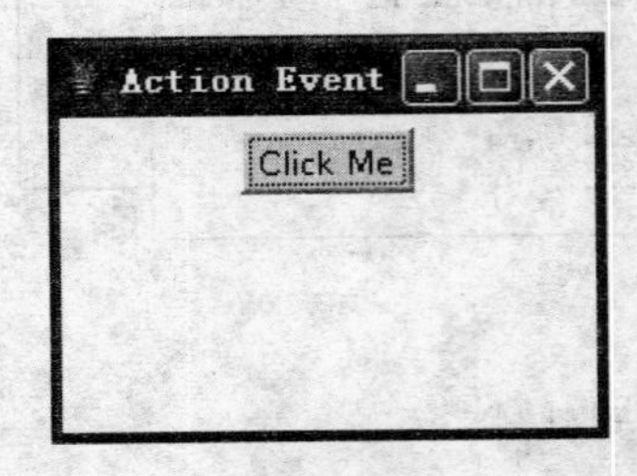

（a）初始界面

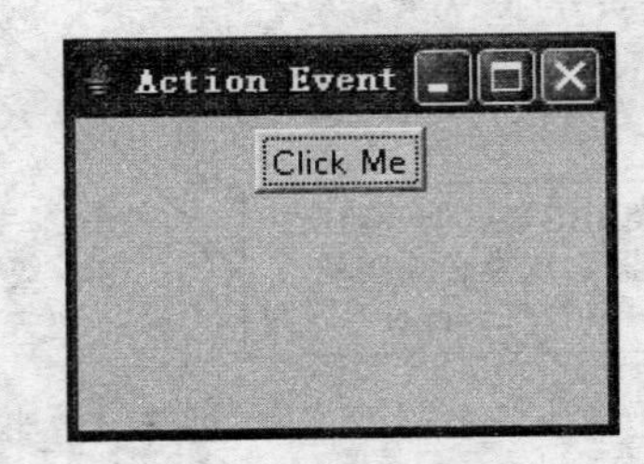

（b）单击按钮后的界面

图 5-5　ButtonEventDemo.java 的运行结果

例 5-2 中类 ButtonEventDemo 之所以能够处理 ActionEvent 事件，原因在于它实现了与 ActionEvent 事件对应的接口 ActionListener。每个事件类都有一个与之相对应的接口。

使用授权处理模型进行事件处理的一般方法归纳如下：

（1）对于某种类型的事件 XXXEvent，要想接收并处理这类事件，必须定义相应的事件监听器类，该类需要实现与该事件相对应的接口 XXXListener。

（2）事件源实例化以后，必须进行授权，注册该类事件的监听器，使用 addXXXListener(XXXListener) 方法来注册监听器。

5.2.1 事件类

与 AWT 有关的所有事件类都由 java.awt.AWTEvent 类派生，它也是 EventObject 类的子类。AWT 事件共有 10 类，可以归为两大类：低级事件和高级事件。事件类的层次结构如图 5-6 所示。

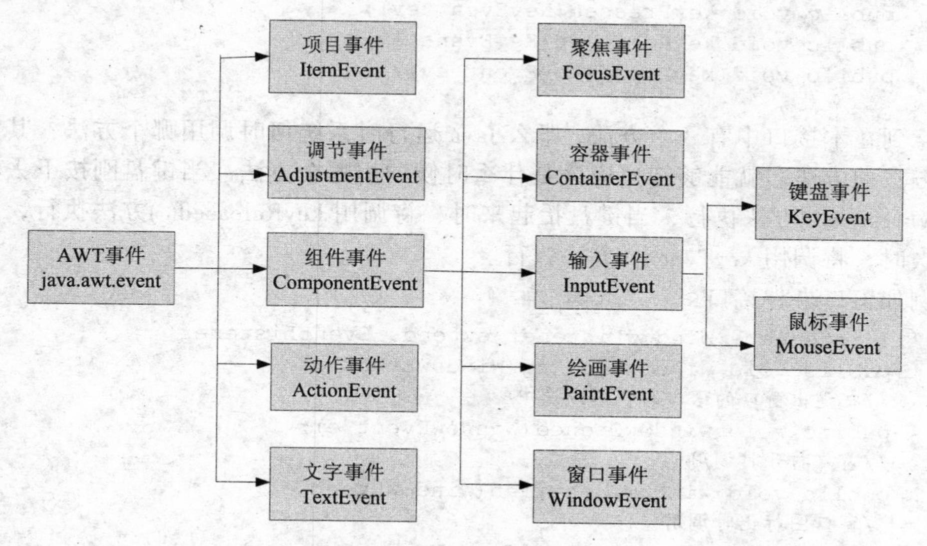

图 5-6　事件类的层次结构

java.util.EventObject 类是所有事件对象的基础父类，所有事件都是由它派生出来的。AWT 的相关事件继承于 java.awt.AWTEvent 类，这些 AWT 事件分为两大类：低级事件和高级事件。低级事件是指基于组件和容器的事件，当一个组件上发生事件，如鼠标的进入、点击、拖放，或组件的窗口开关等，触发了组件事件。高级事件是基于语义的事件，它可以不和特定的动作相关联，而依赖于触发此事件的类，如在 TextField 中按【Enter】键会触发 ActionEvent 事件，滑动滚动条会触发 AdjustmentEvent 事件，或是选中项目列表的某一条就会触发 ItemEvent 事件。

（1）低级事件：

- ComponentEvent（组件事件：组件尺寸的变化、移动）。
- ContainerEvent（容器事件：组件增加、移动）。
- WindowEvent（窗口事件：关闭窗口、窗口闭合、图标化）。
- FocusEvent（焦点事件：焦点的获得和丢失）。
- KeyEvent（键盘事件：键按下、释放）。
- MouseEvent（鼠标事件：鼠标单击、移动）。

（2）高级事件（语义事件）：

- ActionEvent（动作事件：按钮按下，TextField 中按【Enter】键）。
- AdjustmentEvent（调节事件：在滚动条上移动滑块以调节数值）。
- ItemEvent（项目事件：选择项目，不选择“项目改变”）。
- TextEvent（文本事件，文本对象改变）。

5.2.2　事件监听器

每类事件都有对应的事件监听器，监听器是接口，根据动作来定义方法。

例如，与键盘事件 KeyEvent 相对应的接口是：

```
public interface KeyListener extends EventListener {
      public void keyPressed(KeyEvent ev);
      public void keyReleased(KeyEvent ev);
      public void keyTyped(KeyEvent ev);
}
```

注意到在本接口中有 3 个方法，那么 Java 运行时系统何时调用哪个方法？其实根据这 3 个方法的方法名就能够知道应该是什么时候调用哪个方法。当键盘刚按下去时，将调用 keyPressed( )方法执行，当键盘抬起来时，将调用 keyReleased( )方法执行，当键盘敲击一次时，将调用 keyTyped( )方法执行。

又例如窗口事件接口：

```
public interface WindowListener extends EventListener{
      public void windowClosing(WindowEvent e);
      //把退出窗口的语句写在本方法中
      public void windowOpened(WindowEvent e);
      //窗口打开时调用
      public void windowIconified(WindowEvent e);
      //窗口图标化时调用
      public void windowDeiconified(WindowEvent e);
      //窗口非图标化时调用
      public void windowClosed(WindowEvent e);
      //窗口关闭时调用
      public void windowActivated(WindowEvent e);
      //窗口激活时调用
      public void windowDeactivated(WindowEvent e);
      //窗口非激活时调用
}
```

AWT 的组件类中提供注册和注销监听器的方法：

（1）注册监听器：

```
public void add<ListenerType> (<ListenerType>listener);
```

（2）注销监听器：

```
public void remove<ListenerType> (<ListenerType>listener);
```

例如 Button 类：

```
public class Button extends Component {
      …
      public synchronized void addActionListener(ActionListener l);
      public synchronized void removeActionListener(ActionListener l);
      …}
```

5.2.3 AWT 事件及其相应的监听器接口

表 5-1 列出了所有 AWT 事件及其相应的监听器接口，一共 10 类事件，11 个接口。

表 5-1 AWT 事件及其相应的监听器接口

事件类别	描述信息	接口名	方法
ActionEvent	激活组件	ActionListener	actionPerformed(ActionEvent)
ItemEvent	选择了某些项目	ItemListener	itemStateChanged(ItemEvent)

续表

事件类别	描述信息	接口名	方法
MouseEvent	鼠标移动	MouseMotionListener	mouseDragged(MouseEvent) mouseMoved(MouseEvent)
	鼠标点击等	MouseListener	mousePressed(MouseEvent) mouseReleased(MouseEvent) mouseEntered(MouseEvent) mouseExited(MouseEvent) mouseClicked(MouseEvent)
KeyEvent	键盘输入	KeyListener	keyPressed(KeyEvent) keyReleased(KeyEvent) keyTyped(KeyEvent)
FocusEvent	组件收到或失去焦点	FocusListener	focusGained(FocusEvent) focusLost(FocusEvent)
AdjustmentEvent	移动了滚动条等组件	AdjustmentListener	adjustmentValueChanged(AdjustmentEvent)
ComponentEvent	对象移动缩放显示隐藏等	ComponentListener	componentMoved(ComponentEvent) componentHidden(ComponentEvent) componentResized(ComponentEvent) componentShown(ComponentEvent)
WindowEvent	窗口收到窗口级事件	WindowListener	windowClosing(WindowEvent) windowOpened(WindowEvent) windowIconified(WindowEvent) windowDeiconified(WindowEvent) windowClosed(WindowEvent) windowActivated(WindowEvent) windowDeactivated(WindowEvent)
ContainerEvent	容器中增加删除了组件	ContainerListener	componentAdded(ContainerEvent) componentRemoved(ContainerEvent)
TextEvent	文本字段或文本区发生改变	TextListener	textValueChanged(TextEvent)

【例 5-3】在例 5-2 的基础上编程实现事件处理模型的应用。

```
import java.awt.*;
import java.awt.event.*;//事件包
import javax.swing.*;
class EventDemo extends JFrame
{
  public EventDemo(String title)
  {
    super("Event Demo");
    addWindowListener(new MywinEvent(this));/*注册窗口监听程序。
    new MywinEvent()是继续了 WindowAdapter 适配器 WindowAdapter 实现了
    WindowListener 接口*/
    }
  JButton jbt;
```

```
 Color cl=Color.RED;
 void setMyMenu()
 {
   JMenuBar jmb=new JMenuBar();
   JMenu jmn=new JMenu("文件");
   JMenuItem jmi=new JMenuItem("退出" );
   jmn.add(jmi);
   jmb.add(jmn);
   setJMenuBar(jmb);
   jmi.addActionListener(new MyactionEvent(this));   //注册动作事件
  }
 void setMybutton()
 {
   Container ct=super.getContentPane();
   jbt=new JButton("单击");
   jbt.setBackground(cl);
   ct.add(jbt,BorderLayout.CENTER);
   jbt.addMouseListener(new MymouseEvent(this));      //注册鼠标事件
  }
 public static void main(String args[])
 {
   EventDemo ed=new EventDemo("事件--演示");
   ed.setMyMenu();
   ed.setMybutton();
   ed.pack();
   ed.setVisible(true);
   }
}
//定义窗口监听程序
class MywinEvent extends WindowAdapter
{
  EventDemo mywin;
  public MywinEvent(EventDemo mywin)
  {
   this.mywin=mywin;
  }
  public void windowClosing(WindowEvent we)
  {
   System.exit(0);
  }
}
//定义动作监听程序
class MyactionEvent implements ActionListener
{
 EventDemo mywin;
 public MyactionEvent(EventDemo mywin)
 {
   this.mywin=mywin;
  }
 public void actionPerformed(ActionEvent ae)
 {
   System.exit(0);
   }
```

```
}
//定义鼠标监听程序
class MymouseEvent implements MouseListener
{
  EventDemo mywin;
  public MymouseEvent(EventDemo mywin)
  {
    this.mywin=mywin;
  }
  public void mouseClicked(MouseEvent me)
  {
     if(me.getSource()==mywin.jbt)
     if(mywin.jbt.getBackground()!=Color.BLUE)
     {
       mywin.jbt.setBackground(Color.BLUE);
       mywin.repaint();
      }
     else
     {
       mywin.jbt.setBackground(Color.RED);
       mywin.repaint();
      }
   }
  public void mouseEntered(MouseEvent me){} //对其不感兴趣的方法可以方法体为空
  public void mouseExited(MouseEvent me){}
  public void mousePressed(MouseEvent me){}
  public void mouseReleased(MouseEvent me){}
}
```

程序的运行结果如图 5-7 所示。

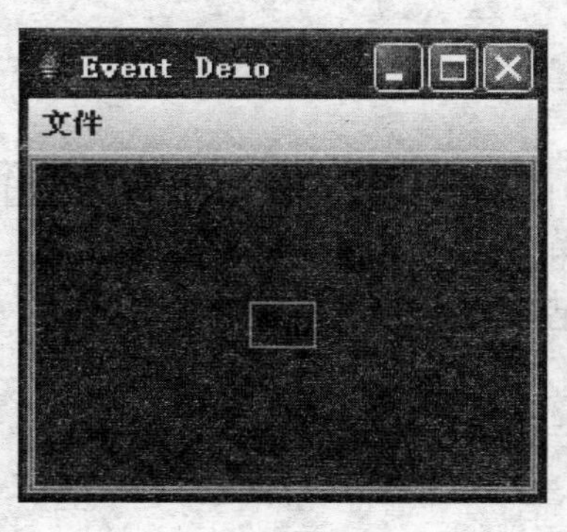

（a）初始界面

（b）单击“电击”按钮后的结果

图 5-7　EventDemo.java 的运行结果

说明： Java 的事件模型结构基本上是这样的：继续适配器，可以重载感兴趣的方法，一个，两个，更多个都可以。但是，实现接口必须实现这个接口提供的所有方法，哪怕是空方法都必须实现。

Java 语言类的层次非常分明，因而只支持单继承，为了实现多重继承的能力，Java 用接口来实现，一个类可以实现多个接口，这种机制比多重继承具有更简单、灵活、更强的功能。在 AWT 中就经常用到声明和实现多个接口。无论实现了几个接口，接口中已定义的方法必须一一实现，如果对某事件不感兴趣，可以不具体实现其方法，而用空的方法体来代替。但却必须所有方法都要写上。

5.2.4 事件适配器

Java 语言为一些 Listener 接口提供了适配器（Adapter）类。可以通过继承事件所对应的 Adapter 类，重写需要方法，无关方法不用实现。事件适配器为我们提供了一种简单的实现监听器的手段，可以缩短程序代码。但是，由于 Java 的单一继承机制，当需要多种监听器或此类已有父类时，就无法采用事件适配器了。

1. 事件适配器——EventAdapter

下例中采用了鼠标适配器：

```
import java.awt.*;
import java.awt.event.*;
public class MouseClickHandler extends MouseAdaper{
   public void mouseClicked(MouseEvent e) //只实现需要的方法
         { ……}
}
```

java.awt.event 包中定义的事件适配器类包括以下几个：

- ComponentAdapter：组件适配器。
- ContainerAdapter：容器适配器。
- FocusAdapter：焦点适配器。
- KeyAdapter：键盘适配器。
- MouseAdapter：鼠标适配器。
- MouseMotionAdapter：鼠标运动适配器。
- WindowAdapter：窗口适配器。

2. 用内部类实现事件处理

内部类（inner class）是被定义于另一个类中的类，使用内部类的主要原因是由于：

- 一个内部类的对象可访问外部类的成员方法和变量，包括私有的成员。
- 实现事件监听器时，采用内部类、匿名类编程非常容易实现其功能。
- 编写事件驱动程序，内部类很方便。

因此内部类所能够应用的地方往往是在 AWT 的事件处理机制中。

【例 5-4】编写程序实现内部类的例子。

```
import java.awt.*;
import java.awt.event.*;
public class InnerDemo
{
   private Frame f;
   private TextField tf;
   public InnerDemo()
   {
      f=new Frame("Inner Demo");
      tf=new TextField(30);
   }
   public void loginFrame()
```

```
    {
        Label label=new Label("Clike and drag the mouse");
        f.add(label,BorderLayout.NORTH);
        f.add(tf,BorderLayout.SOUTH);
        f.addMouseMotionListener(new MyMouseMotionListener());
        /*参数为内部类对象*/
        f.setSize(200,200);
        f.setVisible(true);
    }
    class MyMouseMotionListener extends MouseMotionAdapter
    {   /*内部类开始*/
        public void mouseDragged(MouseEvent e)
        {
            String s="Mouse Gragging: x="+e.getX()+","+"Y="+e.getY();
            tf.setText(s);
        }
    };
    public static void main(String[] args)
    {
        InnerDemo obj=new InnerDemo();
        obj.loginFrame();
    }
}
```

程序的运行结果如图 5-8 所示。

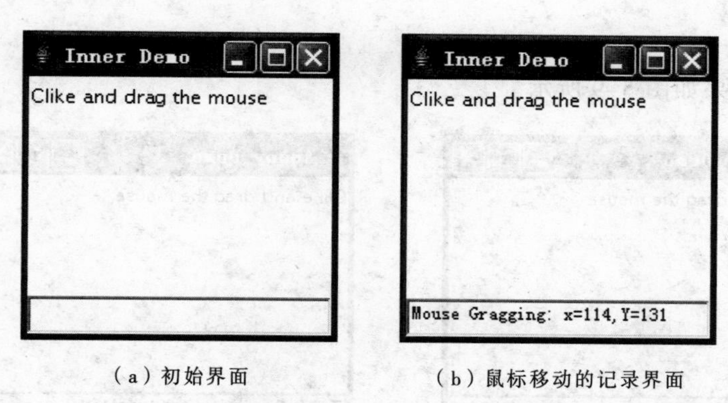

（a）初始界面　（b）鼠标移动的记录界面

图 5-8　InnerDemo.java 的运行结果

3. 匿名类（Anonymous Class）

当一个内部类的类声名只是在创建此类对象时用了一次，而且要产生的新类需继承于一个已有的父类或实现一个接口，才能考虑用匿名类，由于匿名类本身无名，因此它也就不存在构造方法，它需要显式地调用一个无参的父类的构造方法，并且重写父类的方法。所谓的匿名就是该类连名字都没有，只是显式地调用一个无参的父类的构造方法。

【例 5-5】编写程序实现一个匿名类的例子。

```
import java.awt.*;
import java.awt.event.*;
public class AnonymouseDemo
{
    private Frame f;
    private TextField tf;
```

```
    public AnonymouseDemo()
    {
        f=new Frame("Anony Demo");
        tf=new TextField(30);
    }
    public void loginFrame()
    {
        Label label=new Label("Clike and drag the mouse");
        f.add(label,BorderLayout.NORTH);
        f.add(tf,BorderLayout.SOUTH);
        f.addMouseMotionListener(new MouseMotionAdapter(){
        public void mouseDragged(MouseEvent e)
        {
            String s="Mouse Gragging: x="+e.getX()+","+"Y="+e.getY();
            tf.setText(s);
        }
    });
        f.setSize(200,200);
        f.setVisible(true);
        }
    public static void main(String[] args)
    {
        AnonymouseDemo obj=new AnonymouseDemo();
        obj.loginFrame();
    }
}
```

程序的运行结果如图 5-9 所示。

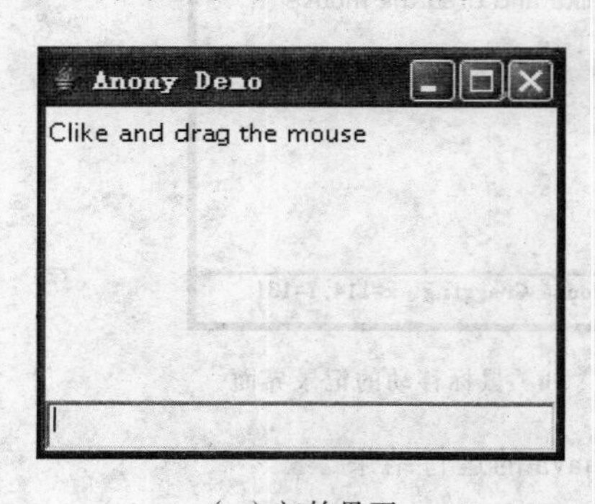

（a）初始界面

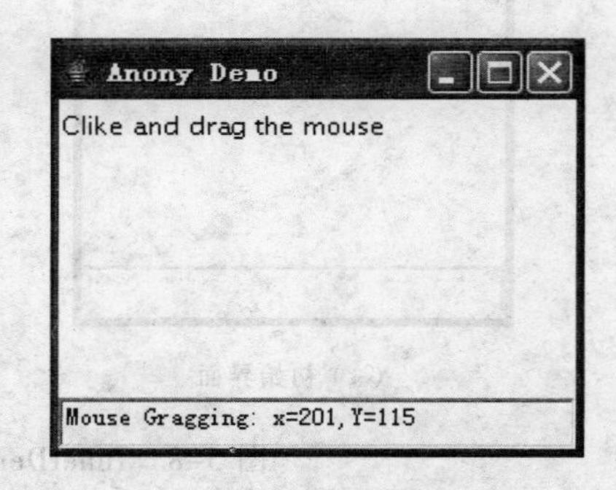

（b）鼠标移动的记录界面

图 5-9 AnonymouseDemo.java 的运行结果

5.2.5 对事件的响应

在事件编程中，我们经常会遇到弹出另一个窗口、对话框或者切换到另一个窗口的情况，下面介绍常用的 4 种对事件的响应方法：

1. 在 Applet 的状态栏上显示信息

状态栏是在窗口的下方，如 Internet 浏览器、AppletViewer 程序查看器。状态栏是用来显示信息的，可以将对事件响应的信息显示在 Applet 的状态栏中。java.swing.JApplet 类是 java.applwt.Applet 类的子类。java.applwt.Applet 类有两种方法实现在状态栏上显示信息：

- AppletContext getAppletContext()，取决于 Applet 的上下问，允许 Applet 询问和影响其运行环境。
- void showStatus(String msg)，将字符串参数 msg 显示在状态窗口上。

【例 5-6】编写程序实现在 Applet 的状态栏上显示信息。

```
import javax.swing.*;
import java.awt.*;
import java.awt.event.*;
public class showStatusDemo extends JApplet
{
    JPanel p;
    JButton b1,b2;
    JTextField tf;

    public void init()
    {
    p=new JPanel();
    getContentPane().add(p);
    FlowLayout fl=new FlowLayout(FlowLayout.CENTER,10,10);
    p.setLayout(fl);
    tf=new JTextField(10);
    b1=new JButton("login");
    b2=new JButton("delete");
    b2.setEnabled(false);
    p.add(tf);
    p.add(b1);
    p.add(b2);
    ButtonEvent bObj=new ButtonEvent();
    b1.addActionListener(bObj);
    b2.addActionListener(bObj);
    }
    class ButtonEvent implements ActionListener
    {
        public void actionPerformed(ActionEvent e)
        {
            Object obj=e.getSource();
            if(obj==b1)
            {
                String s=tf.getText();
                if(s.length()==0)
                {
                getAppletContext().showStatus("Waring! Here is not blank.");
                return;
                }
            getAppletContext().showStatus("Inside the textField is    "+s);
            b1.setEnabled(false);
            b2.setEnabled(true);
            }
            if(obj==b2)
            {
                b2.setEnabled(false);
                b1.setEnabled(true);
```

```
                tf.setText("");
                getAppletContext().showStatus("Click the Delete, delete the
                TextField!");
            }
        }
    }
}
```

程序运行结果如图 5-10 所示。(a)是初始界面,(b)是单击"login"按钮后的界面,(c)是在文本框中输入:sunpine 单击"login"按钮后的界面,(d)是单击"delete"按钮后的界面。

(a)初始界面

(b)单击"login"按钮后的界面

(c)输入数据,单击按钮后的界面

(d)单击"delete"按钮后的界面

图 5-10　例 5-6 程序运行结果

2. 弹出式窗口

JOptionPane 用于弹出要求用户提供值或向其发出通知的标准对话框。JOptionPane 类构造方法有:

- JOptionPane( ):创建一个带有测试消息的 JOptionPane。
- JOptionPane(Object message):创建一个显示消息的 JOptionPane 的实例,使其使用 UI 提供的普通消息类型和默认选项。
- JOptionPane(Object message, int messageType):创建一个显示消息的 JOptionPane 的实例,使其具有指定的消息类型和默认选项。
- JOptionPane(Object message, int messageType, int optionType):创建一个显示消息的 JOptionPane 的实例,使其具有指定的消息类型和选项。
- JOptionPane(Object message, int messageType, int optionType, Icon icon):创建一个显示消息的 JOptionPane 的实例,使其具有指定的消息类型、选项和图标。
- JOptionPane(Object message, int messageType, int optionType, Icon icon, Object[] options):创建一个显示消息的 JOptionPane 的实例,使其具有指定的消息类型、图标和选项。
- JOptionPane(Object message, int messageType, int optionType, Icon icon, Object[] options,

Object initialValue)：在指定最初选择选项的前提下，创建一个显示消息的 JOptionPane 的实例，使其具有指定的消息类型、图标和选项。

JOptionPane 类的方法都是使用表 5-2 中静态 showXxxDialog 方法之一来实现。

表 5-2　JOptionPane 类的实现方法

方　法	功 能 描 述
public void showConfirmDialog	询问一个确认问题，如 yes/no/cancel
public void showInputDialog	提示要求某些输入
public void showMessageDialog	告知用户某事已发生
public void showOptionDialog	上述三项的综合运用

这些方法的参数有：

（1）parentComponent：定义该对话框的父对话框的 Component。通过两种方式使用此参数：包含它的 Frame 可以用作对话框的父 Frame，在对话框的位置使用其屏幕坐标。一般情况下，将对话框紧靠组件置于其之下。此参数可以为 null，在这种情况下，默认的 Frame 用作父级，并且对话框将居中位于屏幕上。

（2）message：放置对话框中的描述消息。在最常见的应用中，message 就是一个 String 或 String 常量。不过，此参数的类型实际上是 Object。其解释依赖于其类型：

- Object[]：对象数组被解释为在纵向堆栈中排列的一系列 message（每个对象一个）。解释是递归式的，即根据其类型解释数组中的每个对象。
- Component：在对话框中显示。
- Icon：包装在 JLabel 中并在对话框中显示。该对象通过调用其 toString 方法被转换为 String。

（3）messageType：定义 message 的样式。布局管理器根据此值对对话框进行不同的布置，并且通常提供默认图标。可能的值为：

- ERROR_MESSAGE
- INFORMATION_MESSAGE
- WARNING_MESSAGE
- QUESTION_MESSAGE
- PLAIN_MESSAGE

（4）optionType：在对话框的底部显示的选项按钮的集合：

- DEFAULT_OPTION
- YES_NO_OPTION
- YES_NO_CANCEL_OPTION
- OK_CANCEL_OPTION

（5）options：在对话框底部显示的选项按钮集合的更详细描述。options 参数的常规值是 String 数组，但是参数类型是 Object 数组。根据对象的以下类型为每个对象创建一个按钮：

- Component：直接添加到按钮行中。
- Icon：创建的按钮以此图标作为其标签。

（6）icon：对话框中的装饰性图标。图标的默认值由 messageType 参数确定。

（7）title：对话框的标题。

（8）initialValue：默认选择（输入值）。当选择更改时，调用生成 PropertyChangeEvent 的 setValue 方法。如果已为所有输入 setWantsInput 配置了 JOptionPane，则还可以监听绑定属性 JOptionPane.INPUT_VALUE_PROPERTY，以确定何时用户输入或选择了值。

当其中一个 showXxxDialog 方法返回整数时，可能的值为：

```
YES_OPTION
NO_OPTION
CANCEL_OPTION
OK_OPTION
CLOSED_OPTION
```

举例：

显示一个错误对话框，该对话框显示的 message 为“alert”：

```
JOptionPane.showMessageDialog(null, "alert", "alert", JOptionPane.ERROR_
MESSAGE);
```

显示一个内部信息对话框，其 message 为“information”：

```
JOptionPane.showInternalMessageDialog(frame,
"information","information",JOptionPane.INFORMATION_MESSAGE);
```

显示一个信息面板，其 options 为 "yes/no"，message 为 'choose one'：

```
JOptionPane.showConfirmDialog(null, "choose one", "choose one", JOptionPane.
YES_NO_ OPTION);
```

显示一个内部信息对话框，其 options 为“yes/no/cancel”，message 为“please choose one”，并具有 title 信息：

```
JOptionPane.showInternalConfirmDialog(frame,    "please   choose   one",
"information",                          JOptionPane.YES_NO_CANCEL_OPTION,
JOptionPane.INFORMATION_MESSAGE);
```

显示一个警告对话框，其 options 为 OK、CANCEL，title 为“Warning”，message 为“Click OK to continue”：

```
Object[] options={ "OK", "CANCEL" };
JOptionPane.showOptionDialog(null, "Click OK to continue", "Warning",
JOptionPane.DEFAULT_OPTION, JOptionPane.WARNING_MESSAGE, null, options,
options[0]);
```

显示一个要求用户输入 String 的对话框：

```
String inputValue=JOptionPane.showInputDialog("Please input a value");
```

显示一个要求用户选择 String 的对话框：

```
Object[] possibleValues={ "First", "Second", "Third" };
Object  selectedValue=JOptionPane.showInputDialog(null,  "Choose  one",
"Input",JOptionPane.INFORMATION_MESSAGE,         null,possibleValues,
possibleValues[0]);
```

【例 5-7】编写程序实现一个弹出式窗口。

```
import java.awt.*;
import java.awt.event.*;
import javax.swing.*;
import javax.swing.event.*;
public class OptionPaneDemo
{
```

```
    public static void main(String [] args)
    {
        DialogFrame df=new DialogFrame();
        df.setDefaultCloseOperation(JFrame.EXIT_ON_CLOSE);
        df.setVisible(true);
    }
}
class DialogFrame extends JFrame
{
    public DialogFrame()
    {
        setTitle("Dailog Test");
        setSize(new Dimension(200,200));
        Container cc=this.getContentPane();
        JPanel btnPanel=new JPanel();
        JButton logoutBtn=new JButton("退出");
        btnPanel.add(logoutBtn);
        logoutBtn.addActionListener(new LogoutAction());
        cc.add(btnPanel,BorderLayout.SOUTH);
    }
    private class LogoutAction implements ActionListener
    {
        public void actionPerformed(ActionEvent ae)
        {
            int select=JOptionPane.showConfirmDialog(DialogFrame.this, "Are
            You Sure?","Logout",JOptionPane.OK_CANCEL_OPTION,JOptionPane.
            WARNING_MESSAGE);
            if(select==JOptionPane.OK_OPTION)
                System.exit(0);
        }
    }
}
```

程序运行结果如图 5-11 所示。

（a）初始界面

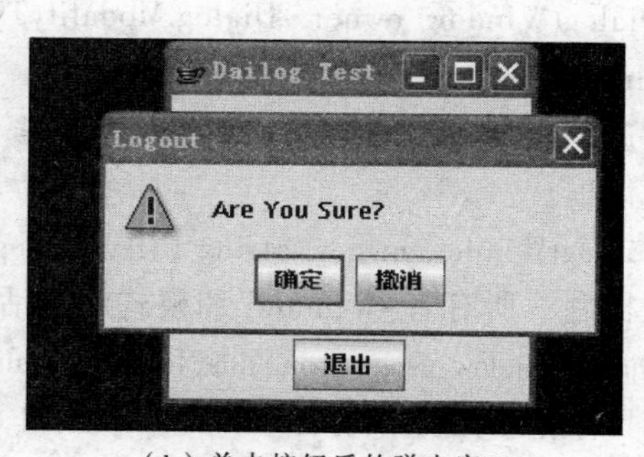

（b）单击按钮后的弹出窗口

图 5-11　OptionPaneDemo.java 的运行结果

3. 对话窗口

JDialog 类和 Frame 类一样都是 Window 的子类，它必须依赖于某个窗口或组件。当其所依赖的窗口或组件消失时，它会随之消失；而当其所依赖的窗口或组件可见时，对话框又会自动恢复。因此，可以将其理解为可以反复使用的资源。该类是一个容器类，可以像创建 JFrame 或 Applet 一样来创建，可在对话框窗口上添加组件、设置布局管理器、设计事件处理等。其类的构造方法有：

- JDialog()：创建一个没有标题并且没有指定 Frame 所有者的无模式对话框。
- JDialog(Dialog owner)：创建一个没有标题但将指定的 Dialog 作为其所有者的无模式对话框。
- JDialog(Dialog owner, boolean modal)：创建一个具有指定所有者 Dialog 和模式的对话框。
- JDialog(Dialog owner, String title)：创建一个具有指定标题和指定所有者对话框的无模式对话框。
- JDialog(Dialog owner, String title, boolean modal)：创建一个具有指定标题、模式和指定所有者 Dialog 的对话框。
- JDialog(Dialog owner, String title, boolean modal, GraphicsConfiguration gc)：创建一个具有指定标题、所有者 Dialog、模式和 GraphicsConfiguration 的对话框。
- JDialog(Frame owner)：创建一个没有标题但将指定的 Frame 作为其所有者的无模式对话框。
- JDialog(Frame owner, boolean modal)：创建一个具有指定所有者 Frame、模式和空标题的对话框。
- JDialog(Frame owner, String title)：创建一个具有指定标题和指定所有者窗体的无模式对话框。
- JDialog(Frame owner, String title, boolean modal)：创建一个具有指定标题、所有者 Frame 和模式的对话框。
- JDialog(Frame owner, String title, boolean modal, GraphicsConfiguration gc)：创建一个具有指定标题、所有者 Frame、模式和 GraphicsConfiguration 的对话框。
- JDialog(Window owner)：创建一个具有指定所有者 Window 和空标题的无模式对话框。
- JDialog(Window owner, Dialog.ModalityType modalityType)：创建一个具有指定所有者 Window、模式和空标题的对话框。
- JDialog(Window owner, String title)：创建一个具有指定标题和所有者 Window 的无模式对话框。
- JDialog(Window owner, String title, Dialog.ModalityType modalityType)：创建一个具有指定标题、所有者 Window 和模式的对话框。
- JDialog(Window owner, String title, Dialog.ModalityType modalityType, GraphicsConfiguration gc)：创建一个具有指定标题、所有者 Window、模式和 GraphicsConfiguration 的对话框。

其中 Frame 类型的参数表示对话框的拥有者，boolean 类型参数用于控制对话框的工作方式。如果为 true，则对话框为可视时，其他构件不能接受用户的输入，此时的对话框称为静态的；如果为 false，则对话框和所属窗口可以互相切换，彼此之间没有顺序上的联系。String 类型参数作为对话框的标题，在构造对话框之后，就可以添加其他的构件。

【例 5-8】编写程序实现一个 JDialog 的例子。

```
import java.awt.*;
    import javax.swing.*;
```

```
import java.awt.event.*;
public class JDialogDemo extends JFrame implements ActionListener{
public JDialogDemo(){
    Container contentPane=this.getContentPane();
    JButton jButton1=new JButton("显示对话框");
    jButton1.addActionListener(this);
    contentPane.add(jButton1);
    this.setTitle("JDialogDemo");
    this.setSize(300,300);
    this.setLocation(400,400);
    this.setVisible(true);
}
   // 响应窗体的按钮事件
public void actionPerformed(ActionEvent e){
    if(e.getActionCommand().equals("显示对话框")){
       HelloDialog hw=new HelloDialog(this);
    }
}
   // 窗体按钮监听器
class HelloDialog implements ActionListener{
    JDialog jDialog1=null; //创建一个空的对话框对象
    HelloDialog(JFrame jFrame){
    /* 初始化jDialog1指定对话框的拥有者为jFrame,标题为"Dialog",当对话框
    为可视时,其他构件不能接受用户的输入(静态对话框) */
       jDialog1=new JDialog(jFrame,"Dialog",true);
       //创建一个按钮对象,该对象被添加到对话框中
       JButton jButton1=new JButton("关闭");
       jButton1.addActionListener(this);
       //将"关闭"按钮对象添加至对话框容器中
       jDialog1.getContentPane().add(jButton1);
       // 设置对话框的初始大小
       jDialog1.setSize(80,80);
        // 设置对话框初始显示在屏幕当中的位置
       jDialog1.setLocation(450,450);
       // 设置对话框为可见(前提是生成了HelloDialog对象)
       jDialog1.setVisible(true);
    }
    //响应对话框中的按钮事件
    public void actionPerformed(ActionEvent e){
       if(e.getActionCommand().equals("关闭")){
          // 以下语句等价于jDialog1.setVisible(false);
          /* public void dispose()释放由此 Window、其子组件及其拥有的所
          有子组件所使用的所有本机屏幕资源。即这些 Component 的资源将被破坏,
          它们使用的所有内存都将返回到操作系统,并将它们标记为不可显示。*/
          jDialog1.dispose();
       }
    }
  }
  public static void main(String[] args){
     JDialogDemo test=new JDialogDemo();
  }
}
```

程序运行结果如图 5-12 所示。

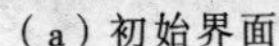
（a）初始界面

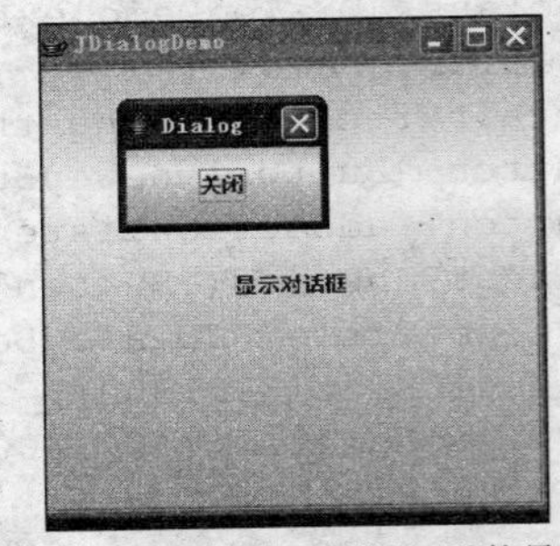

（b）单击“显示对话框”后的界面

图 5-12　例 5-8 的运行结果

4．显示另一个窗口

在程序应用中，执行一个命令时有时会有很多操作步骤，往往是从一个窗口切换到另一个窗口，或者从一个对话框切换到下一个对话框。这些窗口没有父子关系，每个窗口都是一个独立的界面，包括自己的组件、布局和事件。

【例 5-9】编写程序实现从一个窗口开始，执行操作后显示另一个窗口。

```
import javax.swing.*;
import java.awt.*;
import java.awt.event.*;
public class Show2Window extends JApplet
{
    JPanel p1,p2,p3;  //创建 3 个面板
    JButton b1,b2,b3,b4;
    JTextField tf;
    JList list;
    JScrollPane sp;
    FlowLayout fl;
    CardLayout cl;
    int i=0;
    String strList[]={"  ","  ","  ","  ","  ","  ","  ","  ","  ",
    "  "};
    public void init()
    {
    p1=new JPanel();
    getContentPane().add(p1);
    fl=new FlowLayout(FlowLayout.CENTER,10,10);
    tf=new JTextField(10);
    b1=new JButton("login");
    b2=new JButton("delete");
    b1.setEnabled(true);
    b2.setEnabled(false);
    list=new JList(strList);
    list.setEnabled(false);
    list.setFixedCellWidth(120);
    list.setVisibleRowCount(4);
    sp=new JScrollPane(list,JScrollPane.VERTICAL_SCROLLBAR_ALWAYS,
    JScrollPane.HORIZONTAL_SCROLLBAR_NEVER);
```

```
b3=new JButton("edit");
b4=new JButton("save");
p2=new JPanel();
p2.setLayout(fl);  //卡片窗口使用流布局管理器
p2.add(tf);
p2.add(b1);
p2.add(b2);
p3=new JPanel();
p3.setLayout(fl);  //卡片窗口使用流布局管理器
p3.add(sp);
p3.add(b3);
p3.add(b4);
cl=new CardLayout();                    //主面板使用卡片布局管理器
p1.setLayout(cl);
p1.add("Window1",p2);
p1.add("Window2",p3);
cl.show(p1,"Window1");
ButtonEvent bObj=new ButtonEvent();     //创建事件类的对象
b1.addActionListener(bObj);             //注册动作监听
b2.addActionListener(bObj);             //注册动作监听
b3.addActionListener(bObj);             //注册动作监听
b4.addActionListener(bObj);             //注册动作监听
}
class ButtonEvent implements ActionListener
{
    public void actionPerformed(ActionEvent e)
    {
        Object obj=e.getSource();
        if(obj==b1)
        {
            String s=tf.getText();
            if(s.length()==0)
            {
            getAppletContext().showStatus("Waring! Here is not blank.");
            return;
        }
        strList[i]=i+1+"."+tf.getText();
        cl.show(p1,"Window2");  //切换到第2个窗口
        getAppletContext().showStatus("Clike the login\"login\",Input
        the list.");
        b1.setEnabled(false);
        b2.setEnabled(true);
        }
        if(obj==b2)
        {
            b1.setEnabled(true);
            b2.setEnabled(false);
            tf.setText("");
            getAppletContext().showStatus("Click the Delete\"delete\",
            delete the TextField!");
        }
            if(obj==b3)
        {
```

```
                cl.show(p1,"Window1");  //切换到第 1 个窗口
                b1.setEnabled(true);
                b2.setEnabled(false);
                getAppletContext().showStatus("Click the edit\"edit\", edit
                the TextField!");
            }
            if(obj==b4)
            {
                cl.show(p1,"Window1");  //切换到第 1 个窗口
                b1.setEnabled(false);
                b2.setEnabled(true);
                getAppletContext().showStatus("Click the save\"save\",
                delete the TextField!");
                i++;
            }
        }
    }
}
```

程序运行结果如图 5-13 所示。

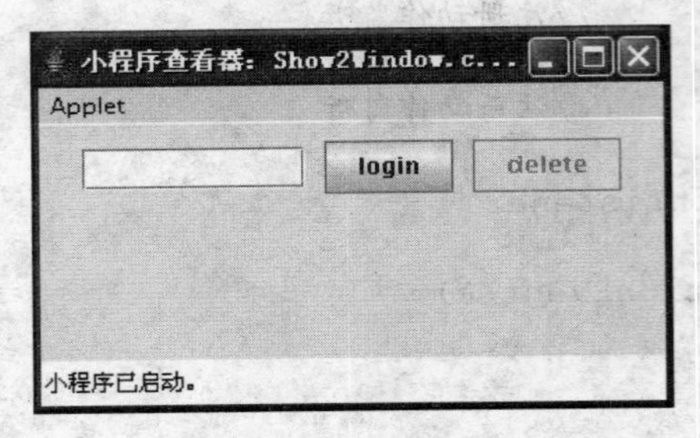

（a）初始界面

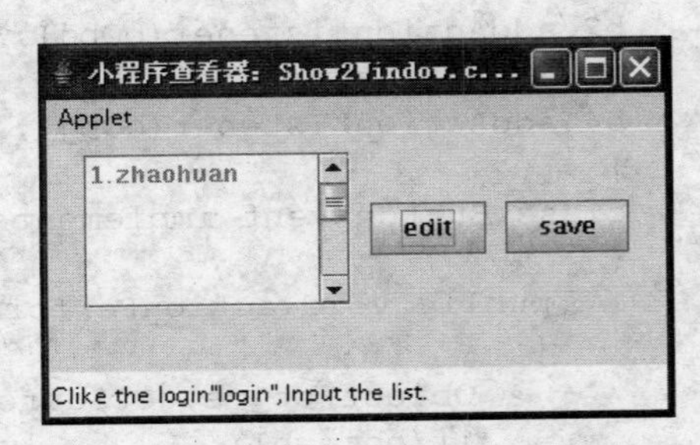

（b）输入数据后，单击按钮“login”的界面

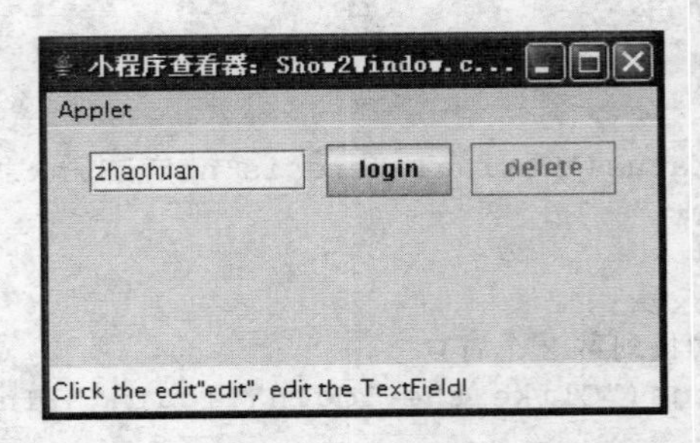

（c）单击按钮“edit”的界面

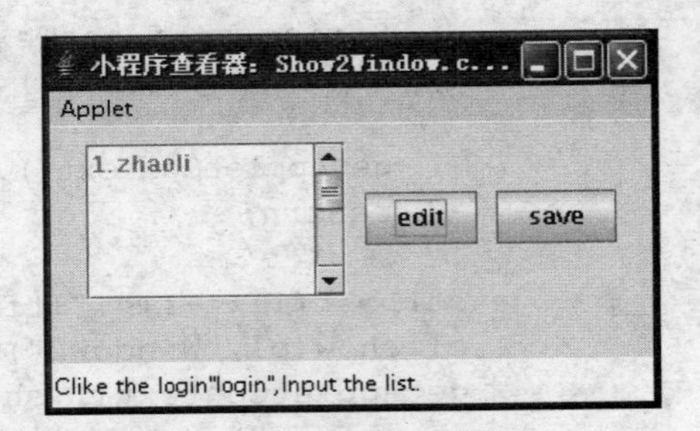

（d）输入数据后，单击按钮“login”的界面

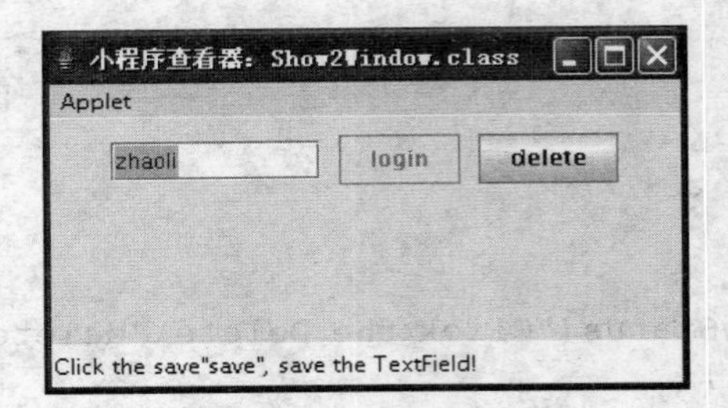

（e）单击按钮“save”的界面

（f）再次输入数据的界面

图 5-13　例 5-9 的运行结果

【综合案例】开发一个基于 Java 平台事件驱动模型的记事本。如图 5-14 所示，记事本包括 3 个主菜单，其中“文件”包括新建文件、打开文件、保存文件、退出等功能；“编辑”包括全选、复制、剪切、粘贴等功能等。

图 5-14　记事本的组成

以下是对记事本主要功能的描述。

（1）新建文件，如果记事本中有内容，并且没有保存，则单击新建文件出现是否保存当前文件的提示，单击“是”按钮则保存文件，单击“否”按钮则将以前记事本中的内容去掉，如果已经保存则不出现提示，直接将以前记事本中的内容去掉。流程图如图 5-15 所示。

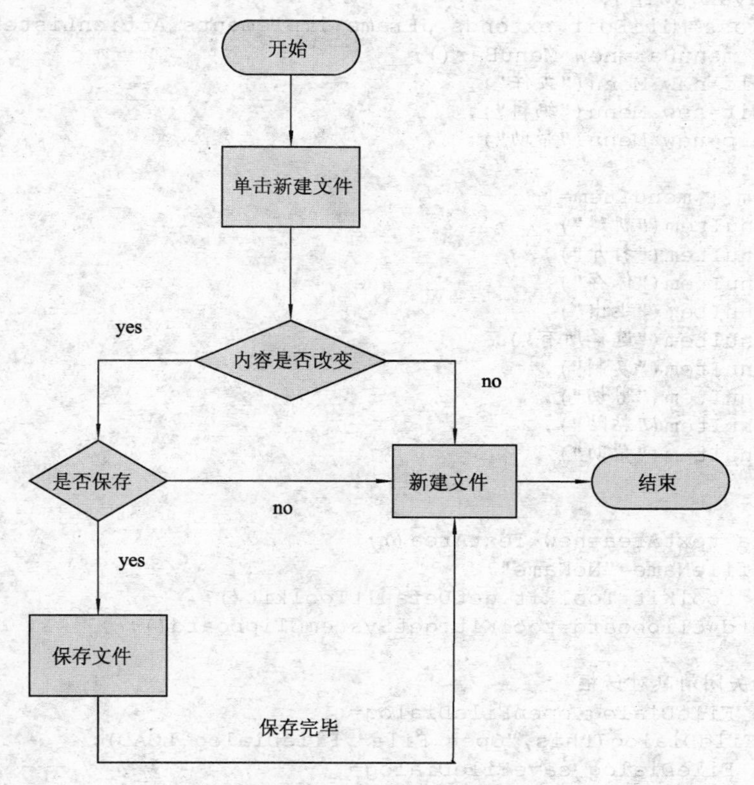

图 5-15　保存文件的流程图

（2）打开文件：如果记事本中有内容，并且没有保存，则单击打开文件出现提示语是否保存当前文件，单击“是”则保存文件，“否”则将以前记事本中的内容将不复存在并出现文件选择器打开相应的文件，如果已经保存则不出现提示语，直接出现文件选择器打开相应的文件。

（3）保存文件：将已经编写好的文档写入计算机，点击打开文件则先出现文件选择器，命名后即可存入计算机，其方法是获取文本内容，再按路径存入指定的地方。保存后将标志文档是否已保存的变量作相应修改，以便判断该文件内容是否已保存，是否发生改变。保存过后的文件再次点击保存是没有反应，因为已经保存过，要再次保存则要点击文件另存，它可以无数次地保存。

（4）退出：先看当前文件是否保存，如果已保存则安全退出，如果没有保存则出现提示框，问是否需要保存，"是"则保存，"否"则退出。

当点击新建文件、打开文件、保存文件、退出、全选、复制、剪切、粘贴、帮助时都能依次实现那些功能。

```
import java.awt.event.ActionListener;
import java.util.EventListener;
import java.awt.event.*;
import java.awt.*;
import java.io.*;
import java.lang.*;
import java.awt.datatransfer.*;
import javax.swing.*;
public class MiniEdit extends JFrame implements ActionListener {
  MenuBar menuBar=new MenuBar();
  Menu file=new Menu("文件"),
       edit=new Menu("编辑"),
       help=new Menu("帮助");

  MenuItem[] menuItem={
   new MenuItem("新建"),
   new MenuItem("打开"),
   new MenuItem("保存"),
   new MenuItem("退出"),
   new MenuItem("选择所有"),
   new MenuItem("复制"),
   new MenuItem("剪切"),
   new MenuItem("粘贴"),
   new MenuItem("帮助")
   };

  TextArea textArea=new TextArea();
  String fileName="NoName";
  Toolkit toolKit=Toolkit.getDefaultToolkit();
  Clipboard clipboard=toolKit.getSystemClipboard();

  //打开和关闭消息对话框
  private FileDialog openFileDialog=
     new FileDialog(this,"Open File",FileDialog.LOAD);
  private FileDialog saveFileDialog=
     new FileDialog(this,"Save File",FileDialog.SAVE);

 public static void main(String[] args)
  {
```

```
 MiniEdit MyEdit=new MiniEdit();
 MyEdit.show();
}
public MiniEdit()
{
 setTitle("MiniEdit");
 setFont(new Font("Times New Roman",Font.PLAIN,15));
 setBackground(Color.white);
 setSize(500,500);

 setMenuBar(menuBar);
 menuBar.add(file);
 menuBar.add(edit);
 menuBar.add(help);
 for(int i=0;i<4;i++)
 {
  file.add(menuItem[i]);
  edit.add(menuItem[i+4]);
  }
 help.add(menuItem[8]);
    add(textArea);

    addWindowListener(new WindowAdapter(){
    public void windowClosing(WindowEvent e){
    e.getWindow().dispose();
    System.exit(0);
    }
     });

    //add actionListener
    for(int i=0;i<menuItem.length;i++)
    {
     menuItem[i].addActionListener(this);
     }
}

public void actionPerformed(ActionEvent e) {
 Object eventSource=e.getSource();
 if(eventSource==menuItem[0])//newItem
 {
  textArea.setText("");
  }

 else if(eventSource==menuItem[1])//OpenItem
 {
  openFileDialog.show();
  fileName=openFileDialog.getDirectory()+openFileDialog.getFile();
  if(fileName!=null)
  {
   openFile(fileName);
   }
 }

 else if(eventSource==menuItem[2])//SaveItem
 {
```

```
   saveFileDialog.show();
   fileName=saveFileDialog.getDirectory()+saveFileDialog.getFile();
   if(fileName!=null)
   {
    writeFile(fileName);
    }
   }

  else if(eventSource==menuItem[3])//exitItem
  {
   System.exit(0);
   }

  else if(eventSource==menuItem[4])//Select All
  {
   textArea.selectAll();
   }
     else if(eventSource==menuItem[5])//copy
     {
      String text=textArea.getSelectedText();
      StringSelection selection= new StringSelection(text);
      clipboard.setContents(selection,null);
      }

  else if(eventSource==menuItem[6])//cut
  {
   String text=textArea.getSelectedText();
   StringSelection selection=new StringSelection(text);

   clipboard.setContents(selection,null);
   textArea.replaceText("",textArea.getSelectionStart(),
      textArea.getSelectionEnd());
  }

     else if(eventSource==menuItem[7])//Paste
     {
      Transferable contents = clipboard.getContents(this);
      if(contents==null)
      return;
      String text;
      text="";
      try{
       text=(String)contents.getTransferData(DataFlavor.stringFlavor);

       }catch(Exception ex){}
      textArea.replaceText(text,
        textArea.getSelectionStart(),textArea.getSelectionEnd());
      }
     else if(eventSource==menuItem[8])
     {
      }
}

//Read file
public void openFile(String fileName){
```

```
  try{
   File file=new File(fileName);
   FileReader readIn = new FileReader(file);
   int size=(int)file.length();
   int charsRead=0;
   char[] content=new char[size];
   while(readIn.ready())
      charsRead+=readIn.read(content,charsRead,size-charsRead);
   readIn.close();
   textArea.setText(new String(content,0,charsRead));
   }catch(Exception e)
   {
    System.out.println("Error opening file!");
    }
  }

 //write file
 public void writeFile(String fileName){
  try{
   File file=new File(fileName);
   FileWriter write=new FileWriter(file);
   write.write(textArea.getText());
   write.close();
   }catch(Exception e){
    System.out.println("Error closing file!");
    }
  }
}
```

以上是利用事件驱动模型的例子，关于文件菜单和编辑菜单中的功能都是鼠标触发事件，本例事件源是 Save（菜单项），事件处理程序就是 public void actionPerformed (ActionEvent e)，监听器就是 fileSaveActionListener 类。

小　结

本章主要讲述了以下内容：

（1）事件表示用户与应用程序交互所得到的响应。

（2）事件编程必须实现某一事件接口并重写接口中所有的方法或继承事件类，重写类中的相关方法。

（3）事件主要涉及3类对象：事件源、监听器和事件处理方法。

（4）同一个事件源上可能发生多种事件。

（5）使用授权处理模型进行事件处理的一般方法是：

① 对于某种类型的事件 XXXEvent，要想接收并处理这类事件，必须定义相应的事件监听器类，该类需要实现与该事件相对应的接口 XXXListener。

② 事件源实例化以后，必须进行授权，注册该类事件的监听器，使用 addXXXListener(XXXListener) 方法来注册监听器。

（6）与 AWT 有关的所有事件类都由 java.awt.AWTEvent 类派生，它也是 EventObject 类的子类。AWT 事件共有 10 类，可以归为两大类：低级事件和高级事件。

（7）每类事件都有对应的事件监听器，监听器是接口，根据动作来定义方法。

（8）Java 的事件模型结构基本上是这样的：继续适配器，可以重载感兴趣的方法，一个，两个，更多个都可以。但是，实现接口必须实现这个接口提供的所有方法，哪怕是空方法都必须实现。

（9）内部类（inner class）是被定义于另一个类中的类，使用内部类的主要原因是：

① 一个内部类的对象可访问外部类的成员方法和变量，包括私有的成员。

② 实现事件监听器时，采用内部类、匿名类编程非常容易实现其功能。

③ 编写事件驱动程序，内部类很方便。

（10）当一个内部类的类声名只是在创建此类对象时用了一次，而且要产生的新类需继承于一个已有的父类或实现一个接口，才能考虑用匿名类。

（11）常用的 4 种对事件的响应：

① 将对事件的响应信息显示在 Applet 的状态栏上。

② 将对事件响应信息显示在弹出窗口上。

③ 打开另一个对话窗口。

④ 显示另一个窗口界面。

练　习　题

一、选择题

1. 给出下面的代码：

```
class Person {
String name,department;
public void printValue(){
System.out.println("name is "+name);
System.out.println("department is "+department);
}
}
public class Teacher extends Person {
int salary;
public void printValue(){
// doing the same as in the parent method printValue()
// including print the value of name and department.
System.out.println("salary is "+salary);
}
}
```

下面的哪些表达式可以加入 printValue()方法的"doing the same as..."部分？（　　）

A. printValue();　　B. this.printValue();

C. person.printValue();　　D. super.printValue().

2. Event 类属于下列哪一个程序包？（　　）

A. awt　　B. applet　　C. lang　　D. utils

3. 命题：从一个文件中的得到的行输入可以借助于 readLine()方法来完成。

原因：readLine( )方法在面临一个新的行字符时停止。

关于前面的陈述下列哪一个是正确的？（　　）

A. 命题和原因都是正确的，并且原因是对命题的正确解释

B. 命题和原因都是正确的，但是原因不是对命题的正确解释

C. 命题是正确的，原因是错误的

D. 命题是错误的，因此原因不适用

4. 下面关于Java的引用的说法正确的是（　　）。

A. 引用实际上就是指针

B. 引用本身是primitive

C. 引用就是对象本身

D. 一个对象只能被一个引用所指示

二、简答题。

1. 叙述事件处理的机制，并画出流程图。

2. 什么是监听器？如何进行事件注册？

3. 事件分为哪些类？对应的接口是什么？

4. 为什么需要Adapter类？

5. Anonymous Inner Class（匿名内部类）是否可以extends（继承）其他类，是否可以implements（实现）interface（接口）？

6.
```
abstract class Name
{
private String name;
public abstract boolean isStupidName(String name) {}
}
```
程序有何错误？

7.
```
class Something
{
 int i;
 public void doSomething()
 {
    System.out.println("i = " + i);
 }
 }
```
程序有何错误？

三、实践题。

1. 编写程序keyeventDemo.java。当窗体获得焦点时按下键盘，窗体中将实时显示所按下的是哪一个键。

2. 修改题1的程序代码，以包含窗体关闭事件，并通过事件适配器简化窗体事件处理方法。

3. 编写一个Applet程序，跟踪鼠标的移动，并把鼠标的当前位置用不同的颜色显示在鼠标所在的位置上，同时监测所有的鼠标事件，把监测到的事件名称显示在Applet的状态条中。

4. 编写一个Applet程序，首先捕捉用户的一次鼠标点击，然后记录点击的位置，从这个位置开始复制用户所敲击的键盘。实验一下，如果不点击鼠标而直接敲击键盘，能否捕捉到键盘事件？为什么？

第 6 章 Java 异 常

6.1 异常的概念

异常是异常事件的简称，是在执行程序过程中出现的不正常事件，破坏正常的指令流。在 Java 中通过方法抛出一个封装了错误信息的对象，异常处理机制会开始搜索一个能处理这种特定错误情况的异常处理器，以便能提示用户正确地避免由于程序的错误而出现的异常，从而将损失减少到最小。

异常的处理是必要的。在开发应用程序时要考虑到程序执行过程中可能出现的异常情况，导致异常出现的原因有很多种，如：

- 设备错误。
- 物理内存用完。
- 数组出现越界。
- 访问的文件不存在。
- 数据格式的错误使用。
- 数字“0”作分母。
- 网络连接出现故障。
- 空指针的访问。

如果出现上述任一情况，例如使用数字“0”作分母，程序就会停下来，不能得到预期的结果。使用异常处理技术可避免这种异常产生的后果。

【例 6-1】下面的程序演示了数字“0”作分母导致异常。

```
// 定义 DivideByZeroException 类
// 当 0 作分母时抛出异常
public class DivideByZeroException
{
    public static void main(String []args)
    {
        int b=0;
        int a;
        a=4/b;
        System.out.println("a="+a);
        int c;
        c=b++;
        System.out.println("c="+c);
    }
}
```

程序运行结果如图 6-1 所示。

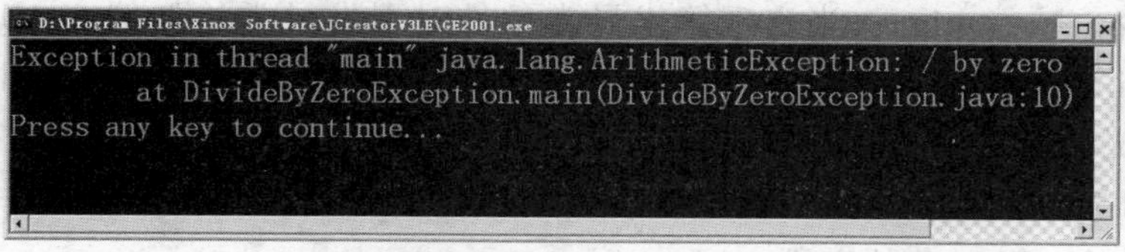

```
D:\Program Files\Xinox Software\JCreatorV3LE\GE2001.exe
Exception in thread "main" java.lang.ArithmeticException: / by zero
        at DivideByZeroException.main(DivideByZeroException.java:10)
Press any key to continue...
```

图 6-1　DivideByZeroException.java 的运行结果

对于 DivideByZeroException.java 程序，遇到这样一种状况：编译顺利通过，没有报错，而在运行时出错。这说明编译器对这种异常是可以容忍的。

在 Java 中主要有 3 类异常。事实上，Java 定义了类 java.lang.Throwable，它是使用异常处理机制可被抛出并捕获的所有异常对象的父类。它有 3 个基本子类，如图 6-2 所示。

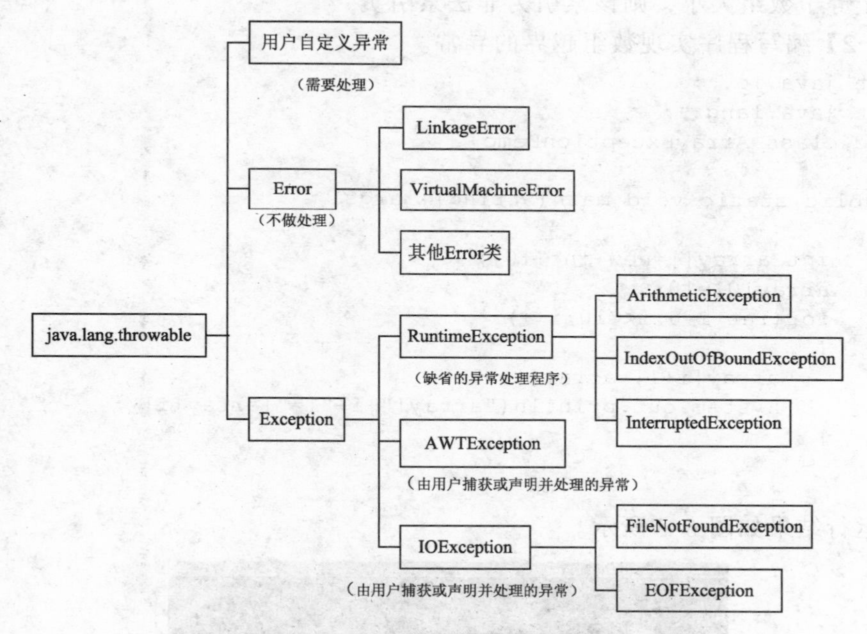

图 6-2　异常类的层次结构图

对于具体的异常，不应该使用 Throwable 类，而应该使用其他三者之一，其中每个类使用的目的如下：

（1）Error 表示很难恢复的错误，如内存越界。一般不期望用户程序来处理，即使程序员有能力处理这种错误，也还是交给系统处理为好。

（2）RuntimeException 用来表示设计或实现方面的问题，如数组越界等。因为设计和实现正确的程序不会引发这类异常，所以常常不处理它。发生这类异常时，运行时环境会输出一条信息，提示用户修正错误。

（3）其他异常表示运行时因环境的影响可能发生并可被处理的问题。如文件没找到或不完整的 URL 等。因为用户的错误很可能导致这类问题发生，比如用户输入的内容不正确，所以 Java 鼓励程序员处理它们。

Java 有几种预定义的异常，这些异常是最常见的，如：

① ArithmeticException：当出现算术异常条件时引发异常（如例 6-1）。

② NullPointerException：当应用程序试图在需要对象的地方使用 null 时，抛出该异常。这种情况包括：

- 调用 null 对象的实例方法。
- 访问或修改 null 对象的字段。
- 将 null 作为一个数组，获得其长度。
- 将 null 作为一个数组，访问或修改其时间片。
- 将 null 作为 Throwable 值抛出。

应用程序应该抛出该类的实例，指示其他对 null 对象的非法使用。

③ ArrayIndexOutOfBoundsException：用非法索引访问数组时抛出的异常（如果索引为负或大于等于数组大小，则该索引为非法索引）。

【例 6-2】编写程序实现数组越界的异常。

```
import java.io.*;
import java.lang.*;
public class ArrayExceptionDemo
{
    public static void main(String[] args)
    {
        int array[]=new int[10];
        array[0]=10;
        for(int i=0;i<=10;i++)
        {
            array[i+1]=array[i]+10;
            System.out.println("array["+i+"]="+array[i]);
        }
    }
}
```

程序运行结果如图 6-3 所示。

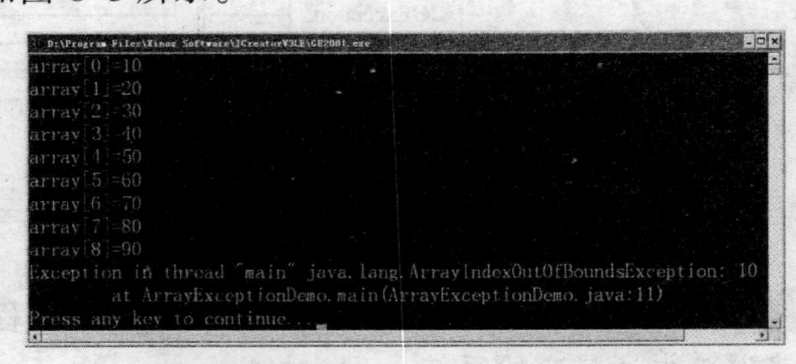

图 6-3　ArrayExceptionDemo.java 的运行结果

在本例中，声明的数组长度为 10 的整型数组并赋值，数组的合法索引为 0~9，在 for 循环中访问的索引为 0~10，导致数组索引超出边界异常，出现 ArrayIndexOutOfBoundsException。

表 6-1 给出了其他常见异常的列表及其描述。

表 6-1　其他常见异常的列表及其描述

序　号	异　常	描　述
1	ArrayStoreException	试图将错误类型的对象存储到一个对象数组时抛出地异常

续表

序　号	异　常	描　述
2	FileNotFoundException	当试图打开指定路径名表示的文件失败时，抛出此异常
3	IOException	当发生某种 I/O 异常时，抛出此异常。此类是失败或中断的 I/O 操作生成的异常的通用类
4	NumberFormatException	当应用程序试图将字符串转换成一种数值类型，但该字符串不能转换为适当格式时，抛出该异常
5	OutOfMemoryError	当内存溢出或没有可用的内存提供给垃圾回收器时，Java 虚拟机无法分配一个对象，这时抛出该异常
6	SecurityException	由安全管理器抛出的异常，指示存在安全侵犯
7	AWTException	表示发生了 Absract Window Toolkit 异常
8	IllegalClassFormatException	当其输入参数无效时，由 ClassFileTransformer.transform 的实现抛出该异常。抛出此异常的原因或者是初始类文件字节无效，或者是以前应用的转换损坏了字节
9	NoSuchMethodException	无法找到某一特定方法时，抛出该异常
10	RuntimeException	该异常是那些可能在 JVM 正常运行期间抛出的异常的超类
11	ClassNotFoundException	当应用程序试图使用以下方法通过字符串名加载类时，抛出该异常： Class 类中的 forName()方法 ClassLoader 类中的 findSystemClass()方法和 loadClass()方法

6.2　异常的处理

Java 定义了一些可以处理异常的语言功能，例如：在代码中处理异常和从潜在的问题中恢复、预先告之能预料到的潜在异常、根据检测到的异常来创建异常和通过异常来限制部分代码而使程序健壮。

当一个类在遇到错误时，它应该设法返回到一个安全和已知的状态，能够使用户执行其他命令，如果可能，就保存所有的工作，或者如果有必要，可以退出以避免造成进一步的危害。

6.2.1　异常的处理机制

处理程序和语句之间的相互作用使异常在大型应用程序中变得复杂。通常人们希望抛掷被及时捕获，以避免程序突然终止。此外，跟踪抛掷很重要，因为捕获确定该程序的后继进展——例如，抛掷和捕获可以用来重新开始程序内的一个过程，或者从应用程序的一部分跳到另一部分，或者回到菜单。

【例 6-3】下面的代码说明了异常处理机制。

```
void f()
{
  try
  {
    g();
  }
  catch(Range)
  {
```

```
    //…
  }
  catch(Size)
  {
    //…
  }
  catch(…)
  {
    //…
  }
}
void g()
{
  h();
}
void h()
{
  try
  {
    h1();
  }
  catch(Size)
  {
    //...
    throw 10;
  }
  catch ( Matherr )
  {
    //...
  }
}
void h1 ( )
{
  //...
  throw Size;
  try
  {
    //...
    throw Range;
    h2();
    h3();
  }
  catch(Size)
  {
    //...
    throw;
  }
}
void h2 ()
{
  //...
  throw Matherr;
}
```

```
void h3 ()
{
  //...
  throw Size;
}
```

处理程序的模式可由函数调用链中的异常处理来描述（见图 6-4）。它显式包含 try 和异常处理程序的各个函数。它们使程序员能确定在一个应用程序中抛掷和捕获的模式。

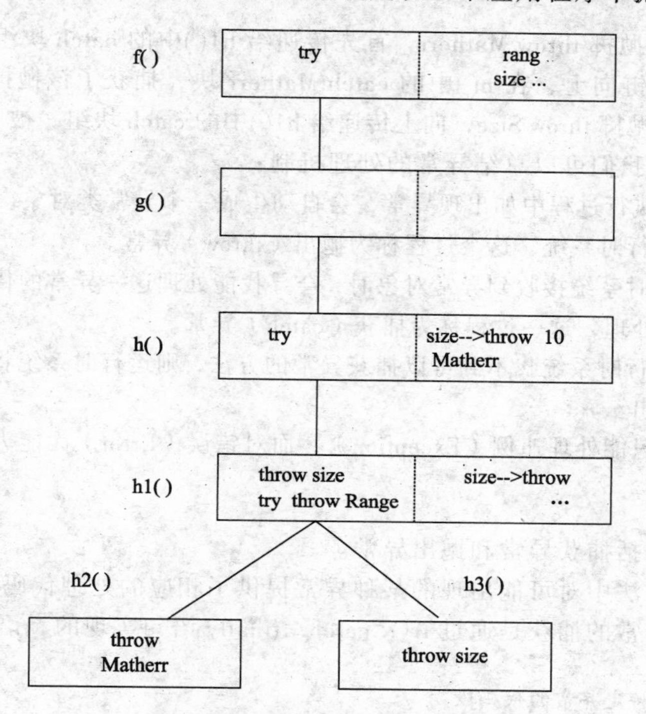

图 6-4　函数调用链中的异常处理举例

在图 6-4 中，每个函数以方框形式出现。每个方框分为两部分。左边部分表示该函数是否包含一个 try 分程序，它也指出在 try 之前或在最后的异常处理程序之后的所有显式抛掷。在 try 块中的所有显式抛掷语句被表示成在 try 之下把 throw 缩进的形式。

方框的右边部分通过 catch 的数据类型列出各异常处理。图 6-4 中表明一个异常处理中是否执行重新抛掷。重新抛掷时，处理程序后面是一个箭头和被抛掷对象的数据类型。

函数 f( )中的 catch(...)块，参数为省略号，定义一个“默认”的异常处理程序。通常这个处理程序应在所有异常处理块的最后，因为它与任何 throw 都匹配，目的是避免定义的异常处理程序没能捕获抛掷的异常而使程序运行终止。

函数 h( )中的 catch(Size)块，包含有一个抛掷异常语句 throw10，当实际执行这条语句时，将沿着调用链向上传递，被函数 f( )中的 catch(...)所捕获。如果没有 f( )中的 catch(...)，那么，异常将被系统的 terminate( )函数调用，后者按常规再调用 abort( )。

函数 h1( )中的抛掷 throwSize，由于不在本函数的 try 块中，所以只能沿函数调用链向上传递，结果被 h( )中的 catch(Size)捕获。

函数 h1( )中的抛掷 throw Range，在 try 块中，所以首先匹配 try 块后的异常处理程序，可是没有被捕获，因而它又沿函数调用链向上，在函数 f( )中，catch(Range)块终于捕获了该抛掷。

函数 h1( )中的 catch(Size)块，包含一个抛掷 throw，没有带参数类型，它表示将捕获到的异常对象重新抛掷出去，于是，它将沿函数调用链向上传递，在 h( )中的 catch(Size)块，捕获了该抛掷。

函数 h2( )中的抛掷 throw Matherr，首先传递给 h1( )中的 catch 块组，但未能被捕获，然后，继续沿调用链向上，在 h( )中的 catch(Matherr)块，捕获了该抛掷。

函数 h3( )中的抛掷 throw Size，向上传递给 h1( )中的 catch 块组，被 catch(Size)块捕获。

从上述例子，我们可以总结异常的处理机制：

- Java 程序的执行过程中如出现异常，会自动生成一个异常类对象，该异常对象将被提交给 Java 运行时系统，这个过程称为抛出（throw）异常。
- 当 Java 运行时系统接收到异常对象时，会寻找能处理这一异常的代码，并把当前异常对象交给其处理，这一过程称为捕获（catch）异常。
- 如果 Java 运行时系统找不到可以捕获异常的方法，则运行时系统将终止，相应的 Java 程序也将退出。
- 程序员通常只能处理违例（Exception），而对错误（Error）无能为力。

6.2.2 捕获异常

异常的处理包括捕获异常和抛出异常。

如果在一个方法中对可能出现的某种异常提供了相应的处理代码，就称这个方法捕获该类型异常。异常的捕获是通过 try...catch...finally 语句实现的，语法格式如下：

```
try{
// 可能会抛出特定异常的代码段
}catch(MyExceptionType  myException){
// 如果 myException 被抛出，则执行这段代码
}catch(Exception otherException){
//如果另外的异常 otherException 被抛出，则执行这段代码
} [finally{
//无条件执行的语句
}]
```

因此，当一个方法需要捕获某种类型的异常时，需要实现 try...catch...finally 语句，try、catch 块是必需的，finally 块是可选的。下面介绍 try...catch...finally 语句各部分的用法。

1. try 块

try{...}代码块选定捕获异常的范围，需要将可能引发异常的语句括在 try{...}块中。例如：

```
try
{
  FileInputStream fObj=new FileInputStream("java.txt");
}
```

try{...}代码块控制它内部所括的语句，定义了与它相联系的作用域，如果 try 块所包

含的语句产生异常并抛出异常对象，就由与此 try 块相联系的异常处理程序（catch 块）来处理此异常，try 块必有后接的至少一个 catch 块。

2. catch 块

catch 块紧接在 try 块之后，中间不能有任何其他语句。可有并列的多个 catch 块。

catch(){…}代码块用于处理 try{…}代码块所生成的异常对象，也就是说，在进行程序设计时，可以在 catch(){…}代码块中编写有关代码来处理 try{…}代码块可能出现的异常。

catch(){…}代码块的作用域，仅限于 try{…}代码块中的语句。

catch(){…}块类似一个函数定义，它带有一个形式参数，数据类型必须是 throwable 类的子类，而且是 try{…}代码块中可能产生的异常类型，程序运行时生成的异常对象作为实参传递给 catch(){…}块中相应的语句。例如：

```
catch(FileNotFoundException e )
{
   System.out.println("文件 java.txt 没有发现")
   System.out.println(e)
}
```

3. finally 块

当引发异常时，系统就会跳过 try{…}代码块中其余的语句，转向执行 catch(){…}块中的语句，有时不管异常是否引发，必须执行某些语句，或者 try 块和 catch()块中有需要执行的相同语句，为此使用 finally 块。例如:

```
finally
{
   fObj.close()
}
```

finally 块为异常处理提供一个统一的出口，不管 try 块是否发生异常事件，finally 块中的语句都会被执行。

finally 块不是必需的，也就是说捕获异常时可以没有 finally 块。

【例 6-4】下面使用处理异常机制，处理程序 Test.java 所发生的异常。

```
/*程序 Test.java 捕获异常*/
import java.io.*;
public class Test
{
   Test()
   {
      try
      {
        FileInputStream fObj=new FileInputStream("Java.txt");
      }
      catch(FileNotFoundException e)
   {
            System.out.println("文件 Java.txt 没有发现");
            System.out.println(e);
      }
      finally
      {
      //    fObj.colse()
   }
```

```
    }
    public static void main(String[]args)
    {
        new Test();
        System.out.println("输入文件 Java.txt");
    }
}
```

程序输出如图 6-5 所示。

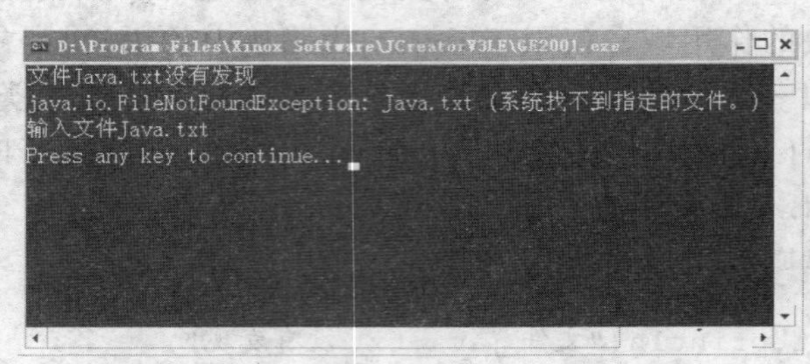

图 6-5　程序 Test.java 的运行结果

对于上面添加异常处理后的程序来说，运行结果取决于当前路径下是否存在"Java.txt"文件，如果文件不存在，就会输出上面的结果，如果"Java.txt"文件存在，try 块中不会产生异常，系统就不会执行 catch 块中的语句，读者可以在当前路径下新建一个"Java.txt"文件，试试运行一次。

值得注意的是，不管当前路径下是否存在"Java.txt"文件，对于没有进行异常处理的程序，都不能编译通过，因为 Java 编译器要求程序必须捕获或声明抛出 IOException 类异常。

4. 嵌套的 try...catch 块

嵌套的 try...catch 块类似于嵌套构造，在 try 块中可以嵌套另一个 try...catch 块，类似地在 catch 块中也可以嵌套另一个 try 和 catch 块，如果内层的 try...catch 块没有相匹配的 catch 处理程序，将对它检查外层的 try...catch 块。

5. 多个 catch 块

单个 try 块可有许多 catch 块，当 try 块有引发不同类型异常的语句时，这是必要的。

在【例 6-5】的程序代码中，try 块中有许多语句，每个语句可能导致一种类型的异常，在 try 块后接 3 个 catch 块，每个 catch 块处理一种类型的异常，有最明确异常的 catch 块必须先写，例如，如果先写带 Exception 类的 catch 块，其他的 catch 块将不会被执行。Javac 编译器给出还未到达特定捕捉的错误陈述。这是因为 Exception 类是所有异常的基类，处理引发的所有异常，也就是说所有异常都属于 Exception 类异常，都可以转向执行 Exception 类的 catch 块。

而同一级别的有最明确异常的 catch 块，在顺序上可以颠倒。例如，【例 6-5】中的第一和第二个 catch 块可以颠倒，在捕捉到分母为因算术条件 ArithmeticException 引发的异常，首先去寻到相匹配的 catch 块。

【例 6-5】下面是单个 try 块可有许多 catch 块的例子：

```
/*程序 NumberTest.java 多个 catch 块*/
public class NumberTest
```

```
{
  public static void main(String[] args)
  {
     int iArray[]={0,0};
     int iNum1,iNum2,iResult=0;
     iNum1=100;
     iNum2=0;
     try
     {
          iResult=iNum1/iNum2;
          iArray[2]=2;
          iResult=iNum1/iArray[2];
      }
      catch(ArithmeticException e)
      {
           System.out.println("分母为 0" );
           System.out.println(e);
      }
     catch(ArrayIndexOutOfBoundsException e)
     {
          System.out.println("数组越界");
          System.out.println(e);
     }
    catch(Exception e)
    {
        System.out.println(e);
    }
   finally
   {
     System.out.println("iResult="+iResult);
    }
   }
}
```

程序输出如图 6-6 所示。

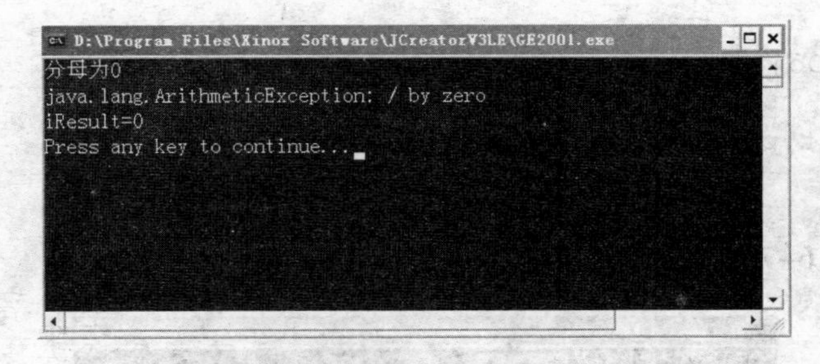

图 6-6　程序 NumberTest.java 的运行结果

6．声明抛出异常 throws

在进行程序设计时，如果在一个方法中声明了一个异常，但该方法并不知道如何处理这个异常事件，或者说不想处理这个异常事件，想在调用该方法的地方处理，这时该怎么办？可以通过声明抛出异常的办法使该方法不处理生成的异常对象，但这样做会使得异常对象沿着调用栈往后传播，由调用该方法的方法来处理异常。如果调用该方法的方法也抛弃出异常对象，就会接着往后传播，直到有合适的方法捕获这个异常对象为止。

语法格式如下：

```
<函数返回类型><函数名>throws<抛弃异常类型>
{
   //方法代码
}
```

对于程序例 6-4 中的文件访问例子，也可以通过 throws 关键字声明抛弃异常，这样就不用在 Test()方法中进行有关的异常处理，如下面的代码所示：

```
Test ( ) throws FileNotFoundException
{
   //方法代码
}
```

【例 6-6】下面的程序代码使用声明抛出异常 throws 重写程序 Test。

```
/*程序 Test2.java 抛弃异常*/
import java.io.*;
public class Test2
{
   Test2()throws FileNotFoundException
   {
       FileInputStream fObj=new FileInputStream("Java.txt");
  }
 public static void main(String[] args)
  {
  try
  {
   new Test2();
   }
   catch(FileNotFoundException e)
   {
    System.out.println("文件 Java.txt 没有发现");
    System.out.println(e);
    }
    finally
    {
    //   fileObj.close();
    }
    System.out.println("输入文件 Java.txt");
    }
}
```

程序输出如图 6-7 所示。程序输出和例 6-4 程序完全相同。

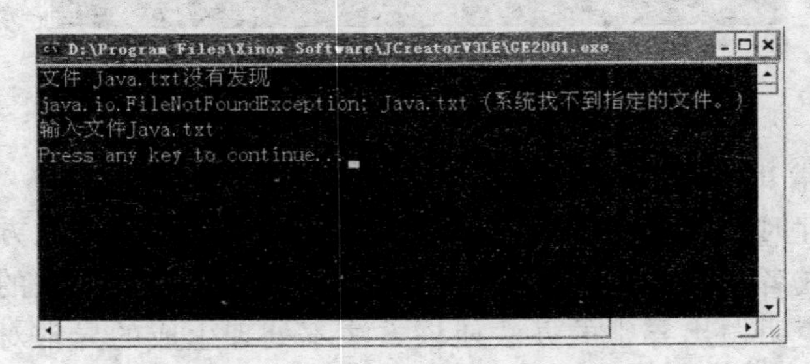

图 6-7 程序 Test2.java 的运行结果

在构造方法中，语句 FileInputStream fObj=new FileInputStream("Java.txt");可能产生异常，在此并不进行处理，而是使用 throws FileNotFoundException 声明抛弃异常，留给调用该方法的代码进行处理。在 main( )方法中声明一个新的对象，调用 Test2( )构造符函数，必须在此使用 try...catch 捕捉并处理异常。

6.3 用户定义的异常

6.3.1 用户定义异常的需要

假如创建的一个应用系统中要求儿童必须购票。类似地，在银行应用中，客户必须持有身份证，18 岁以下的客户必须有监护人的陪同。开发考虑这种约束力的应用，错误处理是必要的。Java 中的异常类没有这种特定的应用约束，所以，可能需要创建自定义的异常以处理这种约束，并保证应用数据的完整性。

6.3.2 创建用户定义的异常类

可通过扩充 Exception 类来创建自己的异常类，也就是说用户定义的异常类必须是继承自 Exception 类的子类，被扩充的异常类同任何其他类一样，有构造符、数据成员及方法。

例如：

```
class userException extends Exception  //定义一个异常类
{
   Public String getMessage()
   {
       return"除数的分母不能为 0 或负数! ";
   }
}
```

实现用户定义的异常时，必须使用 throw 关键字，因为在一个方法中，接收用户的输入，可能有不符合要求的数据，而 try...catch 结构不可能捕获这种异常，一般通过一个 if( )条件判断，使用 throw 关键字人为地抛出异常对象，在调用此方法时，必须使用 try...catch 捕获异常。

6.3.3 抛出异常 throw

抛出异常和声明抛出异常不同，声明抛出异常是在一个方法中可能产生异常而并不去处理异常，使得异常对象可以沿着调用栈的方向反向传播，直到有合适的方法捕获并处理它为止。抛出异常是代码段并不会发生异常，而是根据某种判断条件，人为抛出异常。抛出异常首先需要生成异常对象，它是用 throw 语句实现的，抛出的异常必须是 throwable 类或者该类的子类的实例，如下所示：

```
if(f2==0||f2<0)
{
  userException ueObj=new userException();
  throw ueObj;
}
```

上面的两条语句也可合并为一条语句，例如：

```
  if(f2==0||f2<0)
  {
```

```
    throw new userException();
  }
```

如果生成的对象不是 Throwable 类或该类的子类的实例，Java 编译器编译时就会出现语法错误，下面语句就是一个错误的例子：

```
  string strObj=new strng("异常对象");
  throw strObj;
```

【例 6-7】下面是声明异常和抛出异常的实例：

```
/*程序 UserE.java 用户定义异常*/
class userException extends Exception      //定义一个异常类
{
  public String getMessage()
  {
   return"除数的分母不能为 0 或负数！";
  }
}
public class UserE     //公共类
{
    float Divided(float f1,float f2)throws userException
    {
        if(f2==0||f2<0)
                throw new userException();   //抛出异常对象
       return f1/f2;
     }
   public static void main(String[] args)
   {
     float fNum1=10,fNum2=0,fResult=0;
     UserE  obj=new UserE ();
     try          //try 块捕获异常
     {
     fResult=obj.Divided(fNum1,fNum2);
     }
    catch(userException ue)       //catch 块处理异常
     {
      System.out.println(ue.getMessage());
      }
    System.out.println("fResult="+fResult);
   }
}
```

程序输出如图 6-8 所示。

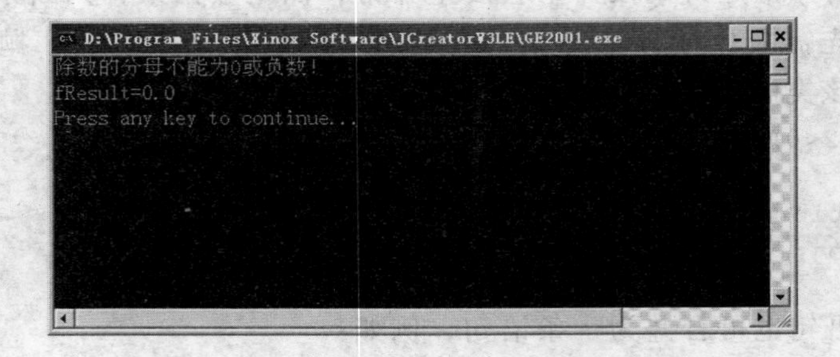

图 6-8　程序 UserE.java 的运行结果

上面代码的解释如下：

由 Exception 类扩充用户定义的类 userException，该类用 getMessage( )函数返回异常的错误消息。

UserE 是包含 main( )方法的公共类，与文件名同名。

UserE 类的 Divided(float f1,float f1)方法可能引发异常。

使用 throws 关键字声明异常，后接用户定义的异常类型 userException。

使用 if( )条件判断，判断分母 f2 是否为 0 或负数。

如果 if()条件为真，使用 throw 关键字抛出异常，后接用户定义的异常类型 userException 的对象。

使用 new 加用户定义的异常类 userException 的构造符，创建对象。

在 main()方法中调用 Divided(float f1,float f1)方法可能引发异常，需要使用 try 关键字捕获异常对象。

在 catch 块中，形参异常对象 ue 调用 getMessage( )函数，在屏幕上打印异常信息："除数的分母不能为 0 或负数！"

最后，打印 fResult 值，如果在声明 fResult 变量时，没有初始化为 0，编译将出错，因为没法通过调用 Divided(float f12,float f1)方法初始化 fResult 变量。

【综合案例】

图 6-9 所示为接收客户信息的界面，需要进行如下处理：

（1）客户年龄只能输入数字 0~9，否则程序运行错误，并处理异常。

（2）客户年龄要求在 18~60 之间，定义该异常，并处理。

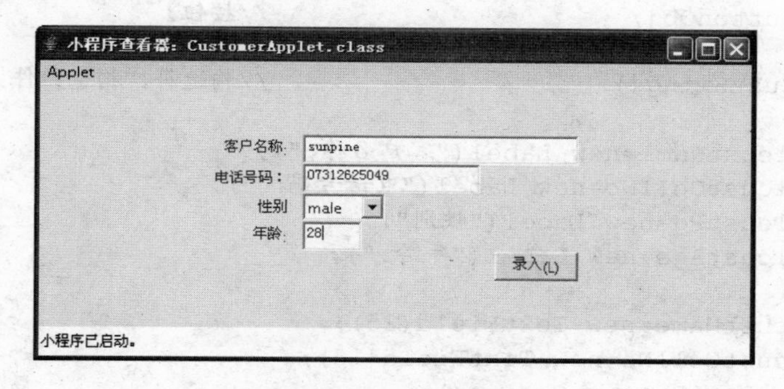

图 6-9　接收客户信息的界面

```
// CustomerApplet.html
/*
<html>
<body>
<applet code="CustomerApplet.class" height=200 width=200 >
</applet>
</body>
</html>
*/
/*程序 CustomSwing1.java:  向空窗体添加按钮 */
import javax.swing.*;                           //插入 javax.swing 包
import java.awt.*;                              //插入 java.awt 包
```

```
import java.awt.event.*;                        //插入 java.awt.event 包

class CustPanel extends JApplet                 //构造面板容器类
{
    JPanel panelObj;                            //声明 JPanel 类对象
    public CustPanel()                          //构造符，构造面板
    {
        panelObj=new JPanel();                  //创建 JPanel 类对象
        getContentPane().add(panelObj);         //面板添加到窗体
    }
}

class CustSwing extends CustPanel               //构造组件类
{
    //声明 JLabel 变量，创建静态文本组件
    Label labelcustName;                        //客户名称
    Label labelcustCellNo;                      //元件号
    Label labelcustPg;                          //包类别
    Label labelcustAge;                         //年龄

    //声明 JTextField 变量，创建数据输入组件
    TextField textcustName;                     //文本框
    TextField textcustCellNo;                   //文本框
    Choice   choicecustPg;                      //组合框
    TextField textcustAge;                      //文本框

    //声明 Button 变量，创建按钮组件
    Button buttonObj;                           //按钮

    public CustSwing()                          //构造符，构造组件
        {
        labelcustName=new Label("客户名称:");
        labelcustCellNo=new Label("电话号码: ");
        labelcustPg=new Label("性别");
        labelcustAge=new Label("年龄:");

        textcustName=new TextField(25);
        textcustCellNo=new TextField(15);
        choicecustPg=new Choice();
        choicecustPg.add("male");
        choicecustPg.add("female");
        textcustAge=new TextField(3);
        buttonObj=new Button("录入(L)");

        panelObj.add(labelcustName);
        panelObj.add(textcustName);
        panelObj.add(labelcustCellNo);
        panelObj.add(textcustCellNo);
        panelObj.add(labelcustPg);
        panelObj.add(choicecustPg);
        panelObj.add(labelcustAge);
        panelObj.add(textcustAge);
        panelObj.add(buttonObj);
```

```
    }
}

class CustLayout extends CustSwing              //构造布局类
{
    GridBagLayout gbObject;
    GridBagConstraints gbc;
    public CustLayout()                          //构造符，构造布局
    {
        gbObject=new GridBagLayout();
        gbc=new GridBagConstraints();
        panelObj.setLayout(gbObject);

        gbc.anchor=GridBagConstraints.NORTHEAST;
        gbc.gridx=1;
        gbc.gridy=1;
        gbObject.setConstraints(labelcustName,gbc);

        gbc.anchor=GridBagConstraints.NORTHWEST;
        gbc.gridx=2;
        gbc.gridy=1;
        gbObject.setConstraints(textcustName,gbc);

        gbc.anchor=GridBagConstraints.NORTHEAST;
        gbc.gridx=1;
        gbc.gridy=2;
        gbObject.setConstraints(labelcustCellNo,gbc);

        gbc.anchor=GridBagConstraints.NORTHWEST;
        gbc.gridx=2;
        gbc.gridy=2;
        gbObject.setConstraints(textcustCellNo,gbc);

        gbc.anchor=GridBagConstraints.NORTHEAST;
        gbc.gridx=1;
        gbc.gridy=3;
        gbObject.setConstraints(labelcustPg,gbc);

        gbc.anchor=GridBagConstraints.NORTHWEST;
        gbc.gridx=2;
        gbc.gridy=3;
        gbObject.setConstraints(choicecustPg,gbc);

        gbc.anchor=GridBagConstraints.NORTHEAST;
        gbc.gridx=1;
        gbc.gridy=4;
        gbObject.setConstraints(labelcustAge,gbc);

        gbc.anchor=GridBagConstraints.NORTHWEST;
        gbc.gridx=2;
        gbc.gridy=4;
        gbObject.setConstraints(textcustAge,gbc);
```

```
        gbc.anchor=GridBagConstraints.NORTHEAST;
        gbc.gridx=2;
        gbc.gridy=5;
        gbObject.setConstraints(buttonObj,gbc);
    }
}

class IllegalAgeException extends Exception
{
    public String getMessage()
    {
    return "Invalid Age. The customer should not be provided with a
    connection";
    }
}

class CustEvent extends CustLayout
{
public CustEvent()
{
    validataAction validataButton=new validataAction();
    buttonObj.addActionListener(validataButton);
}

class validataAction implements ActionListener
{
    public void actionPerformed (ActionEvent evt)
    {
        Object obj=evt.getSource();
        if(obj==buttonObj)
        {
            String custName=textcustName.getText();
            if(custName.length()==0)
            {
                getAppletContext().showStatus("警告! 客户名称框不能为空。");
                return;
            }
            String custCellNo=textcustCellNo.getText();
            if(custCellNo.length()==0)
            {
                getAppletContext().showStatus("警告! 客户电话不能为空。");
                return;
            }
            String custPg=choicecustPg.getSelectedItem();
            if(custPg=="Executive ")
            {
                getAppletContext().showStatus("警告! 客户年龄请选择: male。");
                return;
            }
            String custStrAge=textcustAge.getText();

            if(custStrAge.length()==0)
            {
```

```
                    getAppletContext().showStatus("警告！年龄框不能为空。");
                    return;
                }
                else
                {
                    try
                    {
                        int custIntAge=Integer.parseInt(custStrAge);
                        if(custIntAge<60||custIntAge>18)
                        {
                            getAppletContext().showStatus("警告！年龄应在 18~60
                            之间。");
                        }
                    }
                    catch(NumberFormatException e)
                    {
                        getAppletContext().showStatus("警告！年龄框只能为 18~60
                        之间的整数，不能包含其他字符。"+e);
                        return;
                    }
                }
                getAppletContext().showStatus("OK！输入无误。");
            }
        }
    }
}

class CustEvent extends CustLayout
{
public CustEvent()
{
    validataAction validataButton=new validataAction();
    buttonObj.addActionListener(validataButton);
}

class validataAction implements ActionListener
{
    public void actionPerformed (ActionEvent evt)
    {
        Object obj=evt.getSource();
        if(obj==buttonObj)
        {
            String custName=textcustName.getText();
            if(custName.length()==0)
            {
                getAppletContext().showStatus("警告！客户名称框不能为空。");
                return;
            }
            String custCellNo=textcustCellNo.getText();
            if(custCellNo.length()==0)
            {
                getAppletContext().showStatus("警告！客户电话不能为空。");
```

```
                    return;
                }
                String custPg=choicecustPg.getSelectedItem();
                if(custPg=="Executive ")
                {
                    getAppletContext().showStatus("警告！性别请选择：male。");
                    return;
                }
                String custStrAge=textcustAge.getText();

                if(custStrAge.length()==0)
                {
                    getAppletContext().showStatus("警告！年龄框不能为空。");
                    return;
                }
                else
                {
                    try
                    {
                        int custIntAge=Integer.parseInt(custStrAge);
                        if(custIntAge<60||custIntAge>18)
                        {
                            getAppletContext().showStatus("警告！年龄应在18~60之间。");

                        }
                    }
                    catch(NumberFormatException e)
                    {
                        getAppletContext().showStatus("警告！年龄框只能为 18~60
                        之间的整数，不能包含其他字符。"+e);
                        return;
                    }
                }
                getAppletContext().showStatus("OK！输入无误。");
            }
        }
    }
}
class frameEvent                        //构造窗体框架类
{
    JFrame frameObj;                    //声明 JFrame 类对象
    JPanel panelObj;                    //声明 JPanel 类对象
    Icon image2;
    public frameEvent(String str)
    {
        frameObj=new JFrame("错误警告窗口");
        panelObj=new JPanel();
        frameObj.getContentPane().add(panelObj);
        image2=new ImageIcon("c:\\jinggao.gif");
        JLabel imagePosition2=new JLabel(str,image2,10);
        panelObj.add(imagePosition2);

        //frameObj.setDefaultCloseOperation(JFrame.EXIT_ON_CLOSE);
```

```
        frameObj.setVisible(true);
        frameObj.setSize(350,90);
    }
}

class CustEvent extends CustLayout
{
public CustEvent()
{
    validataAction validataButton=new validataAction();
    buttonObj.addActionListener(validataButton);
}

class validataAction implements ActionListener
{
    public void actionPerformed (ActionEvent evt)
    {
        Object obj=evt.getSource();
        if(obj==buttonObj)
        {
            String custName=textcustName.getText();
            if(custName.length()==0)
            {
                String str1=new String("警告! 客户名称框不能为空。");
                new frameEvent(str1);
                return;
            }
            String custCellNo=textcustCellNo.getText();
            if(custCellNo.length()==0)
            {
                String str2=new String("警告! 客户年龄不能为空。");
                new frameEvent(str2);
                return;
            }
            String custPg=choicecustPg.getSelectedItem();
            if(custPg=="Executive ")
            {
                String str3=new String("警告! 性别请选择: male。");
                new frameEvent(str3);
                return;
            }
            String custStrAge=textcustAge.getText();

            if(custStrAge.length()==0)
            {
                String str4=new String("警告! 年龄框不能为空。");
                new frameEvent(str4);
                return;
            }
            else
```

```
                {
                    int custIntAge=Integer.parseInt(custStrAge);
                    if(custIntAge<60||custIntAge>18)
                    {
                        String str5=new String("警告！年龄应在 18~60 之间。");
                        new frameEvent(str5);
                        return;
                    }
                }
                String str5=new String("OK！输入无误。");
                new frameEvent(str5);
            }
        }
    }
    }

    public class CustomerApplet    extends CustEvent  //包含 main()函数的公共类
    {
        public void init()
        {
            new CustomerApplet();
        }
    }
```

小　结

本章主要讲述了以下内容：

（1）异常表示异常事件。它可定义为程序执行中出现的非正常的事件、破坏了指令的正常流。Exception 类用于程序中必须捕获的异常条件。

（2）Java 有几个预定义异常。可能遇见的最常用的异常是：

- ArithmeticException
- NullPointerException
- ArrayIndexOutOfBoundsException

（3）以下关键字用于异常处理：

- try
- catch
- finally

（4）如果异常在 try 块内出现，与 try 块有关的相应的异常处理程序处理此异常。

（5）用 try 块与异常处理程序联系起来，通过紧接在 try 块之后的一个或多个 catch 块处理程序。

（6）有时不管异常是否引发，必须处理某些语句。为此使用 finally 块。

（7）声明抛出异常，使用 throws 关键字，后接异常类型。

（8）抛出异常使用 throw 关键字，后接异常对象。

（9）通过 Exception 类的子类，可创建用户定义的异常类。

练 习 题

一、选择题

1. 在下面的代码片段中如果分母值为 0，预测输出结果。(　　)

```
try {
    int result=50/denominator;
    }
 catch(ArrayOutOfBoundsException e){
        System.out.println("Array out of bounds");
   }
 catch(Exception e){
         System.out.println("Exception raised");
    }
  catch(ArithmaticExcetion e){
           System.out.println("Arithmetic exception");
    }
```

A. 代码将导致编译错误

B. 会打印出“Arithmetic exception”的信息

C. 会打印出“Array out of bounds”的信息

D. 会打印出“Exception raised”的信息

2.
```
public void test()
{
try
  {
   oneMethod();
   System.out.println("condition 1");
   }
  catch (ArrayIndexOutOfBoundsException e) {
   System.out.println("condition 2");
   }
 catch(Exception e) {
  System.out.println("condition 3");
   }
 finally {
  System.out.println("finally");
   }
}
```

在 oneMethod( )方法运行正常的情况下将显示什么？(　　)

A. condition 1　　B. condition 2

C. condition 3　　D. finally

3. 给出下面的不完整的方法：

(1)

(2) { success = connect();

(3) if (success==-1) {

(4) throw new TimedOutException();

(5) }

(6) }

TimedOutException 不是一个 RuntimeException。下面的哪些声明可以被加入第一行完成此方法的声明？(　　)

A. public void method( )

B. public void method( ) throws Exception

C. public void method( ) throws TimedOutException

D. public void method( ) throw TimedOutException

E. public throw TimedOutException void method( )

4. 在处理异常之后，下列哪一个 block 最适于做任何清理过程？(　　)

A. finally　　B. try　　C. catch　　D. try 和 catch

5. 下列代码行在执行时会出现一个运行时错误 ArrayOutOfBoundsException，同时程序的执行终止。

```
cstObjects[ctr].displayDetails();
```

要避免上面提到的运行时错误，应该采取下列哪一个行动？

A. 在 finally 块中写入代码

B. 在 try 块中写入代码并且在 catch 块中捕获异常 ArrayOutofBoundsException

C. 在 try 块中写入代码并且在 finally 块中捕获异常 ArrayOutofBoundsException

D. 使用 throw 声明来发出异常警报 ArrayOutOfBoundsException，并且在 catch 块中捕获同一个异常

二、简答题

1. 隐含和显式错误的区别是什么？
2. 何时使用 if...else 来预防异常？何时使用 try...catch 来捕获异常？
3. 如何抛出一个显式异常？
4. 如何自定义一个异常？
5. 是不是所有的方法都可以抛出一个异常？
6. 什么时候才是抛出异常的时机？
7. 如何捕获异常？
8. 为什么在捕获异常时要把 Exception 放在 catch 块的最后？
9. 异常的抛出和捕获的时机是什么？

三、实践题

1. 程序设计：当用户按【T】或【t】键时，人为抛出一个算术异常，处理方式为打印出错信息。

2. 使用 Java 语言编写程序：

在定义银行类时，若取钱数大于余额则作为异常处理（InsufficientFundsException）。

思路:产生异常的条件是余额少于取额，因此是否抛出异常要判断条件。

取钱是 withdrawal 方法中定义的动作，因此在该方法中产生异常。

处理异常安排在调用 withdrawal 的时候，因此 withdrawal 方法要声明异常，由上级方法调用。

要定义好自己的异常类。

第 7 章 Java 线程

7.1 进程与线程

7.1.1 进程

进程是并发执行的程序在一个数据集合上的执行过程。对于多任务的操作系统 Windows，我们可以同时打开和运行多个应用程序。每个独立运行的应用程序即为一个进程，同时运行的多个应用程序则为多进程。

对应用程序来说，进程就像一个大容器。在应用程序被运行后，就相当于将应用程序装进容器里了，可以往容器里加其他东西（如:应用程序在运行时所需的变量数据、需要引用的 DLL 文件等），当应用程序被运行两次时，容器里的东西并不会被倒掉，系统会找一个新的进程容器来容纳它。图 7-1 显示了 Windows 任务管理器中的进程。

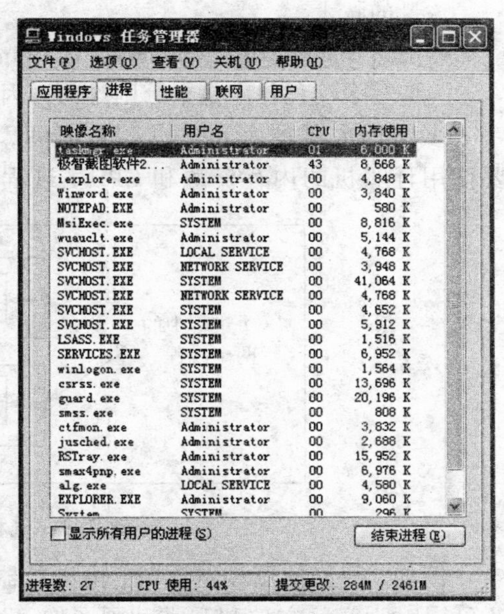

图 7-1 Windows 任务管理器中的进程

进程是由进程控制块、程序段、数据段 3 部分组成。一个进程可以包含若干线程（Thread），线程可以帮助应用程序同时做几件事（比如一个线程向磁盘写入文件，另一个则接收用户的按键操作并及时做出反应，互相不干扰），在程序被运行后中，系统首先要做的就是为该程序进程建立一个默认线程，然后程序可以根据需要自行添加或删除相关的线程。是可并发执行的程序。在一个数据集合上的运行过程，是系统进行资源分配和调度的一个独立单位，也称活动、路径或任务，它有两方面性质：活动性、并发性。进程可以划分为运行、阻塞、就绪三种状态，并随一定条件而相互转化：就绪—运行，运行—阻塞，阻塞—就绪。

7.1.2 线程

线程又称为轻量级进程，它和进程一样拥有独立的执行控制，由操作系统负责调度，区别在于线程没有独立的存储空间，而是和所属进程中的其他线程共享一个存储空间，这使得线程间的通信远较进程简单。图 7-2 给出了进程和线程之间的关系。

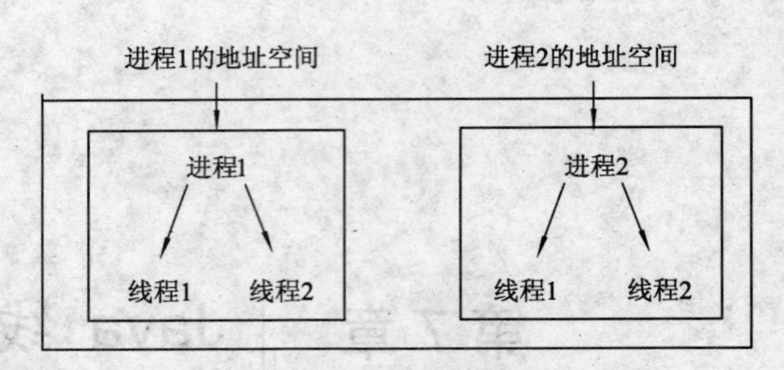

图 7-2　进程和线程之间的关系

作为进程中的一个实体，线程是被系统独立调度和分派的基本单位，自己不拥有系统资源，只拥有一点在运行中必不可少的资源，但它可与同属一个进程的其他线程共享进程所拥有的全部资源。一个线程可以创建和撤消另一个线程，同一进程中的多个线程之间可以并发执行。由于线程之间的相互制约，致使线程在运行中呈现出间断性。线程也有就绪、阻塞和运行三种基本状态。

线程是程序中一个单一的顺序控制流程，在单个程序中同时运行多个线程完成不同的工作，称为多线程。

线程和进程的区别在于：子进程和父进程有不同的代码和数据空间，而多个线程则共享数据空间，每个线程有自己的执行堆栈和程序计数器为其执行上下文。具体而言：

- 多个进程的内部数据和状态都是完全独立的，而多线程是共享一块内存空间和一组系统资源，有可能互相影响。
- 线程本身的数据通常只有寄存器数据，以及一个程序执行时使用的堆栈，所以线程的切换比进程切换的负担要小。
- 对线程的综合支持是 Java 技术的一个重要特色。它提供了 thread 类、监视器和条件变量的技术。
- 虽然 Macintosh、Windows NT、Windows 8 等操作系统支持多线程，但若要用 C 或 C++ 编写多线程程序是十分困难的，因为它们对数据同步的支持不充分。

多线程主要是为了节约 CPU 时间，其发挥利用根据具体情况而定。线程的运行中需要使用计算机的内存资源和 CPU。进程中多线程同时运行如图 7-3 所示。

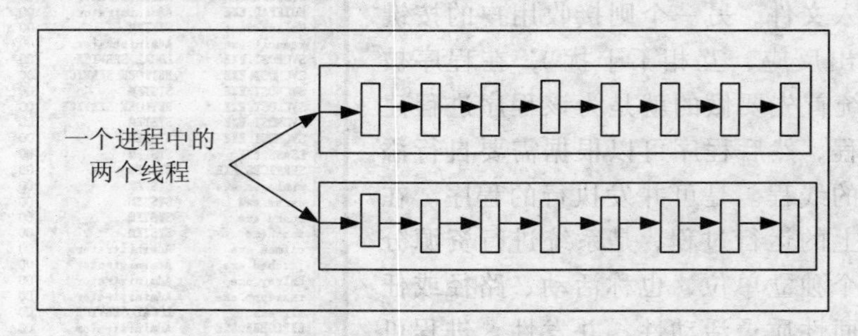

图 7-3　进程中的多线程同时运行

例如，我们使用浏览器时，由浏览器打开网页，可打印页面，同时可滚动操作该页面，还可同时听音频文件和观赏动画图像。这些任务中的每一个都是由线程完成的。

Java 对线程有内部的支持。Java 体系结构的主要部分是多线程的，而且，Java 程序中的线程大多允许 Applet 同时接受用户的输入和显示另一动画，完成这些任务就是采用了多线程。使用多线程的优势：

- 降低编写交互频繁、涉及面多的程序的困难。

- 程序的吞吐量会得到改善。
- 由多个处理器的系统，可以并发运行不同的线程（否则，任何时刻只有一个线程在运行）。

7.2　创建线程的方式

Java中实现线程的方式有两种。一是生成Thread类的子类，并定义该子类自己的run方法，线程的操作在方法run中实现。但我们定义的类一般是其他类的子类，而Java又不允许多重继承，因此第二种实现线程的方法是实现Runnable接口。通过覆盖Runnable接口中的run方法实现该线程的功能。基本的格式如下：

（1）继承 Thread类，比如：

```
class MyThread extends Thread {
    public void run() {
        // 这里写上线程的内容
    }
    public static void main(String[] args) {
        // 使用这个方法启动一个线程
        new MyThread().start();
    }
}
```

（2）实现 Runnable接口

```
class MyThread implements Runnable{
    public void run() {
        // 这里写上线程的内容
    }
    public static void main(String[] args) {
        // 使用这个方法启动一个线程
        new Thread(new MyThread()).start();
    }
}
```

说明：一般鼓励使用第二种方法，应为Java里面只允许单一继承，但允许实现多个接口。第二个方法更加灵活。

7.2.1　Thread类

通过java.lang包中的Thread类，可以构造和访问多线程中的各个线程。该类支持许多种方法，得到关于线程的活动、集合的信息，并检查线程的性质，引起线程等待、中断和撤消。通过扩展Thread类可使应用程序和类在单独的线程中运行。

类Thread在包java.lang中定义，它的构造方法如下：

```
public Thread();
public Thread(Runnable target);
public Thread(Runnable target,String name);
public Thread(String name);
public Thread(ThreadGroup group,Runnable target);
public Thread(ThreadGroup group, String name);
```

主要方法：

```
isActive() //判断是否处于执行状态
Suspend()  //暂停执行
reSume     //恢复执行
start()    //开始执行
Stop()     //停止执行
sleep()    //睡眠
run()      //程序体
yield()    //向其他线程退让运行权
```

【例 7-1】继承 Thread 类，覆盖方法 run()，在创建的 Thread 类的子类中重写 run()，加入线程所要执行的代码即可。

```
public  class MyThread extends Thread
{
    int count=1,number;
    public MyThread(int num)
    {
        number=num;
        System.out.println("Create the thread!"+number);
    }
    public void run()
    {
        while(true)
        {
            System.out.println("Threads"+number+":Count"+count);
            if(++count==6)
            return;
        }
    }
    public static void main(String[] args)
    {
        int i;
        for(i=0; i<5; i++)
        new MyThread(i+1).start();
    }
}
```

程序运行结果如图 7-4 所示。

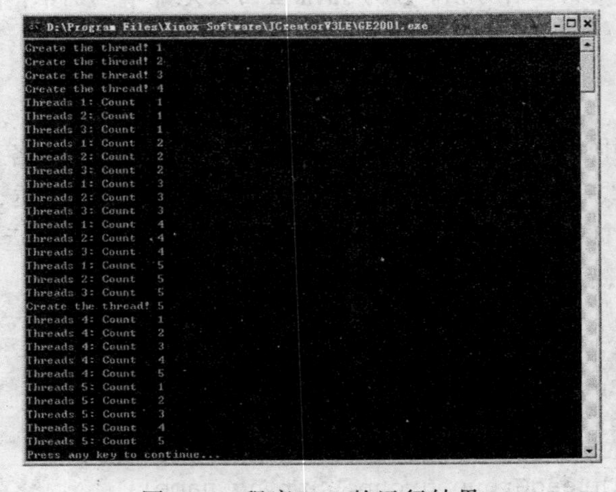

图 7-4　程序 7-1 的运行结果

【例 7-2】小应用程序中不用 Runnable 接口仍然可以使用线程（不调用主类的方法和调用主类的方法）。

```
//不调用主类的方法
import java.applet.*;
public class thread extends Applet
{
   mythread t1=new mythread();
    public void init()
   {
      t1.start();
   }
class mythread extends Thread
{
 public void run()
    {
      for (int i=0;i<4;i++)
        System.out.println("    "+i);
       {
          try{
              sleep(400);
               }
         catch(Exception e)
         {  }
       }
      }
    }
  }
```

程序的运行结果如图 7-5 所示。

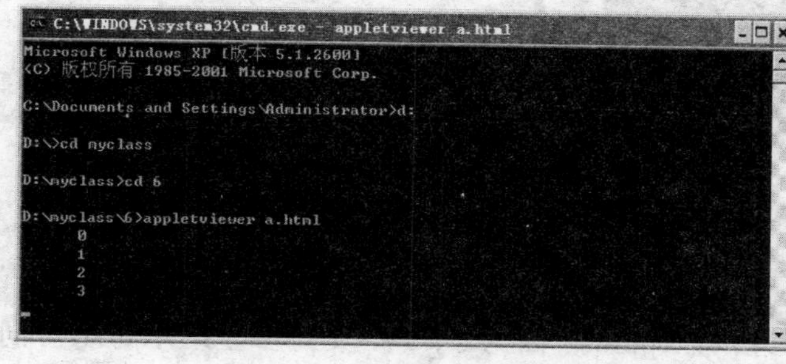

图 7-5　不调用主类的方法不用 Runnable 接口的示例结果

```
//调用主类的方法
import java.awt.*;
import javax.swing.*;
public class mainclass extends JApplet
{
    C t1=new C(this);
    public void init()
    {
      t1.start();
    }
    public void paint(Graphics g)
    {
```

```
            g.drawString("Hello,java",10,50);
            }
        }
    class C extends Thread
    {
        mainclass  a;
        C(mainclass b)
        {
         a=b;
         }
        public void run()
        {
           while(true)
           {
             a.repaint();
             try{
                 sleep(400);
                 }
             catch(InterruptedException e)
            {}
            }
        }
    }
```

程序运行结果如图 7-6 所示。

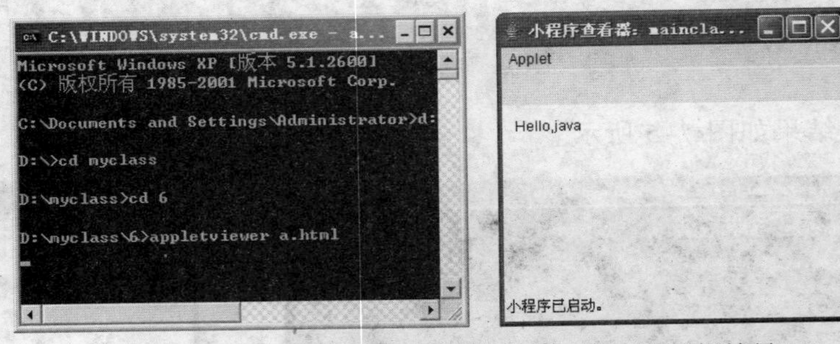

图 7-6 调用主类的方法不用 Runnable 接口的示例结果

7.2.2 Runnable 接口

在网上创建 Applet 时，需要继承 JApplet，因为 Java 不支持多重继承，不可同时继承 JApplet 类和 Thread 类。因此，需要使用 Runnable 接口来解决这个问题。Runnable 由单个的 run( )方法组成，在线程激活时执行，可扩展 JApplet 类并实现 Runnable 接口和重新编码 run( )方法。

Runnable 为非 Thread 子类的类也提供了一种激活方式。通过实例化某个 Thread 实例并将自身作为运行目标，就可以运行实现 Runnable 的类而无须创建 Thread 的子类。大多数情况下，如果只想重写 run() 方法，而不重写其他 Thread 方法，那么应使用 Runnable 接口。

Runnable 接口只有一个方法 run( )，声明自己的类实现 Runnable 接口并提供这一方法，将我们的线程代码写入其中，就完成了这一部分的任务。但是 Runnable 接口并没有任何对线程的支持，还必须创建 Thread 类的实例，这一点通过 Thread 类的构造函数

```
public Thread(Runnable target);
```

来实现。

【例 7-3】Runnable 接口运用的例子。

```
public class MyThread implements Runnable
{
  int count=1, number;
  public MyThread(int num)
  {
    number=num;
    System.out.println("创建线程 " + number);
  }
  public void run()
  {
    while(true)
    {
      System.out.println
      ("线程 " + number + ":计数 " + count);
      if(++count==6) return;
    }
  }
  public static void main(String args[])
  {
    for(int i=0; i < 5;i++) new Thread(new MyThread(i+1)).start();
  }
}
```

程序运行结果如图 7-7 所示。

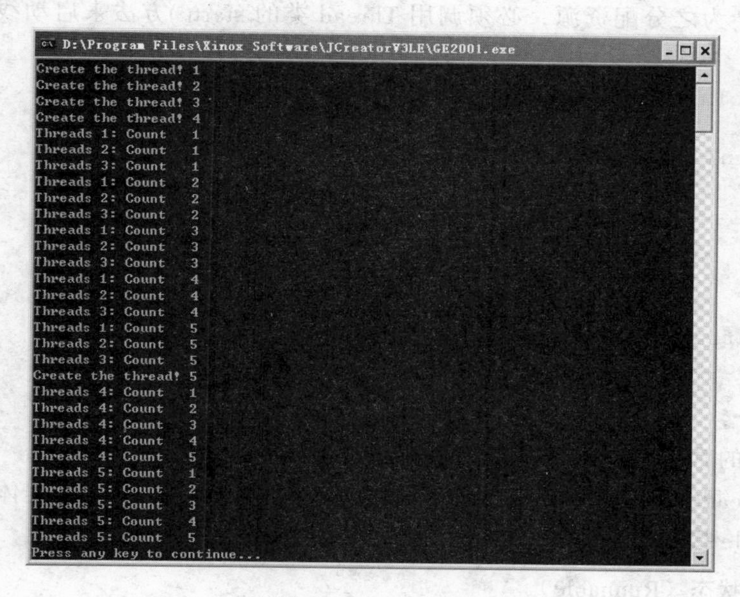

图 7-7　程序 MyThread.java 的运行结果

严格地说，创建 Thread 子类的实例也是可行的，但是必须注意的是，该子类必须没有覆盖 Thread 类的 run()方法，否则该线程执行的将是子类的 run()方法，而不是我们用以实现 Runnable 接口的类的 run( )方法，对此读者不妨试验一下。

使用 Runnable 接口来实现多线程使得我们能够在一个类中包容所有的代码，有利于封装，它的缺点在于，我们只能使用一套代码，若想创建多个线程并使各个线程执行不同的代码，则仍必须额外创建类，如果这样的话，在大多数情况下也许还不如直接用多个类分别继承 Thread 来得紧凑。

7.2.3 线程的生命周期

一个线程产生后，就处于整个线程的某个状态。图 7-8 描述了线程的生命周期。

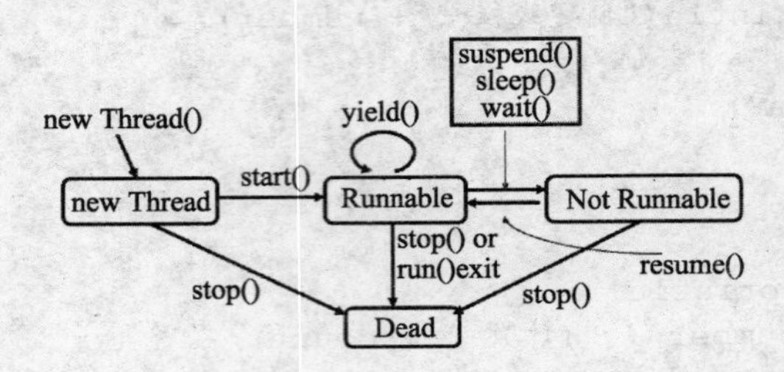

图 7-8 线程的生命周期

线程的生命周周期有四个状态。

1. 创建状态（New Thread）

已被创建但尚未执行（start( ) 尚未被调用）。

根据实现线程的方法不同,创建新的线程对象有不同方法:如果一个类继承了 Thread 类，那么这个类本身就是一个线程类，创建该类的对象即可。创建一个新的线程对象之后，系统并不会为之分配资源，必须调用 Thread 类的 start( )方法来启动线程。

例如：

```
class subThread extends Thread
{
  //重写 run( )方法的线程体
  }
public class ThreadDemo
{
  public static void main(String[] args)
  {
    subThread thread=new subThread("线程 1 ");
    thread.start( );
    }
  }
```

以 Thread 的常用构造函数为例来说明线程：

public Thread(Runnable target,String name);其中的 target 是实现线程体的目标对象，必须是 Runnable 接口类的对象，name 是线程的名称。

2. 可执行状态（Ruunable）

线程可以执行，虽然不一定正在执行。CPU 时间随时可能被分配给该线程，从而使得它执行。

start( )方法负责启动线程，用于分配线程所必需的系统资源，调度线程运行，调用线程的 run( )方法。当调用 start( )方法时，线程进入可运行转台。

线程处于可运行状态，并不就是正在运行。因为单处理机不可能依次执行一条以上的线程，处理器维持一个线程队列。一旦启动，线程排队等候处理机时间，等待轮到其执行，在任何时刻，线程可能在等待处理机的处理。这就是线程的状态是可运行而非正在运行的原因。对于优先级相同的线程，线程等待处理的概率相同。

说明：线程的优先级：

线程的优先级代表该线程的重要程度，当有多个线程同时处于可执行状态并等待获得 CPU 时间时，线程调度系统根据各个线程的优先级来决定给谁分配 CPU 时间，优先级高的线程有更大的机会获得 CPU 时间，优先级低的线程也不是没有机会，只是机会要小一些罢了。

可以调用 Thread 类的方法 getPriority() 和 setPriority()来存取线程的优先级，线程的优先级介于 1(MIN_PRIORITY)和 10(MAX_PRIORITY)之间，缺省是 5(NORM_PRIORITY)。

一旦启动线程，线程进入可运行状态，调用 run( )方法。该方法一般包含一个循环，否则，线程会失去其存在的意义。

3．不可运行状态（Not Runnable）

正常情况下 run( ) 返回使得线程死亡。调用 stop( )或 destroy( ) 亦有同样效果，但是不被推荐，前者会产生异常，后者是强制终止，不会释放锁。

如果线程处于下列状态之一，我们称之为不可运行状态：

- 正在睡眠 sleep( );
- 正在等待 wait( );
- 被另一个线程所阻塞。

用 sleep( )方法可使线程进入睡眠状态，一个睡眠状态的线程在指定时间过去后，可进入运行状态。在指定时间里，线程是不可运行的。

```
public static void sleep(long millis) throws InterruptedException
```

参数 millis 是线程睡眠的时间，为毫秒数。如例 7-2 程序中的 sleep(400); 该方法是静态方法，属于在当前的线程上操作，而且会抛出 InterruptedException 异常，在调用该方法时，必须处理这种异常。

4．阻塞状态（Dead）

阻塞状态即线程不会被分配 CPU 时间，无法执行，也称为死亡状态。

一个线程可以是自然死亡，也可以是被杀死。

当线程完成 run( )方法中的循环时，则线程是自然死亡。例如程序 7-1 中：

```
public void run()
    {
        while(true)
        {
            System.out.println("Threads"+number+":Count"+count);
            if(++count==6)
            return;
        }
    }
```

run()方法中的循环变量有 6 次自增，此线程的生命周期为循环的 6 次自增。

因此，当一个线程执行完所有语句后就自动终止，我们可以调用线程的 stop( )方法，也可以强制终止线程。如果希望线程正常终止，可采用标记来使线程中的 run( )方法退出。

在 Thread 类中，方法 isAlive( )可用来确定线程是否启动或停止。

根据线程的生命周期，我们可以总结出线程在运用使的操作步骤如下：

（1）`public class mythread extends Applet implements Runnable`

（小应用或已经是某个类的子类时）。

（2）继承类 Thread：

```
public class mythread extends Thread
```

上述两种方法中都可用类 Thread 产生线程的对象 Thread newthread。

（3）创建并启动线程：

```
newthread=new Thread(this);
newthread.start();
```

（4）run( )方法是运行线程的主体，启动线程时，由 java 直接调用 public void run( )。

（5）停止线程，由小应用程序的 stop 调用线程的 stop newthread.stop( )。

（6）sleep( )方法的作用：暂停线程的执行，让其他线程得到机会，sleep 要丢出异常，必须抓住。

```
try{
    sleep(1000);
   }
catch(InterruptedException e)
{
  …
}
```

7.3 线程的同步与死锁

7.3.1 同步问题的提出

多个线程在操作同一个对象时，会发生一些破坏数据完整性的事件。

【例 7-4】两个线程 ThreadA、ThreadB 都操作同一个对象 Foo 对象，并修改 Foo 对象上的数据。

```
class Foo
{
    private int x=100;
    public int getX()
    {
        return x;
    }
    public int fix(int y)
     {
        x=x-y;
        return x;
    }
}
```

```
public class MyRunnable implements Runnable
 {
    private Foo foo = new Foo();
    public static void main(String[] args)
    {
        MyRunnable r = new MyRunnable();
        Thread ta=new Thread(r, "Thread-A");
        Thread tb=new Thread(r, "Thread-B");
        ta.start();
        tb.start();
    }
    public void run()
    {
        for (int i=0; i<3; i++)
        {
            this.fix(30);
            try {
                Thread.sleep(1);
            }
            catch (InterruptedException e)
            {
                e.printStackTrace();
            }
      System.out.println(Thread.currentThread().getName() + " : 当前 foo
      对象的 x 值= "+foo.getX());
        }
    }

   public int fix(int y)
   {
      return foo.fix(y);
   }
}
```

程序运行结果如图 7-9 所示。

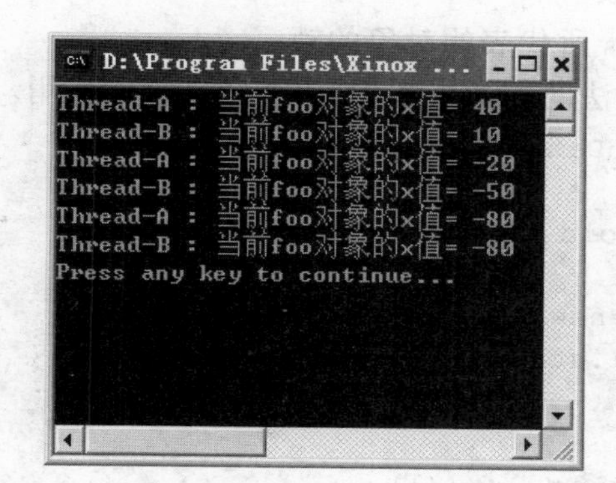

图 7-9　程序 MyRunnable.java 的运行结果

说明：从结果发现，这样的输出值明显是不合理的。原因是两个线程不加控制地访问 Foo 对象并修改其数据。

如果要保持结果的合理性，只需要达到一个目的，就是将对 Foo 的访问加以限制，每次只能有一个线程在访问。这样就能保证 Foo 对象中数据的合理性了。

在具体的 Java 代码中需要完成以下两个操作：

- 把竞争访问的资源类 Foo 变量 x 标识为 private。
- 同步那些修改变量的代码，使用 synchronized 关键字同步方法或代码。

我们可以从一个经典的银行取款问题了解同步的问题。

有一个银行账户，还有余额 1 100 元，现在 A 通过银行卡从中取 1 000 元，而同时另外一个人 B 通过存折也从这个账户中取 1 000 元。取钱之前，要首先进行判断：如果账户中的余额大于要取的金额，则可以执行取款操作，否则，将拒绝取款。

我们假定有两个线程来分别从银行卡和存折进行取款操作，当 A 线程执行完判断语句后，获得了当前账户中的余额数（1 000 元），因为余额大于取款金额，所以准备执行取钱操作（从账户中减去 1 000 元），但此时它被线程 B 打断，然后，线程 B 根据余额，从中取出 1 000 元，然后，将账户里面的余额减去 1 000 元，然后，返回执行线程 A 的动作，这个线程将从上次中断的地方开始执行：也就是说，它将不再判断账户中的余额，而是直接将上次中断之前获得的余额减去 1 000。此时，经过两次的取款操作，账户中的余额为 100 元，从账面上来看，银行支出了 1 000 元，但实际上，银行支出了 2 000 元。

7.3.2 同步和死锁

Java 中每个对象都有一个内置锁。当程序运行到非静态的 synchronized 同步方法上时，自动获得与正在执行代码类的当前实例（this 实例）有关的锁。获得一个对象的锁也称为获取锁、锁定对象、在对象上锁定或在对象上同步。

当程序运行到 synchronized 同步方法或代码块时该对象锁才起作用。一个对象只有一个锁。所以，如果一个线程获得该锁，就没有其他线程可以获得锁，直到第一个线程释放（或返回）锁。这也意味着任何其他线程都不能进入该对象上的 synchronized 方法或代码块，直到该锁被释放。

同步方法利用的是 this 所代表的对象的锁。

【例 7-5】代码块与方法间的同步举例。（注意 this 的作用。）

```
public class ThreadDemo
{
    public static void main(String[] args)
    {
        ThreadTest t=new ThreadTest();
        new Thread(t).start();
        try
        {
            Thread.sleep(1);//(1)
        }
        catch (InterruptedException e)
        {
            e.printStackTrace();
        }
```

```
        t.str=new String("method");
        new Thread(t).start();
    }
}

class ThreadTest implements Runnable
{
    private int tickets=10;
    private int flag=0;
    String str=new String("");

    public void run()
    {
        if (str.equals("method"))
        {
         while (flag==0)
         {
            sale();
         }
        }
        else
        {
         while (true)
         {
              synchronized (this)
              {//synchronized (str)//(2)
                if (tickets > 0)
                {
                   try
                   {
                      Thread.sleep(10);
                   }
                   catch (Exception e)
                   {
                      e.printStackTrace();
                   }
                   System.out.println(Thread.currentThread().getName()
                        + " is saling ticket " + tickets--);
                }
                else return;
              }
         }
        }
    }

    public synchronized void sale()
    {
        if (tickets > 0)
        {
          try
          {
             Thread.sleep(10);
          }
```

```
            catch (Exception e)
            {
               e.printStackTrace();
            }
            System.out.println("track in method sale.");
            System.out.println(Thread.currentThread().getName()+"is saling
            ticket " + tickets--);
           }
           else flag=1;
      }
   }
```

程序 7-5 的运行结果如图 7-10 所示。

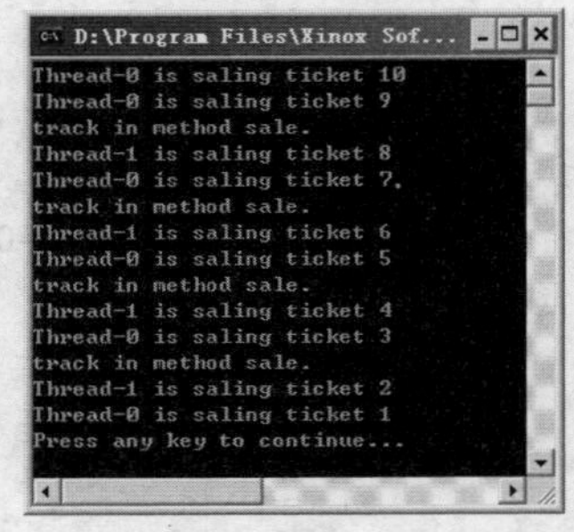

图 7-10　程序 ThreadDemo.java 的运行结果

说明：

（1）如果不使主线程 sleep，很可能两个新建线程都执行同步方法（sale）中的代码。因为，产生并启动第一个线程，这个线程不见得马上开始运行，CPU 可能还在原来的 main 线程上运行，并将 str 变量设置为" method"，等到第一个线程真正开始运行时，此刻检查到 str 的值为" method"，所以它将运行 sale 方法。

（2）如果使用 synchronized (str)，则两个线程不会同步。

释放锁是指持锁线程退出了 synchronized 同步方法或代码块。

关于锁和同步，有以下几个要点：

- 只能同步方法，而不能同步变量和类。
- 每个对象只有一个锁；当提到同步时，应该清楚在什么上同步，也就是说，在哪个对象上同步。
- 不必同步类中所有的方法，类可以同时拥有同步和非同步方法。
- 如果两个线程要执行一个类中的 synchronized 方法，并且两个线程使用相同的实例来调用方法，那么一次只能有一个线程能够执行方法，另一个需要等待，直到锁被释放。也就是说：如果一个线程在对象上获得一个锁，就没有任何其他线程可以进入（该对象的）类中的任何一个同步方法。
- 如果线程拥有同步和非同步方法，则非同步方法可以被多个线程自由访问而不受锁的限制。
- 线程睡眠时，它所持的任何锁都不会释放。
- 线程可以获得多个锁。比如，在一个对象的同步方法里面调用另外一个对象的同步方法，则获取了两个对象的同步锁。
- 同步损害并发性，应该尽可能缩小同步范围。同步不但可以同步整个方法，还可以同步方法中一部分代码块。
- 在使用同步代码块时候，应该指定在哪个对象上同步，也就是说要获取哪个对象的锁。例如：

```
public int fix(int y) {
    synchronized (this) {
```

```
        x=x-y;
    }
    return x;
}
```

当然，同步方法也可以改写为非同步方法，但功能完全一样的，例如：

```
public synchronized int getX() {
    return x++;
}
```

与

```
public int getX() {
    synchronized (this) {
        return x;
    }
}
```

效果是完全一样的。

7.3.3　静态方法同步

要同步静态方法，需要一个用于整个类对象的锁，这个对象是就是类 Xxx.class。

例如：

```
public static synchronized int setName(String name)
{
      Xxx.name=name;
}
```

等价于：

```
public static int setName(String name){
      synchronized(Xxx.class){
            Xxx.name = name;
      }
}
```

7.3.4　线程不能获得锁的处理

如果线程试图进入同步方法，而其锁已经被占用，则线程在该对象上被阻塞。实质上，线程进入该对象的一种池中，必须在那里等待，直到其锁被释放，该线程再次变为可运行或运行为止。

当考虑阻塞时，一定要注意哪个对象正被用于锁定：

- 调用同一个对象中非静态同步方法的线程将彼此阻塞。如果是不同对象，则每个线程有自己的对象的锁，线程间彼此互不干预。
- 调用同一个类中的静态同步方法的线程将彼此阻塞，它们都是锁定在相同的 Class 对象上。
- 静态同步方法和非静态同步方法将永远不会彼此阻塞，因为静态方法锁定在 Class 对象上，非静态方法锁定在该类的对象上。
- 对于同步代码块，要看清楚什么对象已经用于锁定（synchronized 后面括号的内容）。在同一个对象上进行同步的线程将彼此阻塞，在不同对象上锁定的线程将永远不会彼此阻塞。

7.3.5 何时需要同步

在多个线程同时访问互斥（可交换）数据时，应该同步以保护数据，确保两个线程不会同时修改更改它。

对于非静态字段中可更改的数据，通常使用非静态方法访问。

对于静态字段中可更改的数据，通常使用静态方法访问。

如果需要在非静态方法中使用静态字段，或者在静态字段中调用非静态方法，问题将变得非常复杂。

7.3.6 线程安全类

当一个类已经很好的同步以保护它的数据时，这个类就称为“线程安全的”。即使是线程安全类，也应该特别小心，因为操作的线程时间仍然不一定安全。

举个形象的例子，比如一个集合是线程安全的，有两个线程在操作同一个集合对象，当第一个线程查询集合非空后，删除集合中所有元素的时候。第二个线程也来执行与第一个线程相同的操作，也许在第一个线程查询后，第二个线程也查询出集合非空，但是当第一个执行清除后，第二个再执行删除显然是不对的，因为此时集合已经为空了。

【例 7-6】线程安全类举例。

```
import java.util.*;
 class NameList
{
    private List nameList=Collections.synchronizedList(new LinkedList());
    public void add(String name)
    {
        nameList.add(name);
    }

    public String removeFirst()
    {
        if (nameList.size()>0)
        {
            return (String) nameList.remove(0);
        }   else {
                    return null;
                }
    }
}

public class Test
{
    public static void main(String[] args)
    {
        final NameList nl=new NameList();
        nl.add("aaa");
        class NameDropper extends Thread
        {
            public void run()
            {
                String name=nl.removeFirst();
```

```
            System.out.println(name);
        }
    }
    Thread t1=new NameDropper();
    Thread t2=new NameDropper();
    t1.start();
    t2.start();
  }
}
```

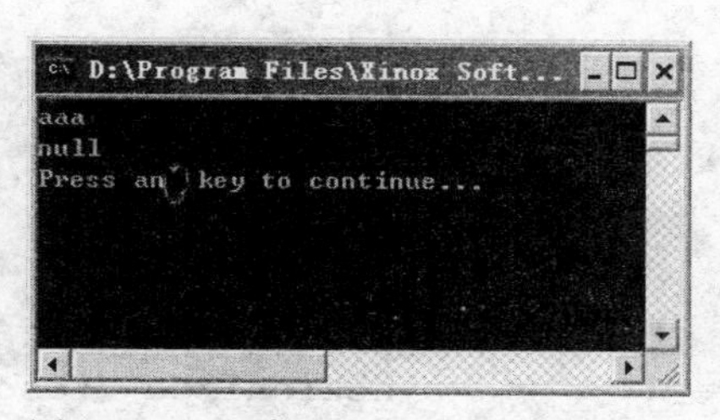

图 7-11　程序 Test.java 的运行结果

程序运行结果如图 7-11 所示。

虽然集合对象 private List nameList=Collections.synchronizedList(new LinkedList()); 是同步的，但是程序还不是线程安全的。出现这种事件的原因是，本例中一个线程操作列表过程中无法阻止另外一个线程对列表的其他操作。

解决上面问题的办法是，在操作集合对象的 NameList 上面做一个同步。改写后的代码如下：

```
public class NameList
{
    private List nameList=Collections.synchronizedList(new LinkedList());

    public synchronized void add(String name) {
        nameList.add(name);
    }

    public synchronized String removeFirst() {
        if (nameList.size()>0) {
            return (String) nameList.remove(0);
        } else {
            return null;
            }
    }
}
```

这样，当一个线程访问其中一个同步方法时，其他线程只有等待。

7.3.7　线程死锁

死锁对 Java 程序来说，是很复杂的，也很难发现。当两个线程被阻塞，每个线程都在等待另一个线程时就发生死锁。

【例 7-7】线程死锁举例。

```
public class DeadlockRisk
{
private static class Resource
    {
        public int value;
    }
    private Resource resourceA=new Resource();
    private Resource resourceB=new Resource();
    public int read()
    {
        synchronized (resourceA)
    {
```

```
            synchronized (resourceB)
            {
                return resourceB.value+resourceA.value;
            }
        }
    }
public void write(int a, int b)
    {
        synchronized (resourceB)
        {
            synchronized (resourceA)
            {
                resourceA.value=a;
                resourceB.value=b;
            }
        }
    }
}
```

假设 read( )方法由一个线程启动，write( )方法由另外一个线程启动。读线程将拥有 resourceA 锁，写线程将拥有 resourceB 锁，两者都坚持等待的话就出现死锁。

实际上，上面这个例子发生死锁的概率很小。因为在代码内的某个点，CPU 必须从读线程切换到写线程，所以，死锁基本上不能发生。

但是，无论代码中发生死锁的概率有多小，一旦发生死锁，程序就死掉。有一些设计方法能帮助避免死锁，包括始终按照预定义的顺序获取锁这一策略。

【例 7-8】线程的死锁举例：线程 1 锁住了对象 A 的监视器，等待对象 B 的监视器，线程 2 锁住了对象 B 的监视器，等待对象 A 的监视器，就造成了死锁。

```
class A
{
    synchronized void foo(B b)
    {
        String name=Thread.currentThread().getName();
        System.out.println(name+" enter A.foo");
        try
        {
            Thread.sleep(1000);
        }
        catch (InterruptedException e)
        {
            e.printStackTrace();
        }
        System.out.println(name+" trying to call B.last");
        b.last();
    }

    synchronized void last()
    {
        System.out.println(Thread.currentThread().getName()
            +"inside A.last");
    }
}
```

```
class B
{
   synchronized void bar(A a)
   {
      String name=Thread.currentThread().getName();
      System.out.println(name+" enter B.bar");
      try
      {
         Thread.sleep(1000);
      }
      catch (InterruptedException e)
      {
         e.printStackTrace();
      }
      System.out.println(name+" trying to call A.last");
      a.last();
   }

   synchronized void last()
   {
      System.out.println(Thread.currentThread().getName()
            +" inside B.last");
   }
}

public class Deadlock implements Runnable
{
   A a=new A();
   B b=new B();
   Deadlock()
   {
      Thread.currentThread().setName("MainThread");
      new Thread(this).start();
      System.out.println("track after start");
      a.foo(b);
      System.out.println("back in main thread");
   }
   public void run()
   {
      System.out.println("track in run");
      Thread.currentThread().setName("RacingThread");
      b.bar(a);
      System.out.println("back in other thread");
   }
   public static void main(String[]args)
   {
      new Deadlock();
   }
}
```

例 7-8 运行结果如图 7-12 所示。

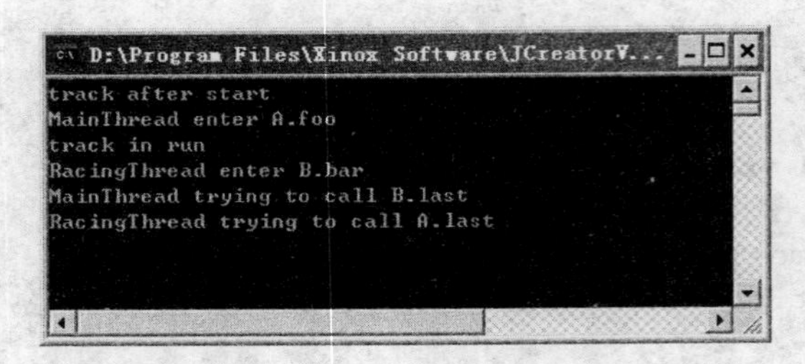

图 7-12 程序 Deadlock.java 的运行结果

线程同步与死锁说明：

- 线程同步的目的是为了保护多个线程访问一个资源时对资源的破坏。
- 线程同步方法是通过锁来实现，每个对象都有且仅有一个锁，这个锁与一个特定的对象关联，线程一旦获取了对象锁，其他访问该对象的线程就无法再访问该对象的其他非同步方法。
- 对于静态同步方法，锁是针对这个类的，锁对象是该类的 Class 对象。静态和非静态方法的锁互不干预。一个线程获得锁，当在一个同步方法中访问另外对象上的同步方法时，会获取这两个对象锁。
- 对于同步，要时刻清楚在哪个对象上同步，这是关键。
- 编写线程安全的类，需要时刻注意对多个线程竞争访问资源的逻辑和安全，做出正确的判断，对“原子”操作做出分析，并保证原子操作期间别的线程无法访问竞争资源。
- 当多个线程等待一个对象锁时，没有获取到锁的线程将发生阻塞。
- 死锁是线程间相互等待锁锁造成的，在实际中发生的概率非常的小。

7.3.8 多线程编程一般规则

如果两个或两个以上的线程都修改一个对象，那么把执行修改的方法定义为被同步的，如果对象更新影响到只读方法，那么只读方法也要定义成同步的。

不要滥用同步。如果在一个对象内的不同的方法访问的不是同一个数据，就不要将方法设置为 synchronized 的。

如果一个线程必须等待一个对象状态发生变化，那么它应该在对象内部等待，而不是在外部。它可以通过调用一个被同步的方法，并让这个方法调用 wait( )。

每当一个方法返回某个对象的锁时，它应当调用 notifyAll( )来让等待队列中的其他线程有机会执行。

按照固定的顺序获得多个对象锁，以避免死锁；不要对上锁的对象改变它的引用。

不要滥用同步机制，避免无谓的同步控制。

【综合案例 1】多线程服务器举例。

本例未涉及数据库。如果在线程运行中需要根据用户指令对数据库进行更新操作，则应注意线程间的同步问题，使同一更新方法一次只能由一个线程调用。这里有两个类，receiveServer 包含启动代码（main( )），并初始化 ServerSocket 的实例，在 accept( )方法返回用户请求后，将返回的套接字（Socket）交给生成的线程类 serverThread 的实例，直到该用户结束连接。

```
//类 receiveServer
import java.io.*;
import java.util.*;
import java.net.*;
public class receiveServer
{
  final int RECEIVE_PORT=8080; //该服务器的端口号
  //receiveServer 的构造器
public receiveServer()
{
ServerSocket rServer=null;
  //ServerSocket 的实例
   Socket request=null;
  //用户请求的套接字
Thread receiveThread=null;
   try{
        rServer=new ServerSocket(RECEIVE_PORT);
        //初始化 ServerSocket
        System.out.println("Welcome to the server!");
        System.out.println(new Date());
        System.out.println("The server is ready!");
        System.out.println("Port: "+RECEIVE_PORT);
while(true)
    {
        //等待用户请求
        request=rServer.accept();
        //接收客户机连接请求
        receiveThread=new serverThread(request);
        //生成 serverThread 的实例
        receiveThread.start();
        //启动 serverThread 线程
    }
}
catch(IOException e){
  System.out.println(e.getMessage()) ;
    }
}
public static void main(String args[])
{
  new receiveServer();
} //end of main
} //end of class

//类 serverThread
import java.io.*;
import java.net.*;
class serverThread extends Thread
{
  Socket clientRequest;
  //用户连接的通信套接字
  BufferedReader input;
  //输入流
  PrintWriter output;
  //输出流
  public serverThread(Socket s)
```

```
{
  //serverThread 的构造器
  this.clientRequest=s;
  //接收 receiveServer 传来的套接字
  InputStreamReader reader;
  OutputStreamWriter writer;
  try{
      //初始化输入、输出流
       reader=new InputStreamReader(clientRequest.getInputStream());
       writer=new OutputStreamWriter(clientRequest.getOutputStream());
        input=new BufferedReader(reader);
        output=new PrintWriter(writer,true);
    }
   catch(IOException e)
    {
     System.out.println(e.getMessage());
    }
    System.out.println("Welcome to the server!");
    //客户机连接欢迎词
    System.out.println("Now is: "+new java.util.Date()+" "
    + "Port:"+clientRequest.getLocalPort());
    System.out.println("What can I do for you?");
   }
  public void run()
  {
  //线程的执行方法
  String command=null;
  //用户指令
  String str=null;
  boolean done=false;
  while(!done)
 {
  try{
   str=input.readLine();
   //接收客户机指令
   }
  catch(IOException e)
 {
   System.out.println(e.getMessage());
   }
   command=str.trim().toUpperCase();
   if(str==null || command.equals("QUIT"))
    //命令 quit 结束本次连接
   done=true;
   else if(command.equals("HELP")){
    //命令 help 查询本服务器可接受的命令
    System.out.println("query");
    System.out.println("quit");
    System.out.println("help");
    }
    else if(command.startsWith("QUERY")){
    System.out.println("OK to query something!");
    }//else if …… //在此可加入服务器的其他指令
   else if(!command.startsWith("HELP")  &&!command.startsWith("QUIT")
   && !command.startsWith("QUERY"))
```

```
        {
            System.out.println("Command not Found! Please refer to the HELP!");
            }
        //end of while
         try{
            clientRequest.close();
        //关闭套接字
        }
        catch(IOException e)
         {
        System.out.println(e.getMessage());
         }
        command=null;
        }
    //end of run
    }
  }
```

启动该服务器程序后，可用 telnet machine port 命令连接，其中 machine 为本机名或地址，port 为程序中指定的端口。也可以编写特定的客户机软件通过 TCP 的 Socket 套接字建立连接。

【综合案例 2】 利用多线程实现一个时钟日历。

```
//<HTML>
//<TITLE> 网页文件: ClockThread.html </TITLE>
//<Applet code="ClockThread.class"height=300 width=300>
//</Applet>
//</HTML>
import javax.swing.*;       //插入 javax.swing 包
import java.awt.*;          //插入 java.awt 包
import java.lang.Math;      //插入 java.lang.Math 包
import java.util.Date;
import java.util.Calendar;
import java.util.GregorianCalendar;
public class ClockThread extends JApplet
{
//方法 drawRay()用于绘制射线
public void drawRay(Color c,int iR1,int iR2,int i)
{
    Graphics g=getGraphics();
    g.setColor(c);
    g.translate(150,105);  //将坐标系原点移到时钟中心
    //度转变为弧度，表上的一个刻度对应 6 度，6*60=360 度
    double pi=3.14159*6/180;
    int iX1,iY1;                    //射线内端点的坐标
    iX1=(int)(iR1*Math.cos(i*pi));
    iY1=(int)(iR1*Math.sin(i*pi));
    int iX2,iY2;                    //射线外端点的坐标
    iX2=(int)(iR2*Math.cos(i*pi));
    iY2=(int)(iR2*Math.sin(i*pi));
    g.drawLine(iX1,iY1,iX2,iY2);  //绘制直线
}
//方法 drawRay()用于绘制静态的部分
public void drawConst()
{
```

```
        Graphics g=getGraphics();
        //绘制5个表框矩形
        g.drawRect(75,30,150,150);
        g.drawRect(73,28,154,154);
        g.drawRect(71,26,158,158);
        g.drawRect(69,24,162,162);
        g.drawRect(67,22,166,166);
        //绘制表上的数字
        Font ft=new Font("宋体",Font.BOLD,18);
        g.setFont(ft);
        g.drawString("1",180,52);
        g.drawString("2",206,78);
        g.drawString("3",206,114);
        g.drawString("4",206,150);
        g.drawString("5",180,176);
        g.drawString("6",144,176);
        g.drawString("7",108,176);
        g.drawString("8",81,150);
        g.drawString("9",81,114);
        g.drawString("10",75,78);
        g.drawString("11",101,52);
        g.drawString("12",137,52);
        //绘制下方日历的4个黄色矩形框
        g.setColor(Color.yellow);
        g.fill3DRect(33,210,55,30,false);
        g.fill3DRect(136,210,30,30,false);
        g.fill3DRect(214,210,30,30,false);
        g.fill3DRect(173,250,30,30,false);
        //设置和日历相关的变量
        Date date;
        GregorianCalendar calendar;
        date=new Date();
        calendar=new GregorianCalendar();
        calendar.setTime(date);
        //获得当前日期的年、月、日
        String yearStr=calendar.get(Calendar.YEAR)+"";     //年
        String monthStr=calendar.get(Calendar.MONTH)+1+"";     //月
        String dayStr=calendar.get(Calendar.DATE)+"";//日
        String weekStr=new String("六");//没有星期的字段
        //绘制下方日历文字
        g.setColor(Color.black);
        g.drawString(yearStr,37,231);
        g.drawString("年",99,231);
        g.drawString(monthStr,139,231);
        g.drawString("月",175,231);
        g.drawString(dayStr,216,231);
        g.drawString("日",253,231);
        g.drawString("星  期",99,270);
        g.drawString(weekStr,177,270);
    }
    //方法drawRay()用于绘制转动的指针
    public void drawChange()
    {
        Graphics g=getGraphics();
        int iHR=40,iMR=50,iSR=60;       //时,分,秒针长度
```

```
int iR1=20,iR2=30,iR3=35;        //内径 20 外径 30 或 35 的刻度标记
//设置和日历相关的变量
Date date;
GregorianCalendar calendar;
date=new Date();
calendar=new GregorianCalendar();
calendar.setTime(date);
//获得当前日期的时(0-11)、分(0-59)、秒(0-59)
int iHour=calendar.get(Calendar.HOUR);    //时
int iMinute=calendar.get(Calendar.MINUTE);    //分
int iSecond=calendar.get(Calendar.SECOND);    //秒
//换算为时钟上指针的位置，注意 3 点钟位置为 0
//注意 6 点钟位置为 15，注意 9 点钟位置为 30，注意 0 点钟位置为 45，
iHour=iHour*5+45+iMinute/12;
if(iHour==60)
    iHour=iHour-60;
iMinute=iMinute+45;
if(iMinute==60)
    iMinute=iMinute-60;
iSecond=iSecond+45;
if(iSecond==60)
    iSecond=iSecond-60;
//创建一个线程对象
Thread thread=new Thread();
g.translate(150,105); //将坐标系原点移到时钟中心
//绘制表中心的刻度标记
for(int i=0; i<60; i++)
{
    if(i%5==0)
    {
        drawRay(Color.black,iR1,iR3,i);
    }
    else
    {
        drawRay(Color.black,iR1,iR2,i);
    }
}
//时针跳 1 格为 1/5 小时,跳 5 格为 1 小时
for(int h=0; h<5; h++)
{
    drawRay(Color.green,0,iHR,iHour);            //绘制绿色时针
    //时针跳 1 格,分针跳 12 格,1/5 小时=12 分钟
    for(int m=0; m<12; m++)
    {
        drawRay(Color.blue,0,iMR,iMinute);          //绘制蓝色分针
        //分针跳 1 格,秒针跳 60 格,1 分钟=60 秒
        for(int s=0; s<60; s++)
        {
            drawRay(Color.red,0,iSR,iSecond); //绘制红色秒针
                try
            {
                thread.sleep(1000);
            }
            catch(InterruptedException e)
            {
```

```
                getAppletContext().showStatus("线程中断");
            }

            drawRay(Color.white,0,iSR,iSecond);  //擦除红色秒针
            //重绘被擦除的, 和红色秒针重合的刻度标记
            if(iSecond%5==0)
            {
                drawRay(Color.black,iR1,iR3,iSecond);
            }
            else
            {
                drawRay(Color.black,iR1,iR2,iSecond);
            }
            //如果时针和秒针重合,擦除了绿色时针
            if(iHour==iSecond)
            {
                drawRay(Color.green,0,iHR,iHour); //重绘制绿色时针
            }
            //如果分针和秒针重合,擦除了蓝色分针
            if(iMinute==iSecond)
            {
                drawRay(Color.blue,0,iMR,iMinute);//重绘制蓝色分针
            }
            iSecond=iSecond+1;                   //红色秒针跳动一格
            if(iSecond>=60)
                iSecond=iSecond-60;
        }   //秒针循环 60 次结束(60 秒=1 分钟)
        //蓝色分针跳动一格
        drawRay(Color.white,0,iMR,iMinute);      //擦除蓝色分针
        //重绘被擦除的, 和蓝色分针重合的刻度标记
        if(iMinute%5==0)
        {
            drawRay(Color.black,iR1,iR3,iMinute);
        }
        else
        {
            drawRay(Color.black,iR1,iR2,iMinute);
        }
        //如果时针和分针重合,擦除了绿色时针
        if(iHour==iMinute)
        {
            drawRay(Color.green,0,iHR,iHour);    //重绘制绿色时针
        }
        iMinute=iMinute+1;                      //蓝色分针跳动一格
        if(iMinute>=60)
            iMinute=iMinute-60;
    }//分针循环 12 次结束(12 分=1/5 小时)
    //绿色时针跳动一格
    drawRay(Color.white,0,iHR,iHour);           //擦除绿色时针
    //重绘被擦除的, 和绿色时针重合的刻度标记
    if(iHour%5==0)
    {
        drawRay(Color.black,iR1,iR3,iHour);
    }
    else
```

```
            {
                drawRay(Color.black,iR1,iR2,iHour);
            }
            iHour=iHour+1; //绿色时针跳动一格
        } //时针循环 5 次结束(5 格=1 小时)
    }
    //自动调用 paint()方法，用于在 Applet 中绘图
    public void paint(Graphics g)
    {
        drawConst();            //绘制静态的部分
        drawChange();           //绘制转动的指针
    }
}                               //类 ClockThread 结束
```

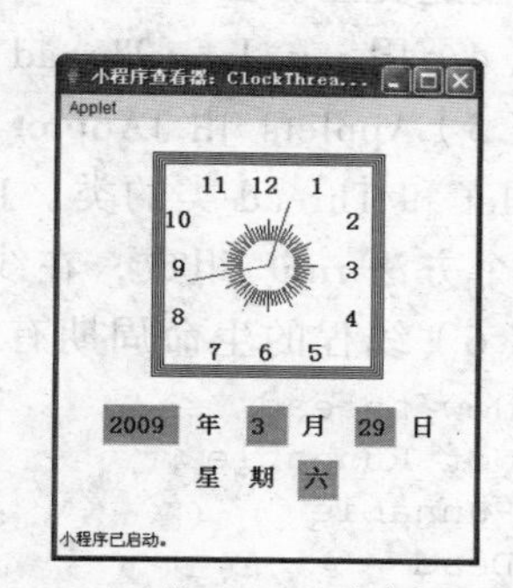

图 7-13　时钟日历的案例运行结果

程序运行结果如图 7-13 所示。

说明：

本案例中使用了与日期相关的类：Data 类和 Calendar 类。这两个类属于 java.util 包，Data 类封装了系统日期和时间的信息，Calendar 类是一个抽象类，为特定瞬间与一组诸如 YEAR、MONTH、DAY_OF_MONTH、HOUR 等日历字段之间的转换提供了一些方法，并为操作日历字段（例如获得下星期的日期）提供了一些方法。

Calendar 类的 get( )方法从给定日期中抽取年、月、日或者小时、分钟和秒。

语法：`public int get(int field);`

字段 filed 的常用选项如表 7-1 所示。

表 7-1　字段 filed 的常用选项

字段 filed 的常用选项	返　回　值	字段 filed 的常用选项	返　回　值
static int HOUR	小时	static int DATE	日
static int MINUTE	分钟	static int MONTH	月
static int SECOND	秒种	static int YEAR	年

Calendar类的 setTime( )方法取 Date 对象为变量，用当前的日期更新 GregorianCalendar 类对象。

语法：`public final void setTime(Date date);`

GregorianCalendar 类是 Calendar 类的唯一子类，支持世界上大多数的日历操作。

应用举例：

```
Date date=new Date();
GregorianCalendar calendar=new GregorianCalendar();
calendar.setTime(date);
int thisDate= calendar.get(Calendar.DATE);
```

小　结

本章主要讲述了以下内容：

（1）可用线程在程序内执行多任务。

（2）线程，像程序，有开始、一串步骤及结束。但它不是独立的程序，而是在程序的进程内运行。进程是程序的可执行的实例。线程又称为轻量进程或执行上下文。

（3）有不止一个线程的进程称为多线程。进程中的多线程可步运行，执行不同的任务，彼此交互。

（4）用 java.lang.Thread 类来构造和访问多线程应用中各个线程。

（5）Applets 由 JApplet 类扩展而来。因为 Java 不支持多重继承，不可能继承来自 JApplet 和 Thread 类的类。Java 提供了 Runnable 接口来解决这个问题。Runnable 接口由单个方法 run( )组成，在线程激活时执行它。

（6）线程的生命周期有四个阶段：

```
New thread
Not Runnable
Runnable
Dead
```

（7）当创建 Thread 类的实例时，线程进入了新线程状态。

（8）start( ) 方法负责启动线程。当调用线程的 start( )方法时，线程进入了可运行状态。

（9）线程要执行的活动编码在 run( )方法中。

（10）如果线程正在睡眠、正在等待，或被另一个线程阻塞，则线程称为处于不可运行状态。

（11）用 sleep( )方法使线程进入睡眠方式。

（12）调用 Applet 的 stop( )方法杀死线程。用 Thread 类的 isAlive( )方法确定是否线程已经启动或停止。

（13）Date 类负责封装日期和时间。

（14）Calendar 类实现以前在 Date 类中出现的日期。

（15）GregorianCalendar 类是由 Calendar 类扩展而来的。它支持多个时间区的日历操作。

（16）setTime( )方法用所给的日期设置日历的当前时间。

（17）get( )方法用来从 Calendar 变量中抽取日期、月、及年。

练 习 题

一、选择题

1. 有关线程的哪些叙述是对的？（　　）

   A. 一旦一个线程被创建，它就立即开始运行

   B. 使用 start( )方法可以使一个线程成为可运行的，但是它不一定立即开始运行

   C. 当一个线程因为抢先机制而停止运行，它被放在可运行队列的前面

   D. 一个线程可能因为不同的原因停止（cease）并进入就绪状态

2. 方法 resume( )负责恢复哪些线程的执行？（　　）

   A. 通过调用 stop( )方法而停止的线程

   B. 通过调用 sleep( )方法而停止运行的线程

   C. 通过调用 wait( )方法而停止运行的线程

   D. 通过调用 suspend( )方法而停止运行的线程

3. 下列关于 Java 多线程并发控制机制的叙述中，错误的是（　　）。

   A. Java 中对共享数据操作的并发控制是采用加锁技术

B. 线程之间的交互，提倡采用 suspend()/resume()方法

C. 共享数据的访问权限都必须定义为 private

D. Java 中没有提供检测与避免死锁的专门机制，但应用程序员可以采用某些策略防止死锁的发生

4. 下面的（　　）关键字通常用来对对象的加锁，该标记使得对对象的访问是排他的。

A. transient　　B. synchronized　　C. serialize　　D. static

5. 想要使用线程来创建一个 Java 应用程序。应怎样实现此目标？（　　）

A. 扩展 JApplet 和 Thread

B. 扩展 JApplet 并且覆盖 Thread 类的 run()方法

C. 扩展 JApplet 并且执行 Runnable

D. 扩展 JApplet 并且创建 Thread 类的一个实例

6. 在一个线程中使用 sleep(1000) 方法，将使该线程在多少时间后获得 CPU 控制(假设睡眠过程中不会有其他事件唤醒该线程)？（　　）

A. 正好 1 000 ms

B. 1 000 ms 不到

C. >= 1 000 ms

D. 不一定，可能少于 1 000 ms，也可能多于 1 000 ms

二、简答题

1. 线程对象和线程的有哪些？

2. 程序和进程的区别有哪些？

3. 要开始一个线程，有哪些方式？

4. 如果要在一个实例上产生多个线程（也就是常说的线程池），应该如何做呢？

5. 创建一个新的线程的生命周期是什么？

三、实践题

1. 编写程序实现：线程产生的方式不同而生成的线程的区别。

2. 下面程序用于显示系统当前时间的一个 Applet。修改其中的错误，使之达到预期功能。

```
import javax.swing.*;
import java.awt.*;
public class DateDemo
{
public String getStr()
{
    Date date=new Date();
    GregorianCalendar calendar=new GregorianCalendar();
    calendar.setTime(date);
    String strDate= calendar.get(Calendar.YEAR) +"年"+
                    (calendar.get(Calendar.MONTH)+1)+"月"+
                    calendar.get(Calendar.DATE) +"日"+
                    calendar.get(Calendar.HOUR) +"时"+
                    calendar.get(Calendar.MINUTE)+"分"+
                    calendar.get(Calendar.SECOND)+"秒";
```

```
        return strDate;
    }
    //在 Applet 中绘制日期和时间
    class subThread1
    {
        public void run()
        {
            Font ft=new Font("宋体",Font.BOLD,16);
            Graphics g=getGraphics();
            g.setFont(ft);
            g.drawString("当前日期: ",50,50);
            while(this!=null)
            {
                g.setColor(Color.black);
                String str=getStr();
                g.drawString(str,50,80);
                try
                {
                    this.sleep(1000);
                }
                catch(InterruptedException e)
                {
                    getAppletContext().showStatus("线程中断");
                }
                g.setColor(Color.white);
                g.drawString(str,50,80);
            }
        }
    };
    //在状态栏上显示日期和时间
    class subThread2 extends Thread
    {
        public void run()
        {
            while(this!=null)
            {
                getAppletContext().showStatus("当前日期: "+getStr());
                this.sleep(1000);
            }
        }
    };
    public void paint(Graphics g)
    {
        new subThread1().start();
        new subThread2().start();
    }
    }
```

第 8 章　Java 网络编程

网络编程简单的理解就是两台计算机相互通信，对于程序员而言，掌握一种编程接口并使用一种编程模型即可轻松实现，Java SDK 提供一些相对简单的 API 来完成这些工作。Socket 就是其中之一，对于 Java 而言，这些 API 存在于 java.net 这个包里面，因此只要导入这个包就可以准备网络编程了。

网络编程的基本模型就是客户机到服务器模型，简单的说就是两个进程之间相互通信，然后其中一个必须提供一个固定的位置，而另一个则只需要知道这个固定的位置，并去建立两者之间的联系，然后完成数据的通信就可以了，这里提供固定位置的通常称为服务器，而建立联系的通常叫做客户端，基于这个简单的模型，就可以进入网络编程。

8.1　TCP/IP

TCP/IP（Transmission Control Protocol/Internet Protocol 的简写，中文译名为传输控制协议/互联网络协议）协议，是 Internet 最基本的协议，简单地说，就是由底层的 IP 协议和 TCP 协议组成的。

TCP/IP 是供已连接因特网的计算机进行通信的通信协议，定义了电子设备（比如计算机）如何连入因特网，以及数据在它们之间传输的标准。

在 Internet 上连接的所有计算机，从大型机到微型计算机都是以独立的身份出现，我们称它为主机。为了实现各主机间的通信，每台主机都必须有一个唯一的网络地址。就好像每一个住宅都有唯一的门牌一样，才不至于在传输资料时出现混乱。

Internet 的网络地址是指连入 Internet 网络的计算机的地址编号。所以，在 Internet 网络中，网络地址唯一地标识一台计算机。

Internet 是由几千万台计算机互相连接而成的。而我们要确认网络上的每一台计算机，靠的就是能唯一标识该计算机的网络地址，这个地址就叫作 IP（Internet Protocol 的简写）地址，即用 Internet 协议语言表示的地址。

目前，在 Internet 里，IP 地址是一个 32 位的二进制地址，为了便于记忆，将它们分为 4 组，每组 8 位，由小数点分开，用 4 个字节来表示，而且，用点分开的每个字节的数值范围是 0~255，如 202.116.0.1，这种书写方法叫做点数表示法。

IP 地址可确认网络中的任何一个网络和计算机，而要识别其他网络或其中的计算机，则是根据这些 IP 地址的分类来确定的。一般将 IP 地址按结点计算机所在网络规模的大小分为 A，B，C 三类，默认的网络屏蔽是根据 IP 地址中的第一个字段确定的。

域名是为了方便记忆而专门建立的一套地址转换系统，一个域名只能对应一个 IP 地址，而多个域名可以同时被解析到一个 IP 地址。要访问一台互联网上的服务器，最终还必须通过 IP 地址来实现，域名解析就是将域名重新转换为 IP 地址的过程。域名解析需要由专门的域名解析服务器（DNS）来完成。

Java 提供了丰富的网络性能的类库，允许很容易地访问网络资源，除了上述的 TCP/IP 协议，还支持 UDP 协议。而且 Java 提供的网络功能有 3 大类：URL、Socket、Datagram。其中，URL 是 3 大功能中最高级的一种，通过 URL Java 程序可以直接送出或读入网络上的数据。Socket 是传统网络程序最常用的方式，可以想象为两个不同的程序通过网络的通信信道。Datagram 是更低级的网络传输方式，它把数据的目的记录在数据包中，然后直接放在网络上。

在 Java 中，有一个用来存储 Internet 地址的类叫 InetAddress。

【例 8-1】获取本机的 IP 地址。

```
import java.net.*;
public class getLocalHostTest
{
  public static void main(String[] args)
   {
      InetAddress myIP=null;
       try
       {
        myIP=InetAddress.getLocalHost();
        }
      catch(Exception e)
       {
        }
      System.out.println(myIP);
   }
}
```

程序运行结果如图 8-1 所示。

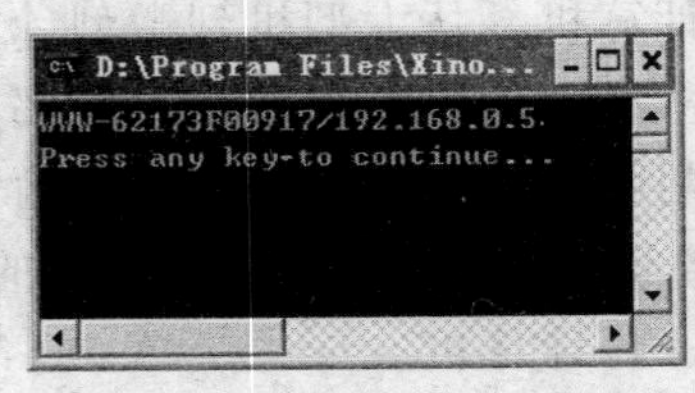

图 8-1 程序 getLocalHostTest.java 的运行结果

说明：

- getLocalHost( )返回主机名和地址。
- 创建 InetAddress 类不用构造函数（不用 new）。

【例 8-2】下面的例子演示 Java 如何根据域名自动到 DNS 上查找 IP 地址。

```
import java.net.*;
public class getIP
{
  public static void main(String args[])
   {
     InetAddress bd=null;
```

```
        try
        {
        bd=InetAddress.getByName("www.baidu.com");
        }
        catch(Exception e)
        {
            }
      System.out.println(bd);
    }
  }
```

程序运行结果如图 8-2 所表示。

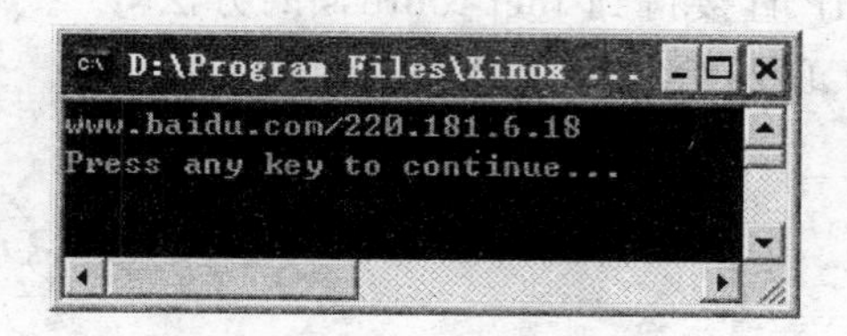

图 8-2　程序 getIP.java 的运行结果

8.2　Socket

在 C/S 应用系统中，服务器提供数据查询或修改数据库数据之类的服务，客户端和服务器端之间的通信必须是可靠的，数据不可丢失，且以服务器发送的顺序提供给客户端。

8.1 节介绍的 TCP/IP 提供了 C/S 应用系统彼此通信的、可靠的、点对点的通信。为了在 TCP 上通信，客户端和服务器端的应用程序需要建立并约束在 Socket 上。Socket 类的对象以流的形式在客户端和服务器端之间通信。

用 TCP/IP 的 Socket 模型比其他通信模型更优越，是因其不受客户端请求的影响。只要客户端遵循 TCP/IP 协议，Socket 就能处理服务器端发来的所有请求。因此，服务器可与任何类型的客户通信，客户端可以是任何类型操作系统的计算机。

Java 设计为一种网络语言，由于在 Socket 类中封装了连接功能，使得网络通信很容易，只需要创建客户端的 Socket 类和创建服务器端的 ServerSocket 类。

- Socket 类：支持 TCP/IP 的基本类。TCP 是一个流网络连接协议。Socket 类提供一些流输入/输出的方法，使得从 Socket 中读入数据和向 Socket 中写入数据都很容易。该类对于在 Internet 上进行通信是必不可少的。
- ServerSocket 类：是一个用于监听客户请求的 Internet 服务器程序的类。ServerSocket 类实际上并不执行服务，它在服务器上代表客户创建一个 Socket 类的兑现，通过创建该对象来进行通信。

Java 对这个模型的支持有很多种 API，对于 Java 而言已经简化了 Socket 的编程接口。Java 提供了 ServerSocket 来对其进行支持。事实上当用户创建该类的一个实力对象并提供一个端口资源时，就建立了一个固定位置可以让其他计算机来访问。

```
ServerSocket server=new ServerSocket(1111);
```

注意：端口的分配必须是唯一的。因为端口是为了唯一标识每台计算机服务的，另外，端口号从 0~65 535 之间的，前 1 024 个端口已经被 TCP/IP 作为保留端口，因此所分配的端口只能是 1 024 个之后的。

Java 同样提供了一个 Socket 对象来对其进行支持，只要客户方创建一个 Socket 的实例对象进行支持就可以了。

```
Socket client=new Socket(InetAddress.getLocalHost(),1111);
```

客户机必须知道有关服务器的 IP 地址，对于这一点，Java 也提供了一个相关的类 InetAddress，该对象的实例必须通过它的静态方法来提供，它的静态方法主要提供了得到本机 IP 和通过名字或 IP 直接得到 InetAddress 的方法。

【例 8-3】编写程序实现两台计算机之间的通信。

服务器：

```
import java.io.*;
import java.net.*;
public class MyServer
 {
   public static void main(String[] args) throws IOException
    {
       ServerSocket server=new ServerSocket(1111);
       Socket client=server.accept();
       BufferedReader in=new BufferedReader(new
       InputStreamReader(client.getInputStream()));
       PrintWriter out=new PrintWriter(client.getOutputStream());
       while(true)
      {
        String str=in.readLine();
        System.out.println(str);
        out.println("has receive....");
        out.flush();
        if(str.equals("end"))
        break;
      }
     client.close();
    }
 }
```

这个程序的主要目的在于服务器不断接收客户机所写入的信息，直到客户机发送“End”字符串就退出程序，并且服务器也会做出“Receive”为回应，告知客户机已接收到消息。

客户端：

```
import java.net.*;
import  java.io.*;
public class Client
{
   static Socket server;
   public static void main(String[] args) throws Exception
    {
     server=new Socket(InetAddress.getLocalHost(),1111);
     BufferedReader in=new BufferedReader(new
```

```
        InputStreamReader(server.getInputStream()));
        PrintWriter out=new PrintWriter(server.getOutputStream());
        BufferedReader wt=new BufferedReader(new
        InputStreamReader(System.in));
        while(true)
        {
         String str=wt.readLine();
         out.println(str);
         out.flush();
         if(str.equals("end"))
        {
           break;
         }
        System.out.println(in.readLine());
         }
       server.close();
       }
}
```

客户机代码则是接受客户键盘输入，并把该信息输出，然后输出“End”用来做退出标识。程序执行的过程如图 8-3 所示。

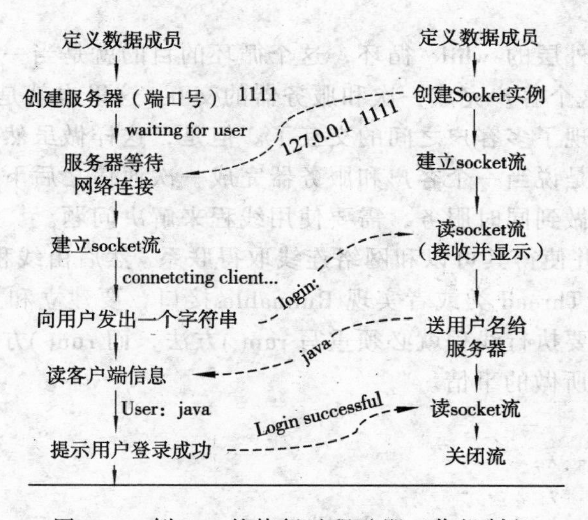

图 8-3　例 8-3 的执行过程（即工作机制）

这个程序只是简单的两台计算机之间的通信，如果是多个客户同时访问一个服务器，结果会抛出异常。

【例 8-4】 在例 8-3 的基础上实现多个客户端。

例 8-3 中，客户和服务器通信的主要通道就是 Socket 本身，而服务器通过 Accept 方法就是同意和客户建立通信。当客户建立 Socket 的同时，服务器也会使用这一根连线来先后通信，这样就只要存在多条连线就可以了。

服务器：

```
import java.io.*;
import java.net.*;
public class MyServer
{
```

```
  public static void main(String[] args) throws IOException
 {
   ServerSocket server=new ServerSocket(1111);
   while(true)
   {
     Socket client=server.accept();
     BufferedReader in=new BufferedReader(
            new InputStreamReader(client.getInputStream()));
     PrintWriter out=new PrintWriter(client.getOutputStream());
     while(true)
     {
       String str=in.readLine();
       System.out.println(str);
       out.println("has receive....");
       out.flush();
       if(str.equals("end"))
         break;
     }
     client.close();
   }
  }
 }
```

程序中加了一个外层的 while 循环，这个循环的目的就是当一个客户进来就为它分配一个 Socket，直到这个客户完成一次和服务器的交互，这里也就是接受到客户的“End”消息。那么现在就实现了多客户之间的交互了。但是，这样做虽然解决了多客户，可是是排队执行的，也就是说当一个客户和服务器完成一次通信之后下一个客户才可以进来和服务器交互，无法做到同时服务，需要使用线程来解决问题。

首先，创建线程并使得其可以和网络连线取得联系。然后由线程来执行刚才的操作，要创建线程直接继承 Thread 类或者实现 Runnable 接口，要建立和 Socket 的联系只要传递引用就可以了。而要执行线程就必须重写 run( )方法，而 run( )方法所做的事情就是刚才单线程版本 main( )所做的事情。

客户端：

```
import java.net.*;
import java.io.*;
public class MultiUser extends Thread
{
 private Socket client;
 public MultiUser(Socket c)
 {
   this.client=c;
 }
 public void run()
 {
  try
  {
   BufferedReader in=new BufferedReader(new
        InputStreamReader(client.getInputStream()));
   PrintWriter out=new PrintWriter(client.getOutputStream());
     //非并行多用户
```

```
      while(true)
      {
        String str=in.readLine();
        System.out.println(str);
        out.println("has receive....");
        out.flush();
        if(str.equals("end"))
          break;
      }
      client.close();
    }
    catch(IOException ex)
    {
    }
    finally
    {
    }
  }
  public static void main(String[] args)throws IOException
  {
    ServerSocket server=new ServerSocket(1111);
    while(true)
    {
    //传输单用户或多用户的位置变化
      MultiUser mu=new MultiUser(server.accept());
      mu.start();
    }
  }
}
```

说明：关于 Java 的 Socket 机制。

Socket 机制用到的类有 java.net.ServerSocket、java.net.Socket 等。服务器端以监听端口号和接受队列长度为参数实例化 ServerSocket 类，缺省的队列长度是 50，以 accept( )方法接收客户的连接。客户端则直接以服务器的地址和监听端口为参数实例化 Socket 类，连接服务器，默认的连接方式是 stream socket（区别于 datagram socket）。

服务器端和客户端调用 getInputStream( )和 getOutputStream( )方法得到输入/输出流。如果以 ObjectInputStream 和 ObjectOutputStream 包装 Socket 的输入/输出流，要注意一点，ObjectOutputStream 类实例化时要向底层流写入一个标识码，ObjectInputStream 类相应地读入该标识码，如果实例化的次序不当会引起死锁。建议客户服务器两端都先实例化 ObjectOutputStream。

因为调用 ServerSocket 类的 accept( )方法和 Socket 输入流的 read( )方法时会引起线程阻塞，所以应该用 setSoTimeout( )方法设置超时，默认的设置是 0，即超时永远不会发生。超时的判断是累计式的，一次设置后，每次调用引起的阻塞时间都从该值中扣除，直至另一次超时设置或有超时异常抛出。比如，某种服务需要 3 次调用 read( )，超时设置为 1 分钟，那么如果某次服务 3 次 read( )调用的总时间超过 1 分钟就会有异常抛出，如果要在同一个 Socket 上反复进行这种服务，就要在每次服务之前设置一次超时。

图 8-4 描述了 Java 的 Socket 通信机制。

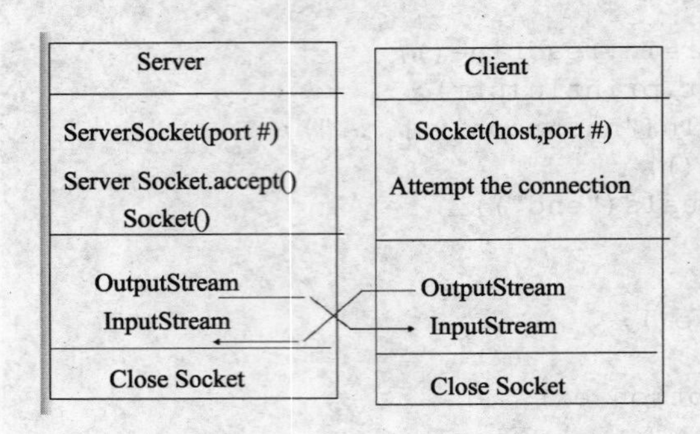

图 8-4 Java 的 Socket 通信机制

8.3 URL 操作

Java 的网络类可以让用户通过网络或者远程连接来实现应用。而且，这个平台现在已经可以对国际互联网及 URL 资源进行访问了。Java 的 URL 类可以让访问网络资源就像是访问本地的文件夹一样方便快捷。通过使用 Java 的 URL 类就可以经由 URL 完成读取和修改数据的操作。

通过一个 URL 连接，就可以确定资源的位置，比如网络文件、网络页面以及网络应用程序等。其中包含了许多的语法元素。举个例子来说，请看下面这个 URL 连接：

```
http://ccc.hnu.cn/teacherlist.php?unitname: 8080
```

这个连接规定使用 HTTP 协议。主机名称为 ccc.hnu.cn。端口号为 8080。这个 URL 的其他部分，/teacherlist.php?unitname，则确定了我们要在这个站点上访问的资源。在这个例子中的资源恰好是一个网络应用程序。而且，URL 还可以包含其他的元素，比如文件段以及查询信息等。

从 URL 得到的数据可以是多种多样的，这些都需要一种统一的机制来完成对 URL 的读取与修改操作。Java 语言在它的 java.net 软件包里就提供了这么一种机制。

Java 提供了 URL 类，每一个 URL 对象都封装了资源标识符和协议处理程序。获得 URL 对象的途径之一是调用 URI 的 toURL( )方法，也可以直接调用 URL 的构造函数来建立 URL 对象。

URL 类有多个构造函数。其中最简单的是 URL(String url)，它有一个 String 类型的参数。如果某个 URL 没有包含协议处理程序或该 URL 的协议是未知的，其他的构造函数会产生一个 java.net.MalformedURLException。

下面的代码片断演示了使用 URL(String url)建立一个 URL 对象，该对象封装了一个简单的 URL 组件和 HTTP 协议处理程序。

```
URL url = new URL ("http://www.informit.com");
```

一旦拥有了 URL 对象，就可以使用 getAuthority( )、getDefaultPort( )、getFile( )、getHost( )、getPath( )、getPort( )、getProtocol( )、getQuery( )、getRef( )、getUserInfo( )、getDefaultPort( )等方法提取各种组件。如果 URL 中没有指定端口，getDefaultPort( )方法返回 URL 对象的协议默认端口。getFile( )方法返回路径和查询组件的结合体。getProtocol( )

方法返回资源的连接类型（例如 http、mailto、ftp）。getRef( )方法返回 URL 的片断。最后，getUserInfo( )方法返回 Authority 的用户信息部分。还可以调用 openStream( )方法得到 java.io.InputStream 引用。使用这种引用，可以用面向字节的方式读取资源。

【例 8-5】建立一个 URL 对象，调用 URL 的各种方法来检索该 URL 的信息，调用 URL 的 openStream( )方法打开与资源的连接并读取/打印这些字节。

```
import java.io.*;
import java.net.*;
public class URLDemo1
{
  public static void main (String [] args) throws IOException
  {
   if (args.length!=1)
   {
     System.err.println ("usage: java URLDemo1 url");
     return;
   }
   URL url=new URL (args [0]);
   System.out.println ("Authority="+ url.getAuthority());
   System.out.println ("Default port=" +url.getDefaultPort ());
   System.out.println ("File=" +url.getFile());
   System.out.println ("Host=" +url.getHost());
   System.out.println ("Path=" +url.getPath());
   System.out.println ("Port=" +url.getPort());
   System.out.println ("Protocol=" +url.getProtocol());
   System.out.println ("Query="+url.getQuery());
   System.out.println ("Ref=" +url.getRef());
   System.out.println ("User Info="+url.getUserInfo());
   System.out.print ('\n');
   InputStream is=url.openStream();
   int ch;
   while ((ch=is.read())!=-1)
   {
     System.out.print ((char)ch);
   }
    is.close();
  }
}
```

在命令行输入 java URLDemo1 http://www.javajeff.com/articles/articles/html 后，上面的代码的输出如下：

```
Authority=http://www.javajeff.com
Default port = 80
File=/articles/articles.html
Host=http://www.javajeff.com
Path=/articles/articles.html
Port=-1
Protocol=http
Query=null
Ref=null
User Info=null
…
```

URL 的 openStream( )方法返回的 InputStream 类型，这意味着用户必须按字节次序读取资源数据，这种做法是恰当的，因为用户不知道将要读取的数据是什么类型。如果用户事先知道要读取的数据是文本，并且每一行以换行符（\n）结束，用户就可以按行读取而不是按字节读取数据了。

下面的代码片断演示了把一个 InputStream 对象包装进 InputStreamReader 以从 8 位过渡到 16 位字符，进而把结果对象包装进 BufferedReader 以调用其 readLine()方法。

```
InputStream is=url.openStream ();
BufferedReader br=new BufferedReader (new InputStreamReader (is));
String line;
while ((line=br.readLine ())!=null)
{
  System.out.println (line);
}
is.close();
```

有时候按字节的次序读取数据并不方便。例如，如果资源是 JPEG 文件，那么获取一个图像处理过程并向该过程注册一个用户而使用数据的方法更好。如果出现这种情况，就有必要使用 getContent( )方法。

当调用 getContent( )方法时，它会返回某种对象的引用，可以调用该对象的方法（在转换成适当的类型后），采用更方便的方式取得数据。但是在调用该方法前，最好使用 instanceof 验证对象的类型，防止类产生异常。

对于 JPEG 资源，getContent( )方法返回一个对象，该对象实现了 java.awt.Image.ImageProducer 接口。下面的代码演示了如何使用 getContent( )方法。

```
URL url=new URL (args [0]);
Object o=url.getContent();
if (o instanceof ImageProducer) {
ImageProducer ip=(ImageProducer) o;
// ...
}
```

查看一下 getContent( )方法的源代码，会找到 openConnection( ).getContent( )。URL 的 openConnection( )方法返回一个 java.net.URLConnection 对象。URLConnection 的方法反映了资源和连接的细节信息，使我们能编写代码访问资源。

【例 8-6】演示了 openConnection( )，以及如何调用 URLConnection 的方法。

```
import java.io.*;
import java.net.*;
import java.util.*;
public class URLDemo2
{
  public static void main (String [] args) throws IOException
  {
    if (args.length!=1)
    {
       System.err.println ("usage: java URLDemo2 url");
       return;
     }
   URL url=new URL (args [0]);
   // 返回代表某个资源连接的新特定协议对象的引用
```

```
        URLConnection uc=url.openConnection ();
        // 进行连接
        uc.connect ();
        // 打印 header 的内容
        Map m=uc.getHeaderFields ();
        Iterator i=m.entrySet ().iterator ();
        while (i.hasNext ())
        {
         System.out.println (i.next ());
         }
         // 检查是否资源允许输入和输出操作
        System.out.println ("Input allowed=" +uc.getDoInput());
        System.out.println ("Output allowed=" +uc.getDoOutput());
      }
    }
```

URLConnection 的 getHeaderFields( )方法返回一个 java.util.Map。该 map 包含 header 名称和值的集合。header 是基于文本的“名称/值”对，它识别资源数据的类型、数据的长度等。

编译 URLDemo2 后，在命令行输入 java URLDemo2 http://www.javajeff.com，输出如下：

```
Date=[Sun, 17 Feb 2002 17:49:32 GMT]
Connection=[Keep-Alive]
Content-Type=[text/html; charset=iso-8859-1]
Accept-Ranges=[bytes]
Content-Length=[7214]
null=[HTTP/1.1 200 OK]
ETag=["4470e-1c2e-3bf29d5a"]
Keep-Alive=[timeout=15, max=100]
Server=[Apache/1.3.19 (Unix) Debian/GNU]
Last-Modified=[Wed, 14 Nov 2001 16:35:38 GMT]
Input allowed=true
Output allowed=false
```

前面输出中的 Content-Type 识别了资源数据的类型是 text/html。text 部分叫做类型，html 部分叫做子类型。如果内容是普通的文本，Content-Type 的值可能是 text/plain。text/html 表明内容是文本的但是 HTML 格式的。

Content-Type 是多用途 Internet 邮件扩展（MIME）的一部分。MIME 是传统的传输消息的 7 位 ASCII 标准的一种扩展。通过引入了多种 header，MIME 使视频、声音、图像、不同字符集的文本与 7 位 ASCII 结合起来。当使用 URLConnection 类的时候，会遇到 getContentType( )和 getContentLength( )。这些方法返回的值是 Content-Type 和 Content-Length 的信息。

使用 URL 可以提交 HTTP 请求。HTML 能从某种资源得到（GET）数据，并按后来的处理把字段数据发送（POST）到某种资源。

假设要把数据发送到某个服务器程序。首先，数据必须组织为“名称/值”对（name/value pair），其次，每个对必须指定为 name=value 格式，再次，如果发送多个“名称/值”对，必须使用“&”符号把每对分开。最后 name 内容和 value 的内容必须使用 application/x- www-form-urlencoded MIME 类型编码。

为了辅助编码，Java 提供了 java.net.URLEncoder 类，它声明了一对静态的 encode( )

方法。每个方法有一个 String 参数并返回包含已编码的内容。例如，如果 encode( )发现参数中有空格，它在结果中用加号代替空格。

下面的代码演示了调用 URLEncoder 的 encode(String s)方法，对“a b”进行编码。结果 a+b 存储在一个新的 String 对象中。

```
String result=URLEncoder.encode ("a b");
```

另一个必须完成的事务是调用 URLConnection 的 setDoOutput(boolean doOutput)方法，其参数的值必须为 true。这种事务是必要的，因为 URLConnection 对象在默认情况下不支持输出。下面是 URLDemo3 的源代码。

【例 8-7】把窗体数据发送给某个资源。实现前面提到的各种事务。

```
import java.io.*;
import java.net.*;
class URLDemo3
{
  public static void main (String [] args) throws IOException
  {
    if (args.length<2||args.length%2!=0)
    {
     System.err.println ("usage: java URLDemo3 name value " + "[name
     value ...]");
     return;
      }
    URL url=new
    URL("http://banshee.cs.uow.edu.au:2000/~nabg/echo.cgi");
    URLConnection uc=url.openConnection ();
    // 验证连接的类型，必须是 HttpURLConnection 的
     if (!(uc instanceof HttpURLConnection))
     {
       System.err.println ("Wrong connection type");
       return;
        }
      // 必须能把“名称/值”对输出到服务器程序资源
     uc.setDoOutput (true);
    // 不使用 cache
     uc.setUseCaches (false);
    //设置 Content-Type 指示指定 MIME 类型
     uc.setRequestProperty ("Content-Type",
     "application/x-www-form-urlencoded");
     // 建立名/值对内容发送给服务器
     String content=buildContent(args);
     //设置 Content-Length
     uc.setRequestProperty ("Content-Length", ""+content.length());
    // 连接的适当类型
    HttpURLConnection hc=(HttpURLConnection) uc;
    // 把 HTTP 请求方法设置为 POST(默认的是 GET)
     hc.setRequestMethod ("POST");
    // 输出内容
    OutputStream os=uc.getOutputStream();
    DataOutputStream dos=new DataOutputStream(os);
    dos.writeBytes(content);
    dos.flush();
```

```
        dos.close();
        // 从服务器程序资源输入和显示内容
        InputStream is=uc.getInputStream();
        int ch;
        while ((ch=is.read ())!=-1)
        System.out.print ((char)ch);
        is.close ();
        }
    static String buildContent (String [] args)
    {
        StringBuffer sb=new StringBuffer();
        for (int i=0; i<args.length; i++)
        {
          // 对参数编码
          String encodedItem=URLEncoder.encode (args [i]);
          sb.append (encodedItem);
          if (i%2==0)
              sb.append ("="); // 分离名称和值
         else
              sb.append ("&"); // 分离名称/值对
          } // end for
              // 删除最后的 & 间隔符
         sb.setLength (sb.length()-1);
         return sb.toString();
    }
}
```

URLDemo3 编译后，在命令行输入 java URLDemo3 name1 value1 name2 value2 name3 value3，可以看到下面的输出：

```
name1 : value1
name2 : value2
name3 : value3
--------------------------------------------------------------------------
----------
Mon Feb 18 08:58:45 2002
```

8.4 连接数据库的 JDBC

JDBC 是 Java 主流的数据库存取技术之一。

JDBC 标准获得了几乎所有数据库厂商的支持。JDBC 的成功在于它规范统一标准的接口，只需要掌握标准的 SQL 就可以访问各种不同的数据库了。

JDBC 用直接访问数据库的方式来实现 Java 持久性。这种方式相对于 CMP 来说比较简单直接，特别是对于小型应用十分方便。

Java 程序使用 JDBC API 连接到以数据源形式表示的特定数据库。JDBC API 通过使用 JDBC Driver Manager 与指定数据源交互。JDBC Driver Manager 与某个特定的 JDBC 驱动器交互。JDBC 驱动器与后端数据库交互，提交 SQL 查询并将查询结果返回给 Java 程序。

JDBC 驱动器有以下可用的不同类型：

- JDBC-ODBC 桥接器加上 ODBC 驱动器：在这种类型的驱动器中，所有的数据库交互都通过 ODBC API 进行。JDBC 驱动器调用 ODBC API 函数，它依次与后端数据库交互。这种类型的驱动器主要依赖于 ODBC API，并要求 ODBC API 安装在客户端机器上。

- 本机 API 驱动程序部分用 Java 编写的驱动器：这种驱动器将 JDBC 调用转换为特定数据库系统的 SQL 语句。虽然所有的 DBMS 都使用标准 SQL 做数据库交互，但不是每个 DBMS 都支持 SQL 的所有特性。例如，某些 DBMS 不支持外连接和存储过程。因此，这种驱动器只能与特定的 DBMS 进行交互，但是，在指定的数据库上访问，它的执行速度要比其他驱动器快。
- JDBC-Net 纯 Java 驱动器：这种驱动器将 JDBC 函数调用转换为中间网络协议调用，如 RMI、CORBA 或 HTTP 调用。网络协议再将这些调用翻译为标准 SQL 函数调用。
- 本机协议纯 Java 驱动器：这种驱动器将 JDBC 函数调用直接转换为标准 SQL 函数调用。

Class.forName()：这个函数用于装载特定的驱动器，并在 JDBC 驱动管理器中对它进行注册。例如，语句 Class.forName("sun.jdbc.odbc.JdbcOdbcDriver")通过装载 JdbcOdbcDriver 类，用 JDBC 驱动管理器注册 JdbcOdbc 驱动器。

在 Java 程序中调用存储过程。

使用 CallableStatement 类调用存储过程。下面的代码是调用“show_flight_details”过程：

```
Connection con=DriverManager.getConnection("dbc:odbc:MyDataSource");
CallableStatement csobj=con.prepareCall("{call show_flight_details}");
ResultSet rs=csobj.executeQuery();
```

如果存储过程中包含插入或更新语句，则必须使用 executeUpdate( )方法执行这个存储过程。

【例 8-8】某大学行政主管需要访问数据库显示 2008 年 6 月之后来学校工作的教工名单。试写 JDBC 代码以完成：装载 JDBC-ODBC 桥接器，建立连接，运行相应的查询语句（表名为 Teachers，字段名为 TeacherName）。

```
Class.forName("sun.jdbc.odbc.JdbcOdbcDriver");
Connection con=DriverManager.getConnection("jdbc:odbc:MyDataSource");
Statement stat=con.createStatement();
Stat.executeQuery("select TeacherName from Teachers");
```

【例 8-9】在 Earnst Bank 数据库中的 Registration 数据表中增加一条记录。

```
import javax.swing.*;
import java.awt.*;
import java.sql.*;
import java.awt.event.*;
public class Registration implements ActionListener
{
      //定义框架和面板
      static JFrame frame;
      static JPanel panel;

      //定义标签变量
      JLabel labelFName;
      JLabel labelLName;
      JLabel labelAddress;
      JLabel labelAccType;
      JLabel labelPhone;
      JLabel labelAnnualIncome;
```

```
    //定义输入数据变量
    JTextField textFName;
    JTextField textLName;
    JTextField textAddress;
    JComboBox comboAccType;
    JTextField textPhone;
    JTextField textAnnualIncome;
    JButton buttonAccept;
    String[] AccType={"Current","Savings","Credit"};

  public static void main(String args[])
  {
    new Registration();
    }
  public Registration()
  {
   //创建面板并添加到框架上
   panel = new JPanel();
   frame=new JFrame("Customer Registration");
   frame.setSize(300,300);
   frame.setVisible(true);
   frame.getContentPane().add(panel);

   //初始化标签
   labelFName=new JLabel("First Name");
   labelLName=new JLabel("Last Name");
   labelAddress=new JLabel("Address");
   labelAccType=new JLabel("Account Type");
   labelPhone=new JLabel("Phone Number");
   labelAnnualIncome=new JLabel("Annual Income");

   //初始化输入数据的组件
   textFName=new JTextField(15);
   textLName=new JTextField(15);
   textAddress=new JTextField(30);
   comboAccType=new JComboBox(AccType);
   textPhone=new JTextField(10);
   textAnnualIncome=new JTextField(10);

   //添加组件到面板上
   panel.add(labelFName);
   panel.add(textFName);
   panel.add(labelLName);
   panel.add(textLName);
   panel.add(labelAddress);
   panel.add(textAddress);
   panel.add(labelAccType);
   panel.add(comboAccType);
   panel.add(labelPhone);
   panel.add(textPhone);
   panel.add(labelAnnualIncome);
   panel.add(textAnnualIncome);
```

```
        buttonAccept=new JButton("SUBMIT");
        panel.add(buttonAccept);
        buttonAccept.addActionListener(this);
    }
    public void actionPerformed(ActionEvent e)
     {
      Object source=e.getSource();
      if(source==buttonAccept)
      {
          try
          {
          Class.forName("sun.jdbc.odbc.JdbcOdbcDriver");
          Connection con;
          //连接到数据源
          con=DriverManager.getConnection("jdbc:odbc:MyDataSource"," ","");
          //创建 SQL 语句对象
          PreparedStatement stat2=con.prepareStatement("
          insert into Registration(cFirst_name,cLast_name,
          cAddress,cAccount_type,cPhone_no,mAnnual_income) values(?,?,?,?,?,?)");
          //填充数据
          stat2.setString(1,textFName.getText());
          stat2.setString(2,textLName.getText());
          stat2.setString(3,textAddress.getText());
          stat2.setString(4,(String)comboAccType.getSelectedItem());
          stat2.setString(5,textPhone.getText());
          stat2.setFloat(6,Float.parseFloat(textAnnualIncome.getText()));

          //插入记录到数据表中
          stat2.executeUpdate();

          JOptionPane.showMessageDialog(frame,new String("Your details have
          been registered"));
          }

          catch(Exception exception)
           {
           JOptionPane.showMessageDialog(frame,new String
           ("Error encountered while entering data in the database:
           "+exception));
          }
      }
    }

    }
```

程序在执行中首先把 EarnestBank 数据库添加到 SQL Server 中，接着要为“EarnestBank”数据库创建名为“MyDataSource”的 DS N。操作步骤如下：

打开“控制面板”，选择“管理工具”→“数据源 (ODBC)”，打开对话框如图 8-5 所示。

选择“系统 DSN”选项卡，单击“添加”按钮，打开对话框如图 8-6 所示。选择其中的 SQL Server 选项单击“完成”按钮，打开对话框如图 8-7 所示。

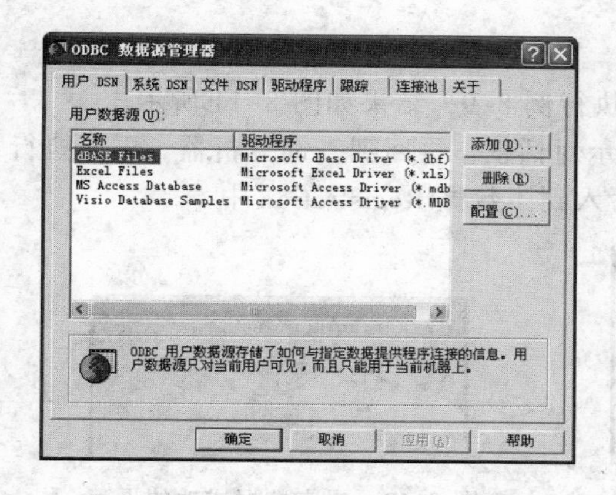

图 8-5　“ODBC 数据源管理器”对话框

图 8-6　“创建新的数据源”对话框

两次单击“下一步”按钮，在弹出的图 8-8 所示的对话框中修改默认的数据库为“EarnestBank”。

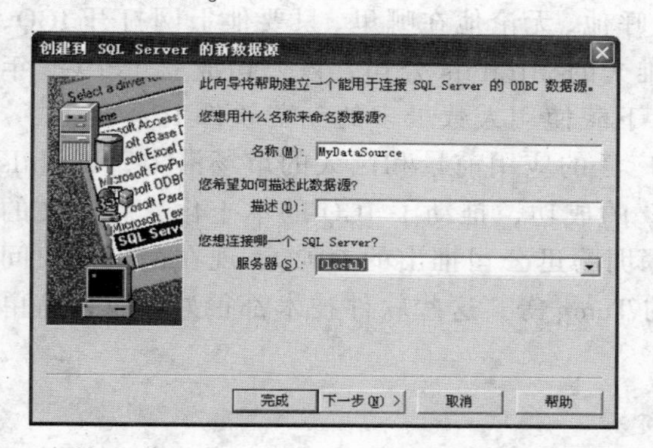

图 8-7　“创建到 SQL Server 的新数据源”对话框

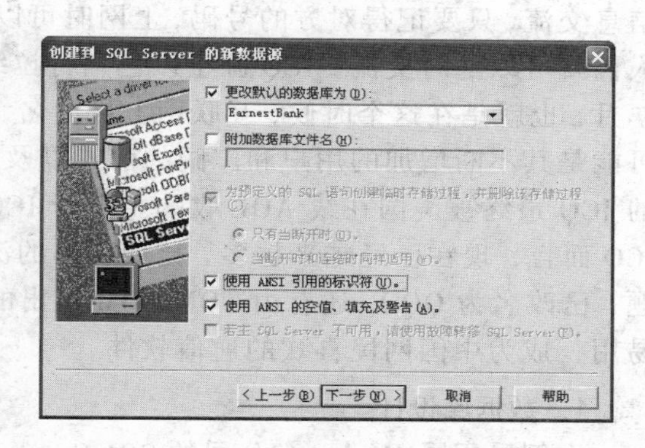

图 8-8　“创建到 SQL Server 的新数据源”对话框

单击“下一步”→“完成”按钮，得到图 8-9 所示对话框，单击“测试数据源”按钮，测试成功则如图 8-10 所示，即数据源建立成功。

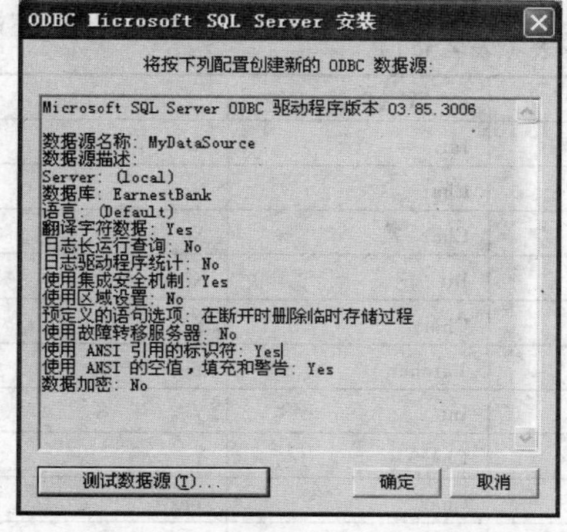

图 8-9　ODBC 的安装对话框

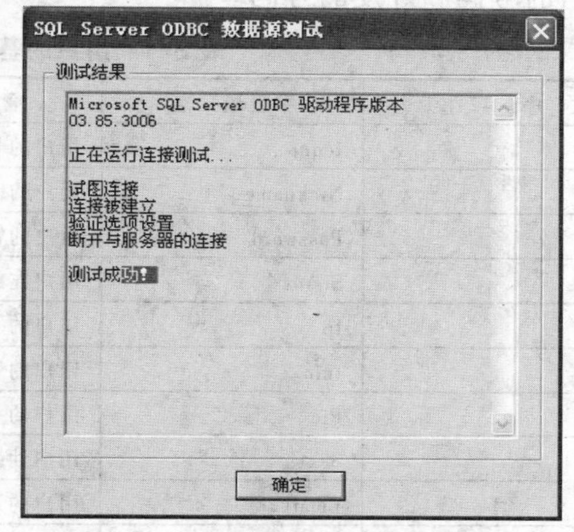

图 8-10　ODBC 数据源的测试对话框

打开查询分析器，在数据库 EarnestBank 执行查询，输入：

```
select *
from Registration
```

可以查看到该数据表中原始记录为 5 条，执行例 8-9，结果如图 8-11 所示。

单击“SUBMIT” 按钮，可得到图 8-12 所示对话框。再回到查询分析器，再次执行查询语句，可发现图 8-11 中输入的数据已经写入到了数据 Registration 中。

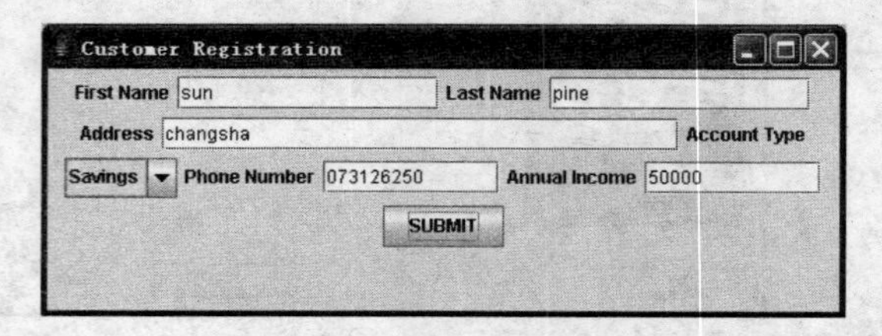

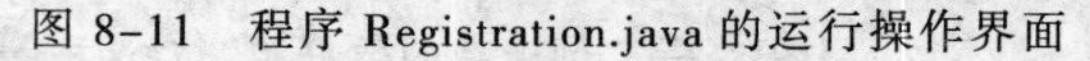
图 8-11 程序 Registration.java 的运行操作界面

图 8-12 提交数据成功的界面

【综合案例】设计一个类 ICQ 系统。

ICQ 是英文“I seek you”的简称，中文意思是“我找你”。ICQ 最大的功能就是即时信息交流，只要记得对方的号码，上网时可以呼他，无论他在哪里，只要他上网打开 ICQ，人们就可以随时交流。ICQ 源于以色列特拉维夫的 Mirabils 公司，该公司成立于 1996 年 7 月，也就是在这个时候，互联网上最出名、下载使用人数最多的免费软件 ICQ 诞生了。可能是其不断增加的用户和广阔的前景以及广泛的应用前景和巨大的市场潜力，Mirabils 的 ICQ 最终被美国在线 AOL 收购。由于 ICQ 的成功，推动了 ICQ 的本土化，就中文的 ICQ 而言，现在已经越来越多，比如著名的深圳腾迅公司推出的 OICQ（现在由于版权问题，已改名为 QQ），还有由 TOM.COM 推出的 Tomq 等，这些软件技术都很好，而且简单易用，成为中国网民喜欢的通信软件。

1. 数据库设计

本例采用了 Microsoft 公司的 SQL Server 2000 作为后台数据库。通过对现在流行的一些 ICQ 的参考，建立数据库，名为 javaicq。数据库共建立两个表：一个是用户的基本信息（见表 8-1），包括昵称、Jicq 号码等；另一个是用户的好友表（见表 8-2），包括用户自己的号码和好友的号码。

表 8-1 用户的基本信息表（表名 icq）

序　号	字 段 名	含　义	数 据 类 型	NULL
1	Icqno	用户的号码	Int	No
2	Nickname	用户的昵称	Char	No
3	Password	用户的密码	Char	No
4	Status	用户在线否	Bit	No
5	Ip	用户的 IP 地址	Char	Yes
6	Info	用户的资料	Varchar	Yes
7	Pic	用户的头像号	Int	Yes
8	Sex	用户性别	Char	Yes
9	Email	用户的 email	Char	Yes
10	Place	用户的籍贯	Char	Yes

注：Icqno 字段为自动增加（还可以添加诸如电话号码等字段作为更多选择）。

表 8-2　用户的好友表（表名 friend）

序　号	字 段 名	含　义	数 据 类 型	NULL
1	Icqno	用户的号码	Int	No
2	Friend	好友的号码	Int	No

2. 系统模式及程序

系统采用客户/服务器模式，如图 8-13 所示。

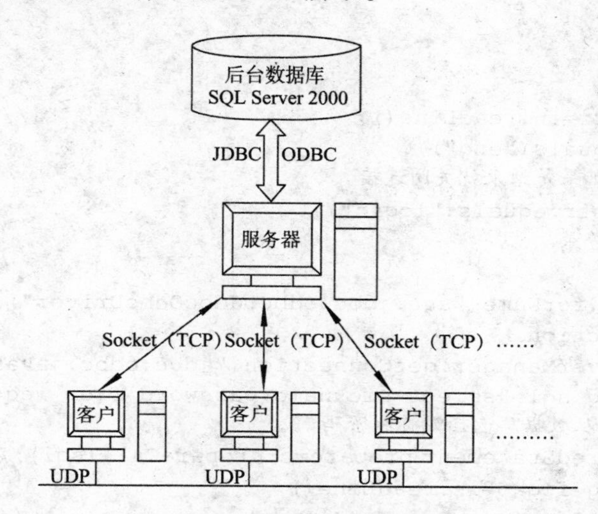

图 8-13　客户/服务器模式

1）服务器程序

服务器与客户间通过套接口 Socket(TCP)连接。在 Java 中使用套接口相当简单，Java API 为处理套接口的通信提供了一个类 java.net.Socket.，使得编写网络应用程序相对容易。服务器采用多线程以满足多用户的请求，通过 JDBC 与后台数据库连接，并通过创建一个 ServerSocket 对象来监听来自客户的连接请求，默认端口为 8080，然后无限循环调用 accept()方法接受客户程序的连接。

服务器程序代码如下（部分）：

```
import java.io.*;
import java.net.*;
import java.sql.*;
import java.util.Vector;
class ServerThread extends Thread{
private Socket socket;
private BufferedReader in;                                    //定义输入流
private PrintWriter out;                                      //定义输出流
int no;//定义申请的 jicq 号码
public ServerThread(Socket s) throws IOException              //线程构造函数
{
 socket=s;                                                    //取得传递参数
 in=new BufferedReader(new InputStreamReader(socket.getInputStream()));
  //创建输入流
 out=new PrintWriter(new
```

```
        BufferedWriter(new
OutputStreamWriter(socket.getOutputStream())),true);
 //创建输出流
   start();                                                  //启动线程
   }

 public void run()//线程监听函数
 {
 try{
    while(true)
    {
       String str=in.readLine();                            //取得输入字符串
       if(str.equals("end"))
       break;//如果是结束就关闭连接
       else if(str.equals("login"))
       {//如果是登录
          try{
          Class.forName("sun.jdbc.odbc.JdbcOdbcDriver"); //连接数据库
          Connection
          c=DriverManager.getConnection("jdbc:odbc:javaicq",""," ");
          String sql="select nickname,password from icq where icqno=?";
          //准备从数据库选择呢称和密码
          PreparedStatement prepare=c.prepareCall(sql);//设定数据库查寻条件
          String icqno=in.readLine();
          int g=Integer.parseInt(icqno);                    //取得输入的jicq号码
          System.out.println(icqno);
          String passwd=in.readLine().trim();              //取得输入的密码
          System.out.println(passwd);
          prepare.clearParameters();
          prepare.setInt(1,g);                              //设定参数
          ResultSet r=prepare.executeQuery();               //执行数据库查寻
          if(r.next())//比较输入的号码于密码是否相同
          {
            String pass=r.getString("password").trim();
            System.out.println(pass);
            if(passwd.regionMatches(0,pass,0,pass.length()))
             {
               out.println("ok");
               //注册用户的 ip 地址
               String setip="update icq set ip=? where icqno=?";
               PreparedStatement prest=c.prepareCall(setip);
               prest.clearParameters();
               prest.setString(1,socket.getInetAddress().getHostAddress());
               prest.setInt(2,g);
               int set=prest.executeUpdate();
               System.out.println(set);

               //设置在线状态
               String status="update icq set status=1 where icqno=?";
               PreparedStatement prest2=c.prepareCall(status);
```

```
                    prest2.clearParameters();
                     prest2.setInt(1,g);
                     int set2=prest2.executeUpdate();
                     System.out.println(set2);
                    }
                    //否则告诉客户失败
                     else{
                       System.out.println("false");
                       System.out.println("false");
                       r.close();
                       c.close();
                      }
                    }catch (Exception e)
                    {
                      e.printStackTrace();
                     }
                    socket.close();
                    }//登录结束

        //处理客户的新建请求
        else  if(str.equals("new"))
        {
         try
         {
         Class.forName("sun.jdbc.odbc.JdbcOdbcDriver");//连接数据库
          Connection c2=DriverManager.getConnection("jdbc:odbc:javaicq","
          "," ");
          String newsql="insert into
          icq(nickname,password,email,info,place,pic)
          values(?,?,?,?,?,?)";
          //接受用户的呢称，密码，email，个人资料，籍贯，头像等信息
          PreparedStatement prepare2=c2.prepareCall(newsql);
          String nickname=in.readLine().trim();
          String password=in.readLine().trim();
          String email=in.readLine().trim();
          String info=in.readLine().trim();
          String place=in.readLine().trim();
          int picindex=Integer.parseInt(in.readLine());
          prepare2.clearParameters();
          prepare2.setString(1,nickname);
          prepare2.setString(2,password);
          prepare2.setString(3,email);
          prepare2.setString(4,info);
          prepare2.setString(5,place);
          prepare2.setInt(6,picindex);
          int r3=prepare2.executeUpdate();//执行数据库添加
          String sql2="select icqno from icq where nickname=?";
          //告诉客户其注册的号码
        PreparedStatement prepare3=c2.prepareCall(sql2);
        prepare3.clearParameters();
```

```
 prepare3.setString(1,nickname);
 ResultSet r2=prepare3.executeQuery();
 while(r2.next())
 {
  no=r2.getInt(1);
  System.out.println(no);
  }
 System.out.println(no);
 System.out.println("ok");
 c2.close();
 }catch (Exception e)
 {
 e.printStackTrace();
 System.out.println("false");
 }
 socket.close();
 }
//处理用户查找好友
else if(str.equals("find"))
{
try{
 Class.forName("sun.jdbc.odbc.JdbcOdbcDriver");
 Connection c3=DriverManager.getConnection("jdbc:odbc:javaicq","
 "," ");
//连接数据库，并且返回其他用户的昵称，性别，籍贯，个人资料等信息
 String find="select nickname,sex,place,ip,email,info from icq";
 Statement st=c3.createStatement();
 ResultSet result=st.executeQuery(find);
 while(result.next())
 {
 System.out.println(result.getString("nickname"));
 System.out.println(result.getString("sex"));
 System.out.println(result.getString("place"));
 System.out.println(result.getString("ip"));
 System.out.println(result.getString("email"));
 System.out.println(result.getString("info"));
 }
out.println("over");
int d,x;
boolean y;
//返回用户的jicq号码、头像号，及是否在线
ResultSet iset=st.executeQuery("select icqno,pic,status from icq");
while(iset.next())
{
 d=iset.getInt("icqno");
 System.out.println(d);
 x=iset.getInt("pic");
 System.out.println(x);
 y=iset.getBoolean("status");
 if (y)
```

```
    {
      System.out.println("1");
      }
       else {
         System.out.println("0");
         }
     }
      iset.close();
      c3.close();
      result.close();
     }catch (Exception e)
     {
      e.printStackTrace();
      System.out.println("false");
       }
 }
 //处理用户登录时读取其好友资料
else if(str.equals("friend"))
  {
   try{
     Class.forName("sun.jdbc.odbc.JdbcOdbcDriver");
     Connection c4=DriverManager.getConnection("jdbc:odbc:javaicq"," "," ");
    //连接好友表，返回用户的好友名单
     String friend="select friend from friend where icqno=?";
     PreparedStatement prepare4=c4.prepareCall(friend);
     prepare4.clearParameters();
     int icqno=Integer.parseInt(in.readLine());
     System.out.println(icqno);
     prepare4.setInt(1,icqno);
     ResultSet r4=prepare4.executeQuery();
     Vector friendno=new Vector();//该矢量保存好友号码
     while(r4.next())
     {
     friendno.add(new Integer(r4.getInt(1)));
    }
  //告诉客户其好友的呢称，号码，ip 地址，状态，头像，个人资料等信息
   System.out.println(friendno.size());
   for(int i=0;i<friendno.size();i++){
   String friendinfo="select nickname,icqno,ip,status,pic,email,info
   from icq where  icqno=?";
   PreparedStatement prepare5=c4.prepareCall(friendinfo);
   prepare5.clearParameters();
   prepare5.setObject(1,friendno.get(i));
   ResultSet r5=prepare5.executeQuery();
   boolean status;
   while(r5.next())
   {
     System.out.println(r5.getString("nickname"));
     System.out.println(r5.getInt("icqno"));
     System.out.println(r5.getString("ip"));
```

```
            status=r5.getBoolean("status");
            if (status)
            System.out.println("1");
             else {
            System.out.println("0");
            }
             System.out.println(r5.getInt("pic"));
             System.out.println(r5.getString("email"));
             System.out.println(r5.getString("info"));
            }
          r5.close();
          }
          //发送完毕
          System.out.println("over");
          System.out.println("over");
          c4.close();
          r4.close();
         }
    catch (Exception e){
      e.printStackTrace();
      System.out.println("false");
      }
       }
      //读取好友信息完毕
     //处理用户添加好友
     else if(str.equals("addfriend"))
     {
      System.out.println("add");
      try{
         Class.forName("sun.jdbc.odbc.JdbcOdbcDriver");
          Connection c6=DriverManager.getConnection("jdbc:odbc:javaicq"," "," ");
          //连接数据库，根据接受的用户号码及好友号码向好友表添加记录
         int friendicqno=Integer.parseInt(in.readLine());
         System.out.println(friendicqno);
         int myicqno=Integer.parseInt(in.readLine());
         System.out.println(myicqno);
         String addfriend="insert into friend values(?,?)";
         PreparedStatement prepare6=c6.prepareCall(addfriend);
         prepare6.clearParameters();
         prepare6.setInt(1,myicqno);
         prepare6.setInt(2,friendicqno);
         int  r6=0;
         r6=prepare6.executeUpdate();
         if(r6==1)
            System.out.println("ok  addfrien");
         else
            System.out.println("false addfriend");

         }catch (Exception e)
         {
```

```
    e.printStackTrace();
    System.out.println("false");
    }
  System.out.println("over addfriend");
  }
  //用户添加好友结束
  //处理其他用户如果加我，我就加他
  else if(str.equals("addnewfriend"))
  {
   System.out.println("add");
   try{
     Class.forName("sun.jdbc.odbc.JdbcOdbcDriver");
     Connection c6=DriverManager.getConnection("jdbc:odbc:javaicq","
     "," ");
     //连接数据库，根据接受的用户号码及好友号码向好友表添加记录
     int friendicqno=Integer.parseInt(in.readLine());
     System.out.println(friendicqno);
     int myicqno=Integer.parseInt(in.readLine());
     System.out.println(myicqno);
     String addfriend="insert into friend values(?,?)";
     PreparedStatement prepare6=c6.prepareCall(addfriend);
     prepare6.clearParameters();
     prepare6.setInt(1,myicqno);
     prepare6.setInt(2,friendicqno);
    int  r6=0;
    r6=prepare6.executeUpdate();
    if(r6==1)
      System.out.println("ok  addfrien");
    else
      System.out.println("false addfriend");

   String friendinfo="select nickname,icqno,ip,status,pic,email,info
                     from icq where icqno=?";
   //如果成功，就向用户传递好友的基本信息，比如昵称等
   PreparedStatement prepare5=c6.prepareCall(friendinfo);
   prepare5.clearParameters();
   prepare5.setInt(1,friendicqno);
   ResultSet r5=prepare5.executeQuery();
   boolean status;
   while(r5.next())
   {
     System.out.println("dsf");
     System.out.println(r5.getString("nickname"));
     System.out.println(r5.getInt("icqno"));
     System.out.println(r5.getString("ip"));
     status=r5.getBoolean("status");
     if (status)out.println("1");
       else {out.println("0");
   }
    System.out.println(r5.getInt("pic"));
```

```
        System.out.println(r5.getString("email"));
        System.out.println(r5.getString("info"));
       }
      System.out.println("over");
      r5.close();
      c6.close();
     }
      catch (Exception e){
       e.printStackTrace();
       System.out.println("false");
       }
    System.out.println("over addnewfriend");
     }
   //结束处理其他用户如果加我，我就加他
   //执行用户删除好友
   else if(str.equals("delfriend"))
   {
    System.out.println("del");
    try{
       Class.forName("sun.jdbc.odbc.JdbcOdbcDriver");
       Connection c7=DriverManager.getConnection("jdbc:odbc:javaicq"," "," ");
       //连接数据库，根据接受的用户号码及好友号码向好友表删除记录
       int friendicqno=Integer.parseInt(in.readLine());
       System.out.println(friendicqno);
       int myicqno=Integer.parseInt(in.readLine());
       System.out.println(myicqno);
       String addfriend="delete from friend where icqno=? and friend=?";
       PreparedStatement prepare7=c7.prepareCall(addfriend);
       prepare7.clearParameters();
       prepare7.setInt(1,myicqno);
       prepare7.setInt(2,friendicqno);
       int  r7=0;
       r7=prepare7.executeUpdate();
       if(r7==1)
         System.out.println("ok  delfrien");//成功
       else
         System.out.println("false delfriend");//失败
      }catch (Exception e){
        e.printStackTrace();
        System.out.println("del false");
        }
     }
   //执行用户删除好友结束
   //处理用户退出程序
     else if(str.equals("logout"))
     {
      try{
        Class.forName("sun.jdbc.odbc.JdbcOdbcDriver");
        Connection c8=DriverManager.getConnection("jdbc:odbc:javaicq"," "," ");
        //连接数据库，根据接受的用户号码，将其状态字段设为 0，及 ip 地址设为空
```

```
   int myicqno=Integer.parseInt(in.readLine());
   System.out.println(myicqno);
   String status="update icq set status=0 , ip=' ' where icqno=?";
   PreparedStatement prest8=c8.prepareCall(status);
   prest8.clearParameters();
   prest8.setInt(1,myicqno);
   int r8=prest8.executeUpdate();
   if(r8==1)
      System.out.println("ok  logout");
   else
      System.out.println("false logout");
   }
  catch (Exception e){
   e.printStackTrace();
   System.out.println("logout false");
   }
  }
/处理用户退出程序结束
//处理那些人加了我为好友，以便上线通知他们
 else if(str.equals("getwhoaddme"))
{
   System.out.println("getwhoaddme");
  try{
   Class.forName("sun.jdbc.odbc.JdbcOdbcDriver");
   Connection c9=DriverManager.getConnection("jdbc:odbc:javaicq","
   "," ");
  //连接数据库，根据我的号码，从好友表中选择谁加了我
  int myicqno=Integer.parseInt(in.readLine());
  System.out.println(myicqno);
  String getwhoaddme="select icqno from friend where friend=?";
  PreparedStatement prepare6=c9.prepareCall(getwhoaddme);
  prepare6.clearParameters();
  prepare6.setInt(1,myicqno);
  ResultSet r6=prepare6.executeQuery();
  Vector who=new Vector();
  while(r6.next()){
  who.add(new Integer(r6.getInt(1)));
   }
//告诉这些好友的 ip 地址，然后发给用户以便告诉其他客户我上线了
  for(int i=0;i<who.size();i++)
 {
  String whoinfo="select ip from icq where icqno=? and status=1";
  PreparedStatement prepare=c9.prepareCall(whoinfo);
  prepare.clearParameters();
  prepare.setObject(1,who.get(i));
  ResultSet r=prepare.executeQuery();
  while(r.next())
 {
  System.out.println(r.getString("ip"));
     }
```

```
        r.close();
          }
      System.out.println("over");
      System.out.println("over");
      c9.close();
      r6.close();
      }
    catch (Exception e){
     e.printStackTrace();
     System.out.println("false");
     }
    }
    //处理上线结束
    System.out.println("Echo ing :"+str);
    }
    System.out.println("Close...");
      }
    catch(IOException e){
    }//捕或异常
    finally {
     try{socket.close();
     }
      catch(IOException e){
      }
    }
  }
}
  public class Server{                              //主服务器类
   public static void main(String args[])throws IOException
   {
   ServerSocket s=new ServerSocket(8080); //在 8080 端口创建套接口
   System.out.println("Server start.."+s);
   try{
    while(true)
    {
     Socket socket=s.accept();                   //无限监听客户的请求
     System.out.println("Connectino accept:"+socket);
     try{
       new ServerThread(socket);                 //创建新线程
       }
       catch(IOException e){
         socket.close();
         }
       }
     }
    finally{s.close();}                          //捕或异常
    }
   }                                             //服务器程序结束
```

服务器运行界面入图 8-14 所示。

2）客户程序（部分）

（1）客户通过 Socket(InetAddress,port)建立与服务器的连接。服务器与客户都通过构造类 BufferedReader、PrintWriter 来建立输入/输出流，然后双方通过该输入/输出流来相互传递信息，一旦收到客户方的连接请求，服务器 accept( )方法返回一个新建的 Socket 对象。客户端然后向服务器发送消息，比如注册、登录、查找好友等，服务器收到来自客户的请求后，针对不同的消息处理请求，虽然 UDP 不可靠，但是对于 ICQ，可靠性并不太重要，而且 UDP 快速，所以客户间通过 UDP 发送信息。用户登录时通过类 DatagramPacket 和 DatagramSocket 创建 UDP,包括其本地接受端口以及发送端口，默认端口为 5000 和 5001，通过取得好友的 IP 地址来向好友发送消息（send(DatagramPacket)）和接受消息(receive(DatagramPacket))。当用户通过 UDP 收到消息后，可以通过 DatagramPacket 的方法 InetAddress getAddress( )得到对方的 IP 地址，通过对好友列表比较以判断是谁并提示用户收到某的消息，然后用户选择该用户查看消息，如果好友列表没有该人，就显示收到陌生人的消息。用户可以单击陌生人按钮查看消息。

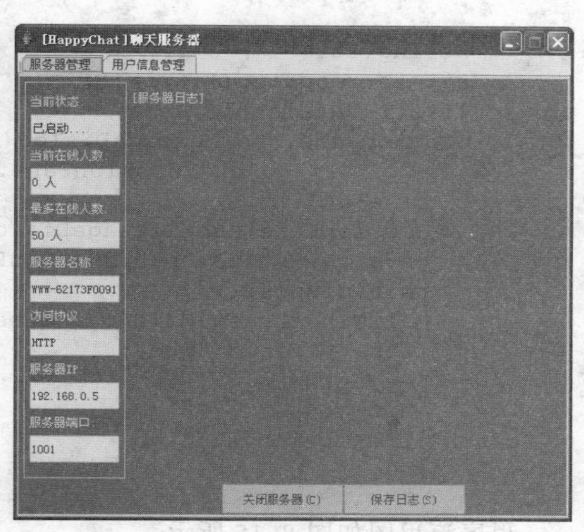

图 8-14　服务器运行界面

（2）用户注册。当服务器收到用户的注册请求，便开始接受客户传递的信息，诸如客户的呢称、性别、籍贯、头像、个人资料等，接受完毕后，便通过 JdbcOdbc 与后台数据库连接，然后向数据库添加记录，如果成功，便向客户返回其 Jicq 号码，并在数据库中注册用户的 IP 地址，然后更新其 Status 为 1，即用户在线。客户收到服务器返回的信息后，便打开主程序窗口，并同时开始创建 UDP，以便在用户之间建立联系。

部分程序如下：

```
 void jButton1_mouseClicked(MouseEvent e)
{
    try{
     Socket socket=new Socket(InetAddress.getByName(sername),serverport);
     //连接服务器
     BufferedReader in=new BufferedReader(
            new InputStreamReader(socket.getInputStream()));
     PrintWriter out=new PrintWriter(new BufferedWriter(
           new OutputStreamWriter(socket.getOutputStream())),true);
     System.out.println("new");                         //告诉服务器我要注册
     System.out.println(nickname.getText().trim());
   //告诉服务器我的呢称、密码、email，资料，以及头像号等信息
     System.out.println(password.getPassword());
     System.out.println(email.getText().trim());
     System.out.println(info.getText().trim());
     System.out.println(place.getSelectedItem());
     System.out.println(headpic.getSelectedIndex()); //head picindex
     int no;
```

```
     no=Integer.parseInt(in.readLine());

    String str=" ";
    str=in.readLine().trim();                              //从服务器取得状态
    if(str.equals("false"))
    JOptionPane.showMessageDialog(this,"对不起, 出错了:- (",
               "ok",JOptionPane.INFORMATION_MESSAGE);  //失败就警告
      else{                                                 //成功就打开主程序
      JOptionPane.showMessageDialog(this,"your
      javaicq#is"+no,"ok",JOptionPane.INFORMATION_MESSAGE);
      this.dispose();
      MainWin f2=new MainWin(no,sername,serverport);
      f2.setVisible(true);
            }
      }
  catch(IOException e1){
      }
  }
```

程序流程图如图 8-15 所示。

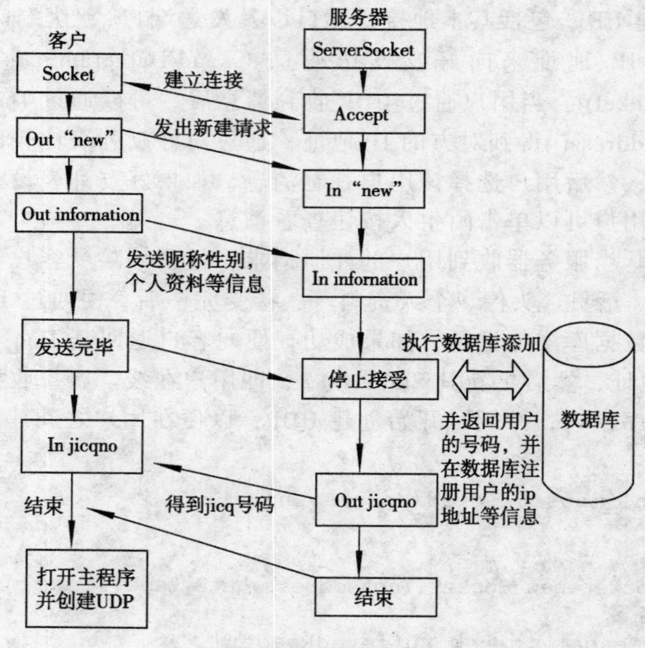

图 8-15　程序流程图

（3）用户登录。在客户端，用户输入其 jicq 号码和密码，然后建立与服务器的连接，告诉服务器我要登录，服务器收到后，开始通过 JdbcOdbc 读取数据库，然后与用户输入的信息比较，如果相同就向客户返回成功消息并将其 Status 字段设为 1 ——表示上线了以及注册其 IP 地址，否则返回错误，如果客户收到成功信息就打开主窗口，否则提示出错。如果成功，便打开主程序窗口，并同时开始创建 UDP，以便在用户之间建立联系。然后客户向服务器请求读取好友名单，服务器收到该请求，开始读取数据库中的 friend 表，得到好友的号码后，再在 icq 表中读取好友资料，然后向客户端发送这些信息，客户收到后就在主窗口显示好友，比如头像、昵称，并且建立几个矢量（Vector）用以存

储好友的昵称、jicq号码、头像编号、IP地址等信息。

（4）用户添加好友。客户登录后，单击查找按钮后，开始向服务器发出查找请求，服务器读取数据库表 icq 并向客户返回其结果，客户收到后在查找窗口中显示，如果用户选择了一个好友，就向服务器发送添加好友请求，服务器收到后就向数据库表 friend 中添加自己的号码以及好友的号码，并从 icq 表中读取其基本信息返回给客户端，然后客户收到并在主窗口显示该好友。并且通过UDP通知该客户，对方收到该消息后，可以选择添加该用户为好友或者不。

（5）用户删除好友。用户在其好友列表中选择要删除的好友并单击删除，然后向服务器发送删除请求，服务器收到该请求后，连接数据库表 friend 删除该好友的记录，如果成功就向客户返回成功消息，客户收到后在其好友列表中删除该好友。

（6）用户发送和接收消息。用户通过在好友列表里的好友的IP地址，通过UDP与其他用户进行信息交流。

小　结

本章主要讲述了以下内容：

（1）TCP/IP是传输控制协议/互联网络协议，是Internet最基本的协议。

（2）域名是一台计算机在网络上的名字，即主机名。

（3）getLocalHost()返回主机名和地址。

（4）java.net包的ServerSocket类，用于创建一个套接字以让服务器监听客户的请求。

（5）ServerSocket类的accept()方法返回对客户的套接字的引用，它是Socket类的对象。

（6）Socket类包含提供对客户流引用的功能，由此检索数据或发送数据到客户。 实现此的Socket类的两个方法是：getInputStream()和getOutputStream()。

（7）Socket类包含功能：提供对接收或发送数据给客户的客户流的引用。这由Socket类的 getInputStream() 和 getOutputStream() 方法实现。

（8）在用 getOutputStream() 方法初始化 ObjectOutputStream 类的对象之后，客户可以发送数据给服务器。

（9）可用 ObjectOutputStream 类的 writeObject()方法写出对象类数据到流。

（10）JDBC是Java主流的数据库存取技术之一。JDBC以直接访问数据库的方式来实现Java持久性。

（11）JDBC驱动器的类型有：JDBC-ODBC桥接器加上ODBC驱动器，本机API驱动程序部分用Java编写的驱动器，JDBC-Net纯Java驱动器，以及本机协议纯Java驱动器。

（12）Class.forName()：这个函数用于装载特定的驱动器，并在JDBC驱动管理器中对它进行注册。

练习题

一、选择题

1. 下列叙述中，错误的是（　　）。

A. File 类能够存储文件　　B. File 类能够读写文件
C. File 类能够建立文件　　D. File 类能够获取文件目录信息

2. 下列叙述中，正确的是（　　）。
A. Reader 是一个读取字符文件的接口
B. Reader 是一个读取数据文件的抽象类
C. Reader 是一个读取字符文件的抽象类
D. Reader 是一个读取字节文件的一般类

3. 用于输入压缩文件格式的 ZipInputStream 类所属包是（　　）。
A. java.util　B. java.io　C. java.nio　D. java.util.zip

4. 查找随机文件的记录时，应使用的方法是（　　）。
A. readInt( )　B. readBytes(int n)　C. seek(long l)　D. readDouble( )

5. FilterOutputStream 类是 BufferedOutputStream, DataOutputStream 和 PrintStream 的父类。下列哪个类是 FilterOutputStream 类构造符的参数？（　　）
A. InputStream　B. OutputStream　C. File　D. RandomAccessFile
E. StreamTokenizer

6. 下面哪个不是 InputStream 类中的方法？（　　）
A. int read(byte[])　　B. void flush()
C. void close()　　D. int available()

7. 用户正向一个文件中写入 1 000 KB 的数据。此操作要使用文件输出流。数据在输出流中保持聚集状态，经常会出现 IOException。为避免这个现象将采取什么措施？
A. 将文件写方法置于线程中并频繁调用 sleep()方法
B. 使用 flush()方法
C. 关闭输出流并且在写入文件的数据中每“n”个字节处打开流
D. 使用 catch 块来捕获每一次异常并且使用 catch 块内部的 write()方法

8. 下列协议中哪一个具备通信的 socket 功能？（　　）
A. TCP　B. UDP　C. NetBeUI　D. NWLink

9. 下列代码行中哪一个允许用户在文件“Date.txt”中写当前的数据？（　　）

A.
```
FileOutputStream foutStream=new FileOutputStream("Date.txt");
ObjectInputStream iStream=new ObjectInputStream(foutStream);
Date curDate = new Date();
oStream.writeObject((Date)curDate);
```
B.
```
FileOutputStream foutStream=new FileOutputStream("Date.txt");
ObjectOutputStream oStream=new ObjectOutputStream(foutStream);
Date curDate=new Date();
oStream.writeObject((Date)curDate);
```
C.
```
ObjectOutputStream oStream=new ObjectOutputStream("Date.txt");
Date curDate = new Date();
oStream.writeObject((Date)curDate);
```
D.
```
FileOutputStream foutStream=new FileOutputStream("Date.txt");
PrintStream oStream=new PrintStream(foutStream);
Date curDate=new Date();
oStream.println(curDate);
```

二、简答题

1. 什么是域名和 IP 地址？
2. 如何得到某个网络的域名和 IP 地址？
3. 如何实现网络通信？
4. Socekt 的工作流程是什么？
5. 如何创建数据源？

三、实践题

1. 运用 Socket 编写一个 C/S 模式的通信系统。
2. 分析下列程序的运行结果，并上机操作实践之。

```
//Loan_Details.java
import javax.swing.*;
import java.awt.*;
import java.sql.*;
import java.awt.event.*;
public class Loan_Details implements ActionListener
{
//定义面板和框架对象
static JFrame frame;
static JPanel panel;

//标签变量
JLabel labelCustId;
JLabel labelLoanId;
JLabel labelLoanAmount;
JLabel labelLoanPaid;
JLabel labelLoanBalance;

//输入数据的标签变量
JTextField textCustId;
JTextField textLoanId;
JTextField textLoanAmount;
JTextField textLoanPaid;
JLabel textLoanBalance;

JButton buttonEdit=new JButton("Edit Details");
JButton buttonConfirm=new JButton("Confirm");
public static void main(String args[])
{
new Loan_Details();
}
public Loan_Details()
{
//创建面板并添加到框架中
panel = new JPanel();
frame=new JFrame("Update Loan Details");
frame.setVisible(true);
frame.setSize(300,300);
```

```
frame.getContentPane().add(panel);

//初始化标签
labelCustId = new JLabel("Enter Registration Id :");
labelLoanId = new JLabel("Enter Loan Id :");
labelLoanAmount = new JLabel("Total Loan Amount :");
labelLoanPaid = new JLabel("Loan Amount Paid Now :");
labelLoanBalance=new JLabel("Loan Balance :");

//初始化输入数据组件
textCustId = new JTextField(10);
textLoanId = new JTextField(10);
textLoanAmount = new JTextField(10);
textLoanPaid=new JTextField(10);
textLoanBalance=new JLabel(" ");

//添加组件
panel.add(labelCustId);
panel.add(textCustId);
panel.add(labelLoanId);
panel.add(textLoanId);
panel.add(labelLoanAmount);
panel.add(textLoanAmount);
panel.add(labelLoanPaid);
panel.add(textLoanPaid);
    panel.add(labelLoanBalance);
   panel.add(textLoanBalance);
   panel.add(buttonEdit);
panel.add(buttonConfirm);
buttonEdit.addActionListener(this);
buttonConfirm.addActionListener(this);

   textLoanAmount.setVisible(false);
labelLoanAmount.setVisible(false);
   labelLoanPaid.setVisible(false);
   textLoanPaid.setVisible(false);
   labelLoanBalance.setVisible(false);
   textLoanBalance.setVisible(false);
buttonConfirm.setVisible(false);

}
public void actionPerformed(ActionEvent e) {
    try {
    Object source=e.getSource();
    Connection con;
    Class.forName("sun.jdbc.odbc.JdbcOdbcDriver");
   con=DriverManager.getConnection("jdbc:odbc:MyDataSource","user1","");
    if(source==buttonConfirm) {
        try
        {
```

```
    PreparedStatement stat1=con.prepareStatement("update Loan_Details
    set mLoan_amount_repaid=?
    where cLoan_registration_id=? and cLoan_id=?");
    stat1.setFloat(1,Float.parseFloat(textLoanPaid.getText()));
    stat1.setString(2,textCustId.getText());
    stat1.setString(3,textLoanId.getText());
    stat1.executeUpdate();
    stat1=con.prepareStatement("update Loan_Details
        set mBalance=mBalance-mLoan_amount_repaid
        where cLoan_registration_id=? and cLoan_id=?");
    stat1.setString(1,textCustId.getText());
    stat1.setString(2,textLoanId.getText());
    stat1.executeUpdate();
    float ftemp=Float.parseFloat(textLoanBalance.getText())
    float.parseFloat(textLoanPaid.getText());
    textLoanBalance.setText(String.valueOf(ftemp));
    JOptionPane.showMessageDialog(frame,new
    String("Loan Details have been updated"));
    textLoanAmount.setVisible(false);
    labelLoanAmount.setVisible(false);
    labelLoanPaid.setVisible(false);
    textLoanPaid.setVisible(false);
    buttonConfirm.setVisible(false);
    }
    catch(Exception exception) {
        System.out.println("Updation Not Done "+exception);
    }
}
if(source==buttonEdit)
{
    try
    {
    PreparedStatement stat1=con.prepareStatement("select
    mLoan_amount,mBalance
    from Loan_Details where cLoan_registration_id=? and cLoan_id=?");
    stat1.setString(1,textCustId.getText());
    stat1.setString(2,textLoanId.getText());
    ResultSet rs=stat1.executeQuery();

    textLoanAmount.setVisible(true);
    labelLoanAmount.setVisible(true);
    labelLoanPaid.setVisible(true);
    textLoanPaid.setVisible(true);
    labelLoanBalance.setVisible(true);
    textLoanBalance.setVisible(true);
    buttonConfirm.setVisible(true);

    rs.next();
    textLoanAmount.setText(String.valueOf(rs.getFloat(1)));
```

```
        textLoanBalance.setText(String.valueOf(rs.getFloat(2)));
          }
          catch(Exception exception)
          {
            System.out.println("Unable to retrieve records"+exception);
          }
        }
        }
        catch(Exception ev) { System.out.println("Not connecting"); }
      }
    }
```

第 9 章　案例——实时聊天室系统项目设计

9.1　系统可行性分析

Java 也是一种可用于网络编程的语言，它提供了两种功能强大的网络支持机制：URL 访问网络资源的类和用 Socket 通信的类，来满足不同的要求。一是 URL 用于访问 Internet 网上资源的应用；另一种是针对 Client /Server（客户端/服务器）模式的应用以及实现某些特殊协议的应用，它的通信过程是基于 TCP/IP 协议中传输层接口 Socket 实现的。客户基于服务器之间使用的大部分通信组件都是基于 Socket 接口来实现的。Socket 是两个程序之间进行双向数据传输的网络通信端点，由一个地址和一个端口号来标识。每个服务程序在提供服务时都要在一个端口进行，而想使用该服务的客户机也必须连接该端口。Socket 因为是基于传输层，所以它是比较原始的通信协议机制。通过 Socket 的数据，表现形式为字节流信息，因此通信双方要想完成某项具体的应用则必须按双方约定的方式进行数据的格式化和解释，我们可以看出，使用 Socket 编程比较麻烦，但是它具有更强的灵活性和更广泛的使用领域。

本案例采用 C/S（Client/Server）结构，即客户机和服务器结构。它是软件系统体系结构，通过它可以充分利用两端硬件环境的优势，将任务合理分配到 Client 端和 Server 端来实现，降低了系统的通信开销。目前大多数应用软件系统都是 Client/Server 形式的两层结构，由于现在的软件应用系统正在向分布式的 Web 应用发展，Web 和 Client/Server 应用都可以进行同样的业务处理，应用不同的模块共享逻辑组件。因此，内部的和外部的用户都可以访问新的和现有的应用系统，通过现有应用系统中的逻辑可以扩展出新的应用系统。传统的 C/S 体系结构虽然采用的是开放模式，但这只是系统开发一级的开放性，在特定的应用中无论是 Client 端还是 Server 端都还需要特定的软件支持。

最简单的 C/S 体系结构的数据库应用由两部分组成，即客户应用程序和数据库服务器程序。二者可分别称为前台程序与后台程序。运行数据库服务器程序的机器，也称为应用服务器。一旦服务器程序被启动，就随时等待响应客户程序发来的请求；客户应用程序运行在用户自己的计算机上，对应于数据库服务器，可称为客户计算机，当需要对数据库中的数据进行任何操作时，客户程序就自动地寻找服务器程序，并向其发出请求，服务器程序根据预定的规则做出应答，返回结果，应用服务器运行数据负荷较轻。

9.2 需 求 分 析

9.2.1 服务器模块功能

（1）在服务器端能查看使用该系统的所有用户的状态、IP 以及其他信息，并统计用户总人数与在线人数。

（2）能显示聊天信息，以便监控不正当聊天信息，处理发起不正当聊天信息的账号。

（3）对客户端发过来的身份验证信息进行判断，若正确还要发送其好友的基本信息和滞留信息给客户端。

（4）当有用户上线或下线时，系统获取其信息后，要能发送相应的上线或下线信息给他的好友。

（5）为能够对不健康聊天内容进行监控，抑制不正当言语和危害社会秩序的观点的传播，服务器必须对聊天信息进行检验，即对聊天信息进行转发，并存入服务器数据库和显示在服务器端。

（6）当用户要添加好友时做出处理，好友在线则发送请求，好友不在线这作为滞留信息存入数据库。若欲添加的好友在线，并收到好友的同意或拒绝信息，则发送成功信息、相互的基本信息或拒绝信息给双方并修改数据库。

（7）当一用户递交了删除好友信息，服务器应对信息做出相应的处理，包括给该用户在线的好友发送下线信息，以免在聊天当中出现信息丢失的现象，引起用户对软件的信任度下降，若这些好友都不在线，则服务器只须直接修改数据库，设该用户为不在线状态。

（8）若客户端发来修改密码的信息，首先对旧密码进行检验，不符合则发送失败反馈信息，符合则修改数据库并发送成功反馈信息。

（9）用户对自己的网名不满意时，会对自己的网名进行修改，所以若客户端发来修改网名的信息，服务端必须能接受其请求，修改数据库中该用户的基本资料信息。

（10）由于聊天内容是在不停的转发，所以在服务器端的数据库中的滞留信息和聊天信息都会随着时间的增长而增多，过多的数据库信息会影响服务器的速度，所以在一段时间后，要进入数据库对过期的滞留信息和聊天信息进行删除，减轻数据库的负担。其基本依据是这些信息存入数据库的时间，即对某个时间以前的数据进行人为的删除。

9.2.2 客户端模块功能

客户端界面，为了使其使用简单，界面友好，因此仿照 QQ 聊天软件的界面对该软件的界面进行设计。

客户端总体功能描述：为了用户的安全和系统的管理，在客户端对聊天软件的登录要有身份验证功能，两好友之间要能进行基本的聊天，为了达到此项功能，还应有添加好友和删除好友模块，以及一些其他的辅助功能，使用户得到最方便的使用价值。

1. 系统登录与退出模块

（1）客户端系统获取用户登录的账号与密码，将其与信息头组合，发送到服务器进行验证，服务器根据数据库的数据判断输入是否正确，再发送反馈信息，客户端根据反馈的信息做出相应的提示和处理，当输入正确时，还要接受其他系统必要的信息。

（2）下线时为了让自己的好友知道自己下了线，使发送的消息不发生丢失的现象，必须向服务器发出下线信息，使得服务器根据该信息做出处理。在下线时还必须清除当地数据库的临时信息，以免在下次上线时，多次调用过去的历史信息，导致不正确的结果出现。

（3）聊天软件能与好友聊天，所以在登录成功后必须从服务器端下载自己所有好友的信息，因此客户端接受服务器发过来的好友列表信息与滞留信息并做出处理，包括存入数据库。

2．账户的设置与修改模块

（1）获取用户输入的旧密码和新密码，组合本地 IP，加上对应的消息头，发送给服务端进行判断、修改。

（2）服务器根据客户端发过来的信息，会做出处理，并发回反馈信息，所以客户端必须能够根据修改密码的反馈信息做出对应的提示。

（3）获取用户输入的新网名，发送给服务端进行处理。

（4）同样，类似密码的修改，客户端也必须根据服务器发回的修改网名的反馈信息做出对应的提示。

3．好友的添加模块

（1）当用户要与另一用户进行信息交流时，就必须与他建立好友关系，所以，添加好友是非常重要的一环，在客户端必须实现，系统获取要添加好友的账号，发送给服务端，服务端将两个号码存入好友对表中。

（2）根据服务器的反馈信息，若成功则接受服务器发过来的好友基本信息并显示，若失败则做出提示。

（3）能接受其他好友发过来的好友添加请求信息，给出选择，发送给服务端用户的选择信息。

4．好友的删除模块

（1）当用户欲删除好友关系时，客户端获取被删除者账号，发送服务端进行删除处理。

（2）能接受其他好友发送过来的好友删除信息，做出提示。

5．账号之间的聊天模块

（1）聊天是该软件的重要功能，为了对不健康内容传播的抑制，客户端系统必须获取聊天信息和发送对象，并转发给服务器。

（2）得到服务器转发过来的聊天信息，即其他好友发送过来的消息，显示并存入数据库。

9.3 概要设计

通过前面的软件需求分析，已经完全弄清楚了软件的各种需求，解决了本系统开发时“做什么”的问题，并详细阐明了这些要求。在概要设计当中，着手解决“怎么做”的问题。

系统的功能包括：服务器的管理、客户端的系统登录与退出、账户的设置与修改、好友的添加、好友的删除、账户之间的聊天。

9.3.1 系统层次概况

根据对该聊天系统的功能分析，该系统功能主要分为两大块，服务器端模块和客户端模块，而客户端和服务器端都分为系统退出与登录模块、账户设置与修改模块、好友添加模块、好友删除模块、账户聊天模块。具体系统层次概况如图 9-1 所示。

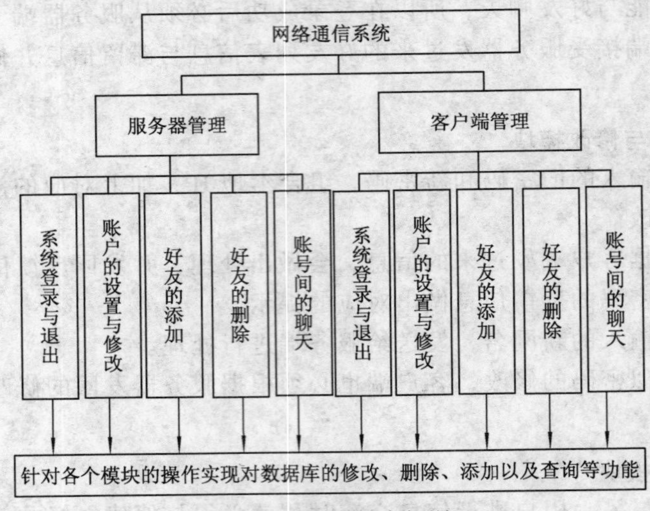

图 9-1 系统层次概况

9.3.2 系统的数据流图

作为在网络中的聊天软件，采用典型的 C/S 模式，客户端向服务器发送各种请求，服务器根据信息类型做出相应的处理。根据此思想，该系统的顶层数据流图如图 9-2 所示。

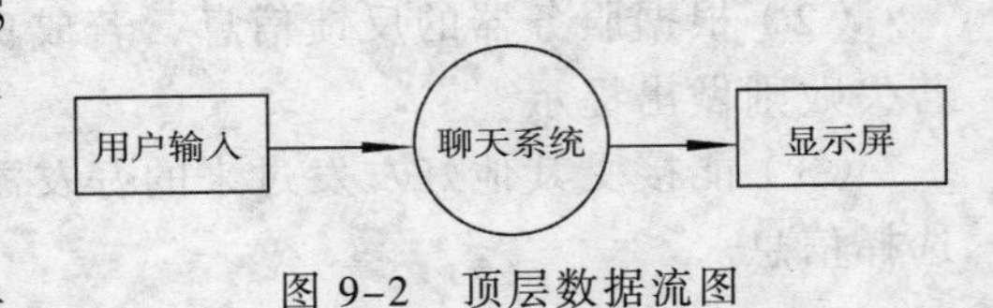

图 9-2 顶层数据流图

一层数据流图：服务器端与客户端的数据流是一个出一个进的关系，所以两个数据流图中的数据流只有方向不同的区别。服务端数据流图如图 9-3 所示，客户端数据流图如图 9-4 所示。

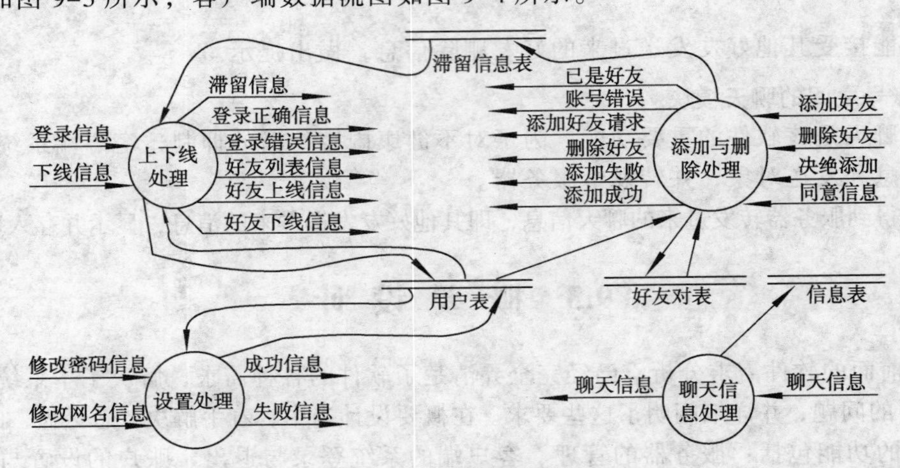

图 9-3 服务端数据流图

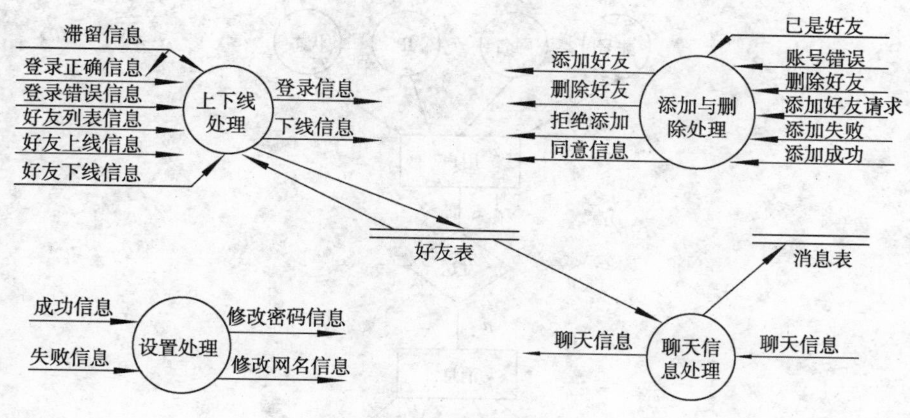

图 9-4　客户端数据流图

9.4　数据库的设计

服务器包括用户基本信息表（ppdata），用于存储该聊天软件的所有用户的基本信息，包括账号、密码、网名、IP、状态，好友列表（ppfriend）则用于存储好友双方的账号。当有些信息（如添加好友，拒绝添加好友等）发送到服务端时，该好友不在线，则把这些信息存入滞留信息表（ppnew）中，到该好友上线时再把该信息发送出去，同时删除该信息。为了便于对聊天信息的监控，建立聊天信息表（new）用来存放聊天信息，因为聊天信息和滞留信息随着时间的增加而增加，所以每隔一段时间就要对这两个表进行清理，清理的依据是存入的时间。

9.4.1　数据库的 E-R 图

为了使编写程序与使用系统更加方便，使用户得到的信息更加丰富，服务器与客户端的数据表的属性也应比较丰富，且必须符合数据库 3 范式以上的要求，根据这些情况，将服务器和客户端的所有属性和关系以 E-R 图的形式显示出来。服务器端 E-R 图如图 9-5 所示；客户端 E-R 图如图 9-6 所示。

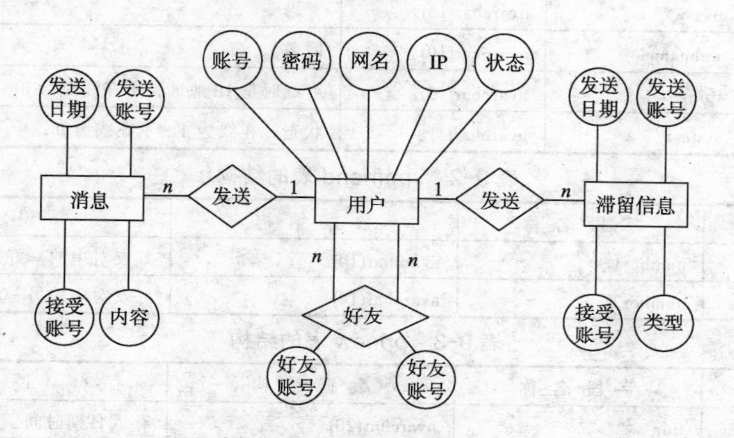

图 9-5　服务器端 E-R 图

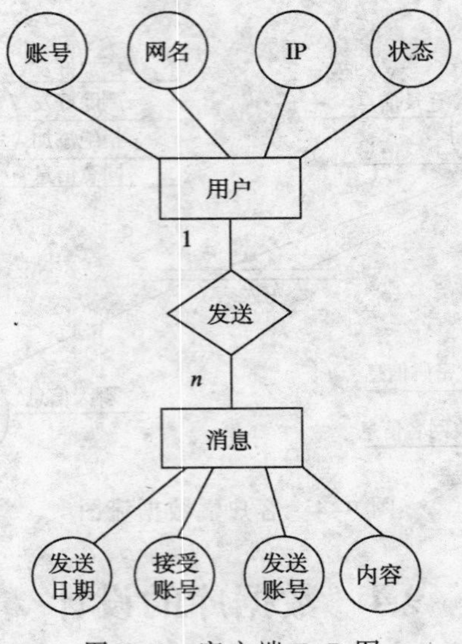

图 9-6 客户端 E-R 图

9.4.2 数据库的结构

在数据处理中，用数据模型描述客观世界中的事物及其联系，把描述每一实体的数据称为记录，把描述属性的数据称为数据项或字段。把这些记录放在一起就构成一张二维表，表中每一行称为一个记录或元组，而每一个纵列称为一个属性。不同的数据有不同的属性。

数据库存储该系统正常运行所需要的信息，根据所要达到的数据库要求和概要设计中设计出的 E-R 图的结构，得出服务器端和客户端的所有数据表的结构，如表 9-1 ~ 表 9-6 所示。

表 9-1 ppdata 表的结构

编 号	字段名称	数据结构	说 明
1	number	nvarchar(10)	账号
2	passw	nvarchar(15)	密码
3	webname	nvarchar(10)	网名
4	iping	nvarchar(15)	上线时是 IP 地址，不在线时为 0
5	state	nvarchar(1)	状态，在线为 1，不在线为 0

表 9-2 ppfriend 表的结构

编 号	字段名称	数据结构	说 明
1	number1	nvarchar(10)	好友对中的一好友账号
2	number2	nvarchar(10)	好友对中的另一好友账号

表 9-3 ppnew 表的结构

编 号	字段名称	数据结构	说 明
1	tida	nvarchar(20)	存入日期时间
2	toname	nvarchar(10)	去处账号

续表

编　号	字段名称	数据结构	说　明
3	fromname	nvarchar(10)	来源账号
4	cont	nvarchar(20)	滞留信息类型

表 9-4　new 表的结构（服务器）

编　号	字段名称	数据结构	说　明
1	time	nvarchar(20	存入日期时间
2	fromn	nvarchar(10)	来源账号
3	ton	nvarchar(10)	去处账号
4	content	ntxt	内容

表 9-5　temp 表的结构

编　号	字段名称	数据结构	说　明
1	number	文本(10)	账号
2	webname	文本(10)	网名
3	iping	文本(15)	上线时是 IP 地址，不在线时为 0
4	state	文本(1)	状态，在线为 1，不在线为 0

表 9-6　new 表的结构（客户端）

编　号	字段名称	数据结构	说　明
1	time	文本(20)	存入日期时间
2	fromn	文本(10)	来源账号
3	ton	文本(10)	去处账号
4	content	备注	聊天内容

9.4.3　项目类的结构声明

项目类的结构声明如表 9-7 所示。

表 9-7　项目类的结构声明

类　名	属　性	方　法
MainFrame	AButtonPanel B（登录框的按钮面板） APic1Panel P1（一张图片） APic2Panel P2（一张图片） ALoginPanel L（填写信息部分） AMiddlePanel M（登录框中间部分） ATitlePanel T（登录框的图标） AMainPanel A（登录框主界面）	
APic11Panel	JLabel Pic1;	
APic12Panel	JLabel Pic2;	
AloginPanel	JLabel Server,UserName,Password;（标签） JTextField TF1,TF2; JPasswordField TF3;	

续表

类　　名	属　　性	方　　法
AMiddlePanel	ALoginPanel L; APic1Panel P1; APic2Panel P2;	
AButtonPanel	JRadioButton Login,Reset,Exit,Regist; （4 个按钮） JLabel A1,A2,A3,A4,A5, A6,A7;（空 Label）	
ATitlePanel	JLabel P1,P2,P3,P4,P5,P6,P7; （welcom）	
BButtonFrame	BFontPanel F（改变字体颜色背景等） BMenuPanel M（按钮面板） BSendPanel S（发送界面） BPic1Panel P（聊天室的图片）	
BFontPanel	JLabel FontLabel,Color,Press,Background; （标签：字体，颜色，表情，背景） JComboBox JB;（改变背景） JLabel A1;(空 Label) JRadioButton color,font,press;（状态按钮） JTextField T1（屏蔽名单） JLabel Stop;（屏蔽标签）	
BMenuPanel	JLabel Help,LookFor,Reset,Stop, Recieve,Leave,Return, Exit; （帮助，寻找，刷新，屏蔽，离开等按钮） JLabel A1,A2,A3,A4,A5,A6,A7,A8,A9,A10; （空 Label）	
BSendPanel	JLabel Press,P;（表情图片标签) JCheckBox Check;（私聊按钮） JRadioButton Send;（发送按钮） JTextField T1,T2;（私聊对象和文本输入） JLabel A1,A2,A3,A4;（空 Labe l）	
BPic1Panel	Toolkit tk; Image i; JLabel S1,S2,S3;（加 3 张 gif 图片） JLabel A1,A2,A3;（空 Panel）	Public Void paintComponent (Graphics g) （在 Panel 上加背景）
BMiddleFrame	BListPanel L（聊天室的列表界面） BUserPanel U（聊天室的列表） BTextPanel T（聊天室的文本界面） BTitlePanel（Welcom 欢迎词）	
BListPanel	JLabel Title,UserLabel; BUserPanel U	
BUserPanel	JLabel I1,I2;（2 张图片） JList UserList（在线用户列表）	

续表

类　名	属　性	方　法
BTextPanel	JLabel I1,I2;（2张图片） JPanel TA,TB;（群聊区域和私聊区域） JScrollPane SP1,SP2;	
BTitlePanel	JLabel Face;（用户头像） JLabel Name;（用户名） JLabel State;（用户状态） ATitlePanel T;（Welcom 欢迎词） JLabel A1,A2;（空 Label）	
BCahtFrame	BTitlePanel T; BPic1Panel P1; BMiddlePanel M; BButtonPanel B; JLabel A1,A2;（空 Label）	
AChatFrame	AMainPanel A;（登录界面） BChatPanel B;（聊天室界面） --------卡式布局	public void actionPerformed(ActionEvent e) （动作监听事件） void focusLost(FocusEvent e) （失去聚焦事件） void mousePressed(MouseEvent e) （鼠标"按"事件） void mouseReleased(MouseEvent e) （鼠标"放"事件） void mouseEntered(MouseEvent e) （鼠标"进入"事件） void mouseExited(MouseEvent e) （鼠标"移出"事件） void mouseClicked(MouseEvent e) （鼠标"点击"事件）
DExit1Panel DSearch1Panel DStopPanel BPressPanel BFontPanel BColorPanel	JLabel Text,Image,A1; （文本区域，图片） DButtonPanel B;（按钮） DButtonPanel B;（按钮）	
DExit1Dialog DSearch1Dialog DStop Dialog BPress Dialog BFont Dialog BColor Dialog	DExit1Panel D; DSearch1Panel D; DStopPanel D; BPressPanel D; BFontPanel D; BColorPanel D;	public void actionPerformed(ActionEvent e) （动作监听事件） void focusLost(FocusEvent e) （失去聚焦事件） void mousePressed(MouseEvent e) （鼠标"按"事件）

续表

类　名	属　性	方　法
DExit1Dialog DSearch1Dialog DStop Dialog BPress Dialog BFont Dialog BColor Dialog	DExit1Panel D; DSearch1Panel D; DStopPanel D; BPressPanel D; BFontPanel D; BColorPanel D;	void mouseReleased(MouseEvent e) (鼠标“放”事件) void mouseEntered(MouseEvent e) (鼠标“进入”事件) void mouseExited(MouseEvent e) (鼠标“移出”事件) void mouseClicked(MouseEvent e) (鼠标“点击”事件)
CAgreePanel	JLabel Title,L; （标题、条款内容） CButton2Panel B;（按钮）	
CRegistFrame	CMiddlePanel M;（主界面） CButton1Panel B;（按钮）	
CMiddlePanel	CAccountPanel A;（账户信息部分） CFilePanel F;（档案信息部分）	
CAccountPanel	CDataPanel D;（账户信息） JLabel Pic;（注意事项） JLabel A1;（空 Label）	
CDataPanel	JLabel UserName,Password,RePassword,Pet, Question,Answer,Email,Title1,Title2; （用户名、密码、昵称等标签） JTextField TF1,TF4,TF5,TF6;（文本区域） JPasswordField TF2,TF3;（密码填写区域） JComboBox JC;（机密问题选择） JLabel A1,A2,A3,A4;（空 Label）	
CFilePanel	CNamePanel N;（名字） CSexPanel S;（性别） CBirthPanel B;（生日） CAreaPanel A;（地区） CInterestPanel I;（兴趣爱好） JLabel A1,A2;（空 Label）	
CNamePanel	JLabel FirstName,SecondName,Title1,Title2; （姓名标签） JTextField TF1,TF2;（姓名填写区域） JLabel A1,A2;（空 Label）	
CSexPanel	JLabel Sex,Male,Female,Man,Women;（性别标签） JRadioButton RMale,RFemale;（选择按钮） ButtonGroup bg（单选）	
CBirthPanel	JLabel Birth,Year,Month;（生日标签） JComboBox JY,JM;（年、月选择）	

续表

类　名	属　性	方　法
CAreaPanel	JLabel Country,State,City,Job; （国家、州、城市、工作标签） JTextField TF1,TF2,TF3;（填写区域） JComboBox JJ; （工作选择）	
CInterestPanel	JLabel Interest; （兴趣爱好标签） JRadioButton Sports,Car,Artist, Street,Shopping,（兴趣爱好内容） Travel,Movie,Game,Net,Music, Study,Law,Friend,Reading,Fund;	
CButton1Panel	JLabel Regist,Reset,Return;（注册，清空，返回） JLabel A1,A2,A3,A4,A5,A7;（空 Label）	
CButton2Panel	JLabel Accept,Return;（接受，返回按钮） JLabel A1,A2,A3,A4,A5;（空 Label）	
CPassPanel	JLabel L,A1,Accept;（标题、按钮、空 Label）	
CCardPanel	CAgreePanel A;（服务条款界面） CRegistPanel R;（注册界面） CPassPanel P;（完成注册界面） --------卡式布局	public void actionPerformed(ActionEvent e) （动作监听事件） void focusLost(FocusEvent e) （失去聚焦事件） void mousePressed(MouseEvent e) （鼠标“按”事件） void mouseReleased(MouseEvent e) （鼠标“放”事件） void mouseEntered(MouseEvent e) （鼠标“进入”事件） void mouseExited(MouseEvent e) （鼠标“移出”事件） void mouseClicked(MouseEvent e) （鼠标“点击”事件）
DaboutDialog (DemptyDialog, DExit2Dialog, DwrongDialog 布局和 DAbout 一样)	DaboutPanel D	public void actionPerformed(ActionEvent e) （动作监听事件） void focusLost(FocusEvent e) （失去聚焦事件）
DaboutPanel	JLabel Text;（文字） JLabel Image;（图片） JRadioButton Accept;（确定按钮） JLabel A1;（空 Label）	void mousePressed(MouseEvent e) （鼠标“按”事件） void mouseReleased(MouseEvent e) （鼠标“放”事件） void mouseEntered(MouseEvent e) （鼠标“进入”事件） void mouseExited(MouseEvent e) （鼠标“移出”事件） void mouseClicked(MouseEvent e) （鼠标“点击”事件）
DButtonPanel	JLabel Accept,Return,A1; （确定、返回按钮、空 Label）	

续表

<table>
<tr><th>类　名</th><th>属　性</th><th>方　法</th></tr>
<tr><td>EServerFrame</td><td>EServerPanel S（服务器界面）
Thread time;（时间线程）</td><td rowspan="7">public
void actionPerformed(ActionEvent e)
（动作监听事件）
void focusLost(FocusEvent e)
（失去聚焦事件）
void mousePressed(MouseEvent e)
（鼠标“按”事件）
void mouseReleased(MouseEvent e)
（鼠标“放”事件）
void mouseEntered(MouseEvent e)
（鼠标“进入”事件）
void mouseExited(MouseEvent e)
（鼠标“移出”事件）
void mouseClicked(MouseEvent e)
（鼠标“点击”事件）
void CloseMessage(String M)
（关闭窗口事件）
void LeaveMessage(String M)
（用户离开时调用）
void ReturnMessage(String M)
（用户返回时调用）
void LoginMessage(String M)
（用户登录时调用）
void LogoutMessage(String M)
（用户登出时调用）
void StartMessage(String M)
（服务器启动时调用）
String displayTime()
（返回系统时间）</td></tr>
<tr><td>EServerPanel</td><td>EPic1Panel P;（标题部分）
EMiddlePanel M;（中间部分）
EButtonPanel B;（按钮部分）</td></tr>
<tr><td>EPic1Panel</td><td>JLabel S1,S2,EF1,EF2,EF3,
EF4,EF5,EF6;（8 张 gif 图片）
JLabel A1,A2;（空 Label）</td></tr>
<tr><td>EMiddlePanel</td><td>BListPanel L;（列表区域）
ETextPanel T;（消息区域）</td></tr>
<tr><td>ETextPanel</td><td>JLabel I1,I2;（2 张图片）
JPanel Message;（消息显示）
JScrollPane SP1;</td></tr>
<tr><td>EButtonPanel</td><td>JLabel Leave,Return,Reset,Exit;
（离开、恢复、刷新、退出）
JLabel Clock; （钟）
JLabel A1,A2,A3,A4,A5,A6;
（空 Label）</td></tr>
<tr><td>DExit3Panel

DExit3Dialog</td><td>JLabel Text,Image,A1;
（消息、图片、空 Label）
DButtonPanel B;（按钮）

DExit3Panel D</td></tr>
<tr><td>FChatInfo</td><td>String fromUser;（用户名）
String command;（命令）
Vector users;（收集对象）
String chatText;（消息）
String font;（字体）
int C1;（颜色 1）
int C2;（颜色 2）
int C3;（颜色 3）
int X;（图片）
String toUser;（私聊对象）</td><td>public
String getUser()
（返回用户名）
String getCommand()
（返回命令）
String setCommand()
（设置命令）
String getChatText()
（返回消息）
String getVector()
（返回对象收集）
String setChatText()
（设置消息）</td></tr>
</table>

续表

类 名	属 性	方 法
FChatInfo	String fromUser;（用户名） String command;（命令） Vector users;（收集对象） String chatText;（消息） String font;（字体） int C1;（颜色 1） int C2;（颜色 2） int C3;（颜色 3） int X;（图片） String toUser;（私聊对象）	String getF() （返回字体字符） String getc1() （返回颜色 1） String getc2() （返回颜色 2） String getc3() （返回颜色 3） String getx() （返回图片名字） String gettoUser() （返回私聊对象）
FChatUser	AChatFrame C;（用户登录） Vector v=new Vector(0,1);（初始） FChatInfo CI; Socket socket; （创建服务器） ObjectInputStream in; ObjectOutputStream out; String clientMode="offline"; （在线状态） Thread UserThread;（用户线程） String StopUser;（屏蔽用户）	public void login(AChatFrame acf) （用户登录时调用） void logout() （用户等出是调用） void send(String us,String com,String cw,String f,int cl1,int cl2,int cl3,int x,String to) （发消息时调用） void stop(String st) （用户屏蔽时调用） void recieve() （取消屏蔽时调用） void leave() （用户暂时离开时调用） void Return() （用户回到聊天室时调用） String getClientMode() （得到用户在线状态） void setClientModeOff() （打开线程） void setClientModeOn() （关闭线程）
FChatServer	EServerFrame S;（服务器界面） static Vector v=new Vector（0,1); （创建收集对象） FChatInfo chatInfo; static HashMap hashMap=new HashMap(); ServerSocket serverSocket; （创建套接字） Thread serverThread; （服务器线程） Socket clientSocket;	static HashMap getHashMap() （得到 HashMap 对象）

9.5 详细设计

9.5.1 服务器模块

设计思想：在服务器端用一线程接受所有从客户端发过来的信息，并对这些信息进行分解，分解成消息头和消息体，系统根据消息头判断消息属于何种，再根据消息的类型做不同的处理。处理之后，又将处理结果加上相应的消息头，通过 DatagramSocket 发送对应的 IP。

功能描述：服务器主要用来响应客户端的要求，以及对用户的使用情况进行统计观察，所以它必须在后台能处理用户发过来的请求，包括密码校验、好友添加、删除申请、密码和网名修改、聊天信息转发等，前台则能显示用户的使用情况，并对这情况进行统计，还必须有对聊天信息进行监控的窗口。

运行界面如图 9-7 所示。

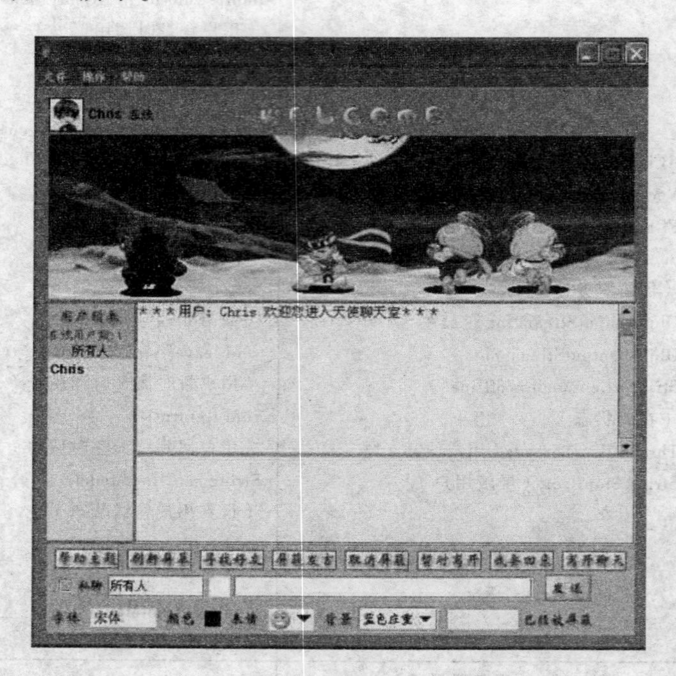

图 9-7 服务器端运行界面（一）

在服务器端，因为每个用户上线时都要在服务器上显示出来，所以要不停地调用数据库来更新界面。于是在这里构造了一个函数：其代码如下：

```
public void xwkRefresh()
{
    try
    {
        String xwkTemp;
        Class.forName("sun.jdbc.odbc.JdbcOdbcDriver");
        Connection xwkConn = DriverManager.getConnection(url);
        Statement xwkState = xwkConn.createStatement();
        ResultSet xwkRs = xwkState.executeQuery("select *
```

```
from ppdata where state='1'");
        int xwkCount=1;
        int xwkOn=0;
        while(xwkRs.next())
        {
            xwkTemp=xwkRs.getString("number");
            xwkTable.setValueAt(xwkTemp,xwkCount,0);
            xwkTemp=xwkRs.getString("webname");
            xwkTable.setValueAt(xwkTemp,xwkCount,1);
            xwkTemp=xwkRs.getString("iping");
            xwkTable.setValueAt(xwkTemp,xwkCount,2);
            xwkTemp=xwkRs.getString("state");
            xwkOn=xwkOn+1;
            xwkCount=xwkCount+1;
}
        ResultSet xwkRt=xwkState.executeQuery("select *
        from ppdata where state='0'");
        while(xwkRt.next())
        {
            xwkTemp=xwkRt.getString("number");
            xwkTable.setValueAt(xwkTemp,xwkCount,0);
            xwkTemp=xwkRt.getString("webname");
            xwkTable.setValueAt(xwkTemp,xwkCount,1);
            xwkTemp=xwkRt.getString("iping");
            xwkTable.setValueAt(xwkTemp,xwkCount,2);
            xwkTemp=xwkRt.getString("state");
            xwkCount=xwkCount+1;
}
        xwkState.close();
        xwkTextOne.setText(""+(xwkCount-1)+"");
        xwkTextTwo.setText(""+xwkOn+"");
    }
    catch(Exception e)
        {System.out.println(e);}
}
```

运行界面如图 9-8 所示。

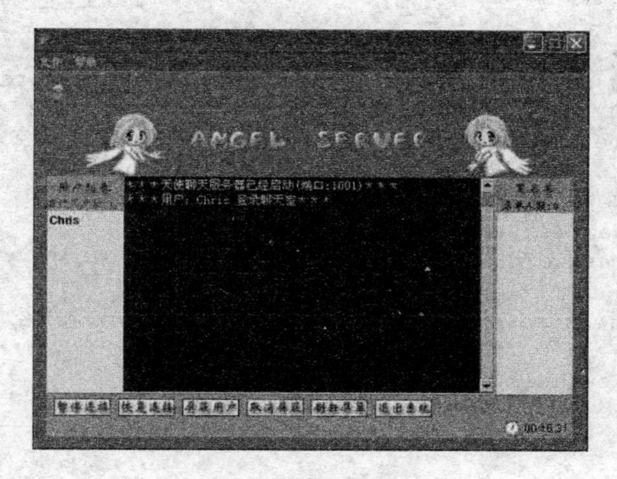

图 9-8　服务器端运行界面（二）

9.5.2 客户登录模块

设计思想：两个文本框用来接受用户输入的账号和密码，系统屏蔽掉一些错误输入后，将获取的登录信息和本地 IP 地址加上对应的消息头，封装后发送给服务器进行校验，并建立一个线程，用无限循环来获取服务器发过来的数据，再根据数据来判断登录是否成功，或者是账号密码错误，或者是已经在别处登录，给出相应提示。

功能描述：在此登录模块中，系统要获取用户输入的账号密码信息，将其发送到服务端进行校验，并接受服务器发回的验证结果进行分析，根据不同类型的反馈信息做出不同的处理。包括显示账号密码输入错误、账号已经在线和调出聊天的主窗口等。

客户端注册界面如图 9-9 所示。

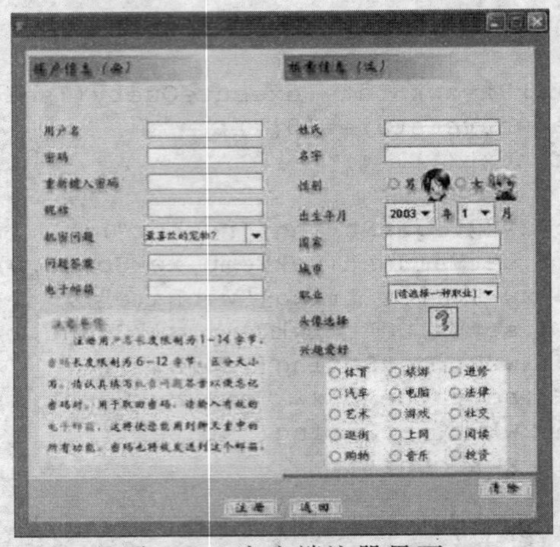

图 9-9　客户端注册界面

在这个界面中，注册完成后可获取账号和密码，返回到登录界面，输入账号和密码，单击“确定”按钮，系统会组合信息发送给服务端，其在确定按钮事件的具体实现为：

```
loginButton.addActionListener(new ActionListener()
{
public void actionPerformed(ActionEvent e)
{
    userName = loginNameText.getText();
    password = new String(loginPasswordText.getPassword());
    //判断合法性****************************************
    if(userName.equals(""))          //不合法——账户输入为空
    {
        loginNewLabel.setText("你的账号不能为空");
        loginNameText.setText("");
        loginPasswordText.setText("");
    }
    else if(password.equals(""))  //不合法——密码输入为空
    {
        loginNewLabel.setText("你的密码不能为空");
        loginPasswordText.setText("");
    }
    else                                                  //合法
    {
        loginNameText.setText("");
```

```
            loginPasswordText.setText("");
            byte[] buf;
        buf=("log"+userName+"/"+password+"/"+xwkIPAddress).getBytes();
            try
            {
                DatagramPacket dp=new DatagramPacket(buf,buf.length,
                InetAddress.getByName(superIP),2049);     //发送数据
                        ds.send(dp);
                    }
                    catch(Exception ea)
                        {System.out.println(ea);}
                }
        }
    });
```

本地 IP 地址的获取，用一函数单独实现：

```
public void xwkGetIP() throws UnknownHostException
{
InetAddress ia=InetAddress.getByName("localhost");
xwkIPAddress=ia.getLocalHost().toString();
xwkIPAddress=xwkIPAddress.substring(xwkIPAddress.indexOf("/")+1,
            xwkIPAddress.length());
}
```

9.5.3 客户端聊天模块

设计思想：本模块是该系统中最重要的一块，在大的文本框中显示与该好友聊天的聊天记录，所以在窗体生成时要从数据库中读取数据。按一定的格式显示在 JTextArea 中。发送消息的窗口也是 Java 中的控件 JTextArea，单击“发送”按钮之后，系统读取发送消息窗口中的信息，组合后发送给服务端，让服务端对信息进行转发。而在本地则存入数据库，并显示在消息列表中。

功能描述：在这个窗体中，既能发送聊天信息，也能显示聊天记录，并将聊天内容存入临时数据库。在两文本框之间的标签中显示的是聊天的对象，是用户单击主窗体上的列表框，根据单击内容得出并传过来的。

图 9-10 所示为客户端聊天窗口。

图 9-10 客户端聊天窗口

在聊天窗口，所有的记录都要显示出来，所以当窗体创建时就要调用数据库，将里面的聊天内容显示出来，方便用户查看。

9.6 系统测试

软件测试就是在软件投入运行前，对软件需求分析、设计规格说明书和编码的最终复审，是软件质量保证的关键步骤。测试的目的在于，尽量找出系统中所有隐藏的错误。程序的开发者应避免检测自己的程序，如果由别人来测试程序员编写的程序，会更客观、更有效，并更容易取得成功。软件测试并不等于程序测试，软件检测应贯穿于软件定义与开发的整个过程。因此，需求分析、概要设计、详细设计以及程序编码等各个阶段所得到的文档，包括需求分析、概要设计说明、详细设计、规格说明以及源程序都应成为软件检测的对象。

项目测试报告表9-8所示。

表9-8 项目测试报告

操作	条件	预期效果	实际效果	结论
进入登录框—登录	单击“登录”按钮	信息成功—登录	信息成功—登录	Perfect
进入登录框—清除	单击“清除”按钮	信息文本清空	信息文本清空	Perfect
进入登录框—注册	单击“注册”按钮	进入注册界面	进入注册界面	Perfect
进入聊天室—改变字体	单击“改变字体”按钮	出现列表选择	出现列表选择	Good
进入聊天室—改变颜色	单击“改变颜色”按钮	出现列表选择颜色	出现列表选择颜色	Good
进入聊天室—改变背景	单击“改变背景”按钮	出现下拉式菜单	出现下拉式菜单	Good
进入聊天室—选择表情	单击“选择表情”按钮	出现列表选择表情	出现列表选择表情	Perfect
选择群聊、私聊	单击“私聊选择”按钮	实现私聊	实现私聊	Perfect
消息发送	单击“发送”按钮	消息发送	消息发送	Good
查看帮助主题	单击“帮助主题”按钮	出现帮助栏	出现帮助栏	Normal
屏蔽发言	单击“屏蔽发言”按钮	出现用户列表选择	出现用户列表选择	Good
取消屏蔽	单击“取消屏蔽”按钮	被屏蔽的用户恢复	被屏蔽的用户恢复	Perfect
寻找好友	单击“寻找好友”按钮	出现输入用户名框	出现输入用户名框	Good
暂时离开	单击“暂时离开”按钮	离开状态实现	服务器接受消息	Good
回到聊天室	单击“我要回来”按钮	回到聊天室	服务器接受消息	Good
退出系统	单击“退出系统”按钮	退出聊天室	退出聊天室	Perfect
清空屏幕	单击“刷新屏幕”按钮	屏幕清空	屏幕清空	Good
恢复默认	单击菜单栏中的“默认设置”	恢复默认状态	恢复默认状态	Good
进入注册栏—注册	单击“注册”按钮	信息成功—注册成功	信息成功—注册成功	Good
进入注册栏—清空	单击“清除”按钮	输入区域清空	输入区域清空	Good
进入注册栏—返回	单击“返回”按钮	回到登录框	回到登录框	Good
服务器断开	单击“暂时离开”按钮	所有客户下线	所有客户下线	Perfect
服务器恢复	单击“恢复连接”按钮	恢复服务器连接	服务器重新连接	Perfect
服务器清屏	单击“刷新屏幕”按钮	服务器清屏	服务器清屏	Perfect

续表

操　作	条　件	预期效果	实际效果	结论
退出服务器	单击“退出系统”按钮	服务器关闭	服务器关闭	Perfect

测试具体内容如下：

在本系统中针对这些情况，进行了许多必要的系统测试。

（1）测试连接数据库。在服务端运行系统，若连接成功，在用户状态显示的表中，将会显示其所有用户的数据。

（2）测试服务器与客户端的连接：在登录窗体中输入数据，若连接成功，则会出现相应的提示。

（3）登录预定功能实现的描述：设置系统登录的账号 173641170，密码设置为“22”，当输入错误密码时，或者该账号已经上线时，会有出错提示信息的出现：

输入：输入正确账号，再输入错误密码“12345”。

输出：有“账号或密码输入错误”的信息出现。

输入：输入正确账号 173641170，输入正确密码“22”。

输出：主窗体出现，登录窗体消失。

修改服务器的用户表，将账号为 173641170 的状态设为 1，再测试。

输入：输入正确账号 173641170，输入正确密码“22”。

输出：有“该账户已经在别处登录”的信息出现。

测试结论：该功能已经实现。

（4）添加好友功能的描述：输入要添加的好友账号并提交后，服务器会根据输入判断账号的正确性和是否两者已经是好友，再发回反馈信息，若符合条件，则判断好友是否在线，根据两种情况：不在线则划为滞留信息存入数据库；在线则发送出去。对选择信息也做类似的处理。

输入：不同情况的输入——错误账号、已经是好友的账号、在线的账号与不在线的账号。

输出：预定效果出现。

测试结论：该功能已经实现。

（5）删除好友、聊天模块也做出相应的测试，测试结果都成功。

小　结

本章中主要讲述了以下内容：

（1）聊天系统的可行性分析，采用 C/S 体系结构，实现聊天室系统所要实现的功能。

（2）聊天系统的需求分析，包含服务器模块功能需求和客户端模块的功能需求。

（3）聊天系统的系统概要设计，介绍系统层次结构和数据流图。

（4）聊天系统的系统数据库的设计，包含数据库的服务器端和客户端 E-R 图、数据库的结构、项目类的结构。

（5）聊天系统的服务器端和客户端详细设计。

（6）聊天系统的系统测试。

练　习　题

实践题

1. B/S 与 C/S 的联系与区别。

2. 程序设计：使用线程编写程序将数字 1~26 与字母 A~Z 或 a~z 对应起来，并在窗体界面上显示出来。

3. 编写程序，实现金额转换，将阿拉伯数字的金额转换成中国传统的形式，如："￥1011" 转换为 "一千零一拾一元整" 输出。

4. 根据所学知识设计制作一个聊天室，要求实现以下功能：

(1) 多用户的登录。

(2) 用户的群聊和私聊。

(3) 用户寻找好友功能。

(4) 用户屏蔽和取消屏蔽功能。

(5) 用户暂时离开功能。

(6) 用户登出。

(7) 用户的注册。

(8) 服务器统计在线人数功能。

(9) 服务器监控用户的登录和登出。

(10) 服务器断开。

(11) 服务器重新连接。

(12) 服务器删除用户。

第10章 基本实验

实验一 熟悉 Java 程序的开发

一、实验目的

（1）学习使用 JDK 开发工具开发 Java 应用程序。

（2）掌握 Java Application 程序的开发过程。

（3）掌握 Java Applet 程序的开发过程。

二、实验内容

上机前的重要提示：

- Java 源代码可在任何文本编辑器中输入，但这里建议使用记事本。
- 所有的 Java 源代码都应具有扩展名“.java”。
- 在包含主类的文件中，文件名应与主类的名称相同，并注意有大小写之分。

任务 1：编写并运行第一个 Java Application 程序

操作步骤：

（1）开机后，在 Java 实验目录下创建 test1 子目录。本阶段的 Java 源程序、编译后的字节码文件都放在这个目录中。

（2）打开一个纯文本编辑器（如记事本），输入如下程序（注意大小写）：

```
import java.io.*;
public class MyFirstJavaProgram{
  public static void main(String args[]){
   System.out.println("This is my first Java program!");
  }
}
```

（3）保存文件，命名为 MyFirstJavaProgram.java，保存在工作目录下。

（4）进入命令方式（MS-DOS），并转到.java 文件所在目录。输入下述命令，编译上述 Java 文件。

命令格式：`javac  MyFirstJavaProgram.java`

（5）利用 Java 解释器运行这个 Java Application 程序，并查看运行结果。

命令格式：`java MyFirstJavaProgram`

以上程序运行结果如图 10-1 所示。

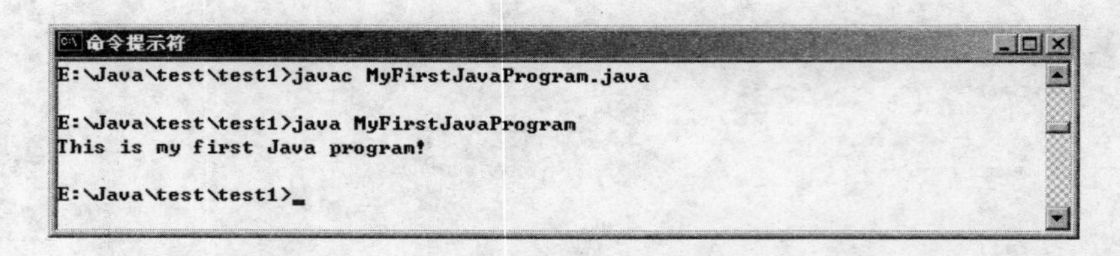

图 10-1 实验一之任务 1 的程序运行结果

任务 2：编写并编译第一个 Java Applet 程序

操作步骤：

（1）打开一个纯文本编辑器（如记事本），输入如下程序（注意大小写）：

```
import java.applet.Applet;
import java.awt.Graphics;
public class MyFirstJavaApplet extends Applet{
  public void paint(Graphics g){
    g.drawString("This is my first  Java Applet ",15,20);
  }
}
```

（2）保存文件，命名为 MyFirstJavaApplet.java，保存在测试目录下。

（3）进入命令方式（MS-DOS）并转到.java 文件所在目录，输入下述命令，编译上述 Java 文件。

命令格式：`javac MyFirstJavaApplet.java`

（4）编写配合 Applet 的 HTML 文件，代码如下：

```
<html>
  <body>
    <applet code=MyFirstJavaApplet  width=300 height=200>
    </applet>
  </body>
</html>
```

（5）将上述内容存盘为 MyFirstJavaApplet.html，与文件 MyFirstJavaApplet.java 一同保存在本实验的工作目录下。

（6）用模拟的 Applet 运行环境解释运行这个 Java Applet 程序并观察运行结果。

命令格式：`AppletViewer  MyFirstJavaApplet.html`

以上程序的运行结果如图 10-2 所示。

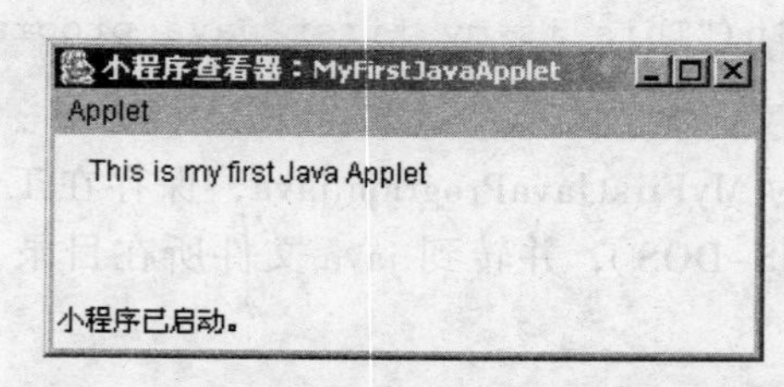

图 10-2 实验一之任务 2 的程序运行结果

三、练习思考

1. 练习内容

运行下面的程序代码，并回答问题。

程序代码：

```
import java.awt.*;
import java.applet.*;
public class WhatAmI extends Applet {
  public void paint(Graphics g){
     g.drawString("What am I,Application or Applet?",10,20);
  }
}
```

2．思考问题

（1）上面的程序是 Application 还是 Applet?

（2）该程序的运行过程有几步？它们分别是什么？

（3）DrawString 方法中的第二个参数“10”和第三个参数“20”是什么意思？

（4）将上面的程序改成另一种类型的 Java 程序，同样输出字符串“What am I,Application or Applet?”。

四、上机作业

分别编写 Application 和 Applet 程序，使运行后在屏幕上生成如下的图案。

```
*
***
*****
*******
*********
```

实验二　Java 语言编程基础

一、实验目的

（1）掌握如何在 Java 程序中定义变量。

（2）掌握各种运算符及其相关表达式运算。

（3）学习数组的定义及使用。

二、实验内容

任务 1：编写 Java Application 程序，分析程序运行结果

操作步骤：

（1）开机后，在 Java 实验目录下创建 test2 子目录。本阶段的 Java 源程序、编译后的字节码文件都放在这个目录中。

（2）打开一个纯文本编辑器（如记事本），输入如下程序（注意大小写）：

```
public class ArithmaticTest{
      public static void main( String args[] ) {
          int a=9;
          int b=-a;
          int i=0;
          int j=i++;
          int k=++j;
```

```
            System.out.println("a="+a);
            System.out.println("b="+b);
            System.out.println("i="+i);
            System.out.println("j="+j);
            System.out.println("k="+k);
        }
    }
```

（3）将文件保存起来，命名为 ArithmaticTest.java，保存在 Java 实验目录的 test2 子目录下。

（4）进入命令方式（MS-DOS），并转到.java 文件所在目录。输入下述命令，编译上述 Java 文件。

命令格式：`javac ArithmaticTest.java`

（5）利用 Java 解释器运行这个 Java Application 程序并查看运行结果。

命令格式：`java   ArithmaticTest`

以上程序的运行结果如图 10-3 所示。

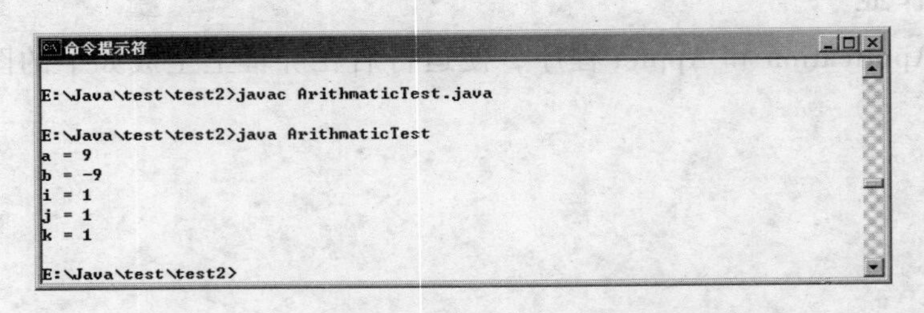

图 10-3　实验二之任务 1 程序运行结果

任务 2：掌握位运算及数组的定义和使用

操作步骤：

（1）打开一个文本编辑器，输入如下程序（注意大小写）：

```
public class BitDemo{
  static String binary[]={"0000","0001","0010","0011",
                          "0100","0101","0110","0111",
                          "1000","1001","1010","1011",
                          "1100","1101","1110","1111"};
  static final int FLAG1=1;
  static final int FLAG2=2;
  static final int FLAG4=8;
  public static void main( String args[] ){
     int flags=0;
     System.out.println("Clear all flags... flags="+binary[flags]);
     flags=flags | FLAG4;
     System.out.println("Set flag4... flags="+binary[flags]);
     flags=flags ^ FLAG1;
     System.out.println("Revert flag1... flags="+binary[flags]);
     flags=flags ^ FLAG2;
     System.out.println("Revert flag2... flags="+binary[flags]);
     int cf1=~FLAG1;
     flags=flags & cf1;
     System.out.println("Clear flag1... flags="+binary[flags]);
```

```
      int f4=flags & FLAG4;
      f4=f4>>>3;
      System.out.println("Get flag4... flag4="+f4);
      int f1=flags & FLAG1;
      System.out.println("Get flag1... flag1="+f1);
    }
  }
```

（2）保存文件，命名为 BitDemo.java，保存在 Java 实验目录的 test2 子目录下。

（3）进入命令方式（MS-DOS）并转到.java 文件所在目录，输入下述命令，编译上述 Java 文件。

命令格式：javac　BitDemo t.java

（4）利用 Java 解释器运行这个 Java Application 程序并查看运行结果。

命令格式：java　ArithmaticTest。

以上程序的运行结果如图 10-4 所示。

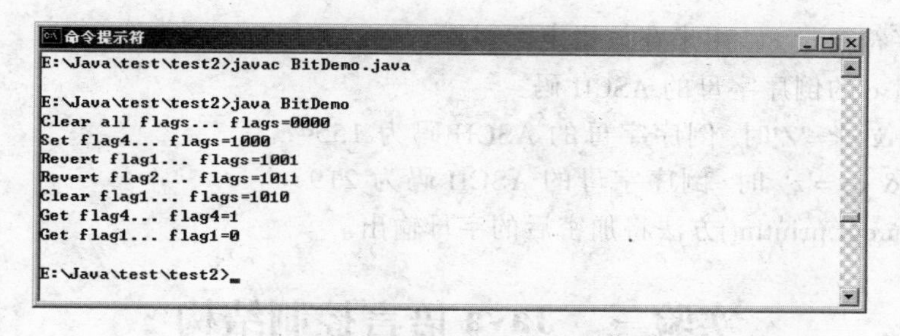

图 10-4　实验二之任务 2 程序运行结果

三、练习思考

1. 练习内容

运行下面的程序代码，并回答问题。

程序代码：

```
import java.applet.Applet;
import java.applet.Applet;
import java.awt.*;
import java.awt.event.*;
public class DataType extends Applet implements ActionListener
{ Label prompt=new Label("请分别输入整数和浮点数:");
   TextField input_int=new TextField(6);
   TextField input_double=new TextField(6);
   TextField output=new TextField(35);
  int getInt;  double getDouble;
public void init() {
   add(prompt); add(input_int); add(input_double);
   add(output); output.setEditable(false);
   input_double.addActionListener(this);
  }
 public void actionPerformed(ActionEvent e) {
  getInt=Integer.parseInt(input_int.getText());
  getDouble=Double.parseDouble(input_double.getText());
```

```
    output.setText("您输入了整数: "+getInt+"和浮点数:
    "+getDouble);
     }
  }
```

2. 思考问题

（1）上面的程序是 Application 还是 Applet?

（2）上面的程序用什么方式接收数据的输入和输出？

（3）假如在要求输入整数的文本框中输入了浮点数，运行结果是什么？为什么？

（4）假如在要求输入浮点数的文本框中输入了整数，运行结果又是什么？为什么？

四、上机作业

编写一个加密 Application 程序，将一个字母赋给一个变量，输出这个字母加密后的结果。加密操作是将字母变换成倒序的字母，例如 A 变成 Z，B 变成 Y，C 变成 X……。

提示：

- 定义一字符变量 c，用来存放指定的字符。
- 计算变量 c 的倒序字母的 ASCII 码：

  c>='A' && c<='Z'时 倒序字母的 ASCII 码为 155-c。

  c>='a' && c<='z' 时 倒序字母的 ASCII 码为 219-c。
- 用 System.out.println()方法将加密后的字母输出。

实验三 Java 语言控制结构

一、实验目的

（1）掌握一维数组的声明、初始化和引用。

（2）熟练使用 if...else 语句和 switch 条件分支语句编程。

（3）熟练使用 while 语句、do...while 语句、for 语句等循环语句编程。

二、实验内容

任务 1：比较两个数的大小并按升序输出

操作步骤：

（1）开机后，在 Java 实验目录下创建 test3 子目录。本阶段的 Java 源程序、编译后的字节码文件都放在这个目录中。

（2）打开一个纯文本编辑器，输入如下程序（注意大小写）：

```
public class Sort  {
    public static void main (String args[]) {
     double d1=23.4;
     double d2=35.1;
     if (d2>=d1)
         System.out.println(d2+">="+d1);
     else
       System.out.println(d1+">="+d2);
    }
}
```

（3）保存文件，命名为 Sort.java，保存在 Java 实验目录的 test3 子目录下。

（4）进入命令方式（MS-DOS），并转到.java 文件所在目录。输入下述命令，编译上述 Java 文件。

命令格式：`javac  Sort.java`

（5）利用 Java 解释器运行这个 Java Application 程序并查看运行结果。程序的运行结果如图 10-5 所示。

命令格式：`java  Sort`

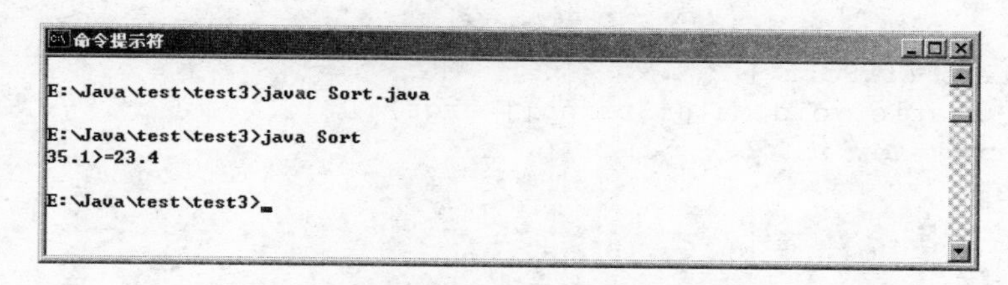

图 10-5　实验三之任务 1 程序运行结果

任务 2：编写程序，输出 1～1 000 之间，所有可以被 3 整除又可以被 7 整除的数

操作步骤：

（1）打开一个文本编辑器，输入如下程序（注意大小写）：

```
public class NumTest{
public static void main (String args[]) {
    int n,num,num1;
    System.out.println("在 1~1000 可被 3 与 7 整除的为");
    for (n=1;n<=1000;n++) {
          num =n%3;
          num1=n%7;
          if (num==0) {
            if (num1==0)
             System.out.print(n+" ");
        }
     }
    System.out.println(" ");
   }
}
```

（2）把文件命名为 NumTest.java，保存在 Java 实验目录的 test3 子目录下。

（3）进入命令方式（MS-DOS）并转到.java 文件所在目录，输入下述命令，编译上述 Java 文件。

命令格式：`javac NumTest.java`

（4）利用 Java 解释器运行这个 Java Application 程序并查看运行结果。程序的运行结果如图 10-6 所示。

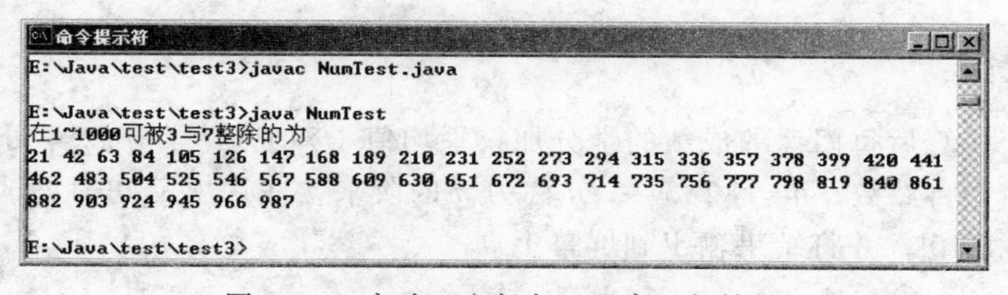

图 10-6　实验三之任务 2 程序运行结果

命令格式：java NumTest。

三、练习思考

1. 练习内容 1

使用 while 和 do...while 循环语句改写本实验任务 2 的程序代码，并上机运行。

2. 练习内容 2

创建一个具有 5 个值的数组，并找出最大值和最小值。

程序代码：

```
public class ArrSort {
   public static void main(String[] args) {
    int arr[]=new int[5];
    int i;
    arr[0]=10;
    arr[1]=20;
    arr[2]=-9;
    arr[3]=8;
    arr[4]=98;
    int min=0,max=0;
    for(i=0;i<5;i++){
      if(max<arr[i])
         max=arr[i];
      if(min>arr[i])
         min=arr[i];
    }
  System.out.println("数组的最大值是:" +max);
  System.out.println("数组的最小值是:"+min);
  }
}
```

3. 思考问题

（1）将上面的数组进行排序，数组的第一个元素为最小值，最后一个元素为最大值。

（2）能根据给定的数组值，找出该数组值在数组中的下标。

四、上机作业

（1）编写一个换算 GPA 的 Application 程序，对于学生学习的每门课程，都输入两个整数：考试成绩和学分，考试成绩按如下公式换算：

85~100：4

75~84： 3

60~74： 2

45~59： 1

44 以下：0

GPA 等于换算后每门课的成绩的学分加权平均值（∑(成绩×学分)/∑学分）。

（2）设 n 为自然数，$n!=1\times2\times3\times\ldots\times n$ 称为 n 的阶乘，并且规定 $0!=1$。试编制程序计算 2!，4!，6!和 10!，并将结果输出到屏幕上。

实验四　面向对象的编程技术

一、实验目的

（1）掌握类与对象的基本概念以及它们之间的关系。

（2）掌握定义类与创建对象实例的方法。

（3）掌握类方法和属性的定义和使用。

（4）掌握构造方法的定义及其使用。

二、实验内容

任务：定义一个类——圆，并编一个主类测试它。

操作步骤：

（1）开机后，在 Java 实验目录下创建 test4 子目录。本阶段的 Java 源程序、编译后的字节码文件都放在这个目录中。

（2）打开一个纯文本编辑器，定义一个类——圆，代码如下：

```
class CCircle   {
  double pi;
  double radius;
  double getRadius(){
  return radius;
}
  void setCircle(double r, double p){
      pi=p;
      radius=r;
   }
}
```

（3）在上面的代码后面添加主类代码，创建类——圆的一个实例，并输出该圆的半径。

```
public class TestCCircle{
   public static void main(String args[])    {
      CCircle cir1=new CCircle();
      cir1.setCircle(2.0,3.1416);
      System.out.println("radius="+cir1.getRadius());
   }
}
```

（4）把文件命名为 TestCCircle.java，保存在 Java 实验目录的 test4 子目录下。

（5）编译并运行该程序，程序的运行结果如图 10-7 所示。

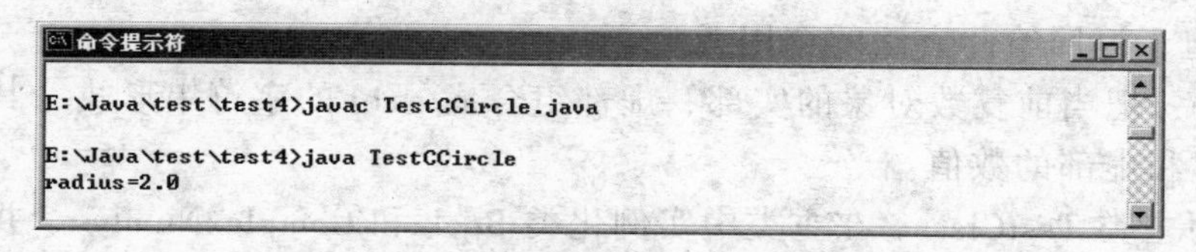

图 10-7　实验四程序运行结果

三、练习思考

1. 练习内容

扩展圆的定义，为其增加可以求圆面积的方法，并在主类中输出一个实例化的圆的面积。

2. 思考问题

运行扩展后的程序，思考如下的问题：

（1）是否可以将类——圆的定义和主类的源代码放在两个文件中。如果可以的话，两个文件的命名有何要求？上机测试后，给出结论。

（2）修改程序，使圆的属性 pi 定义为最终变量，其值为 3.141 59，看会出现什么样的结果。如果程序出错，请调整代码以适合属性 pi 为最终变量的要求。

（3）为程序添加构造方法代码，调用该构造方法，可以完成圆的半径的初始化。

（4）修改主类代码，测试构造方法的使用。

四、上机作业

（1）编写 Book.java，定义一个类 Book，具有以下属性和方法：

属性：书名（Title）；出版日期（Pdate）；字数（Words）。

方法：计算单价 price()，单价=字数/1 000 × 35 × 日期系数。

其中，上半年的日期系数=1.2；下半年的日期系数=1.18。

（2）编写一个类 ComplexNumber 实现复数的运算。

复数类 ComplexNumber 的属性如下：

m_dRealPart：实部，代表复数的实数部分。

m_dImaginPart：虚部，代表复数的虚数部分。

复数类 ComplexNumber 的方法：

ComplexNumber(double r,double i)：构造函数，创建复数对象的同时完成复部的实部、虚部的初始化，r 为实部的初值，i 为虚部的初值。

getRealPart()：获得复数对象的实部。

getImaginaryPart()：获得复数对象的虚部。

setRealPart(double d)：把当前复数对象的实部设置为给定的形式的数字。

setImaginaryPart(double d)：把当前复数对象的虚部设置为给定的形式参数的数字。

complexAdd(ComplexNumber c)：当前复数对象与形式参数复数对象相加，所得的结果也是复数值，返回给此方法的调用者。

complexMinus(ComplexNumber c)：当前复数对象与形式参数复数对象相减，所得的结果也是复数值，返回给此方法的调用者。

complexMulti(ComplexNumber c)：当前复数对象与形式参数复数对象相乘，所得的结果也是复数值，返回给此方法的调用者。

toString()：把当前复数对象的实部、虚部组合成 a+bi 的字符串形式，其中假设 a 和 b 分别为实部和虚部的数值。

（3）编写主类 TestClass，在主类中实例化类 Book 和 ComplexNumber，并输出实例化对象的属性。运行该程序，分析运行的结果。

实验五　包、接口、类库与向量类

一、实验目的

（1）掌握创建包与引用包的方法。

（2）掌握用接口实现多重继承的机制。

（3）熟悉向量类的引入和使用。

二、实验内容

任务 1：包的创建和引用

操作步骤：

（1）开机后，在 Java 实验目录下创建 test5 子目录。本阶段的 Java 源程序都放在这个子目录中。字节码文件则根据建包的情况放在 test5 相应的子目录中。

（2）打开一个纯文本编辑器，输入如下的代码：

```
package p1;
public class DefiPackage {
  public void display(){
    System.out.println("in method display()");
  }
}
```

（3）将文件命名为 DefiPackage.java，保存在 Java 实验目录的 test5 子目录下。

（4）打开 MS-DOS 窗口，转到 DefiPackage.java 所在的目录，输入命令：

```
javac  -d  .  DefiPackage.java
```

（5）输入 Dir 命令，可以看到在 test5 子目录下创建了 p1 的子文件夹。接着输入下面的命令以查看 p1 下的文件，可以看到 DefiPackage.class 存储在此文件夹下。

```
cd p1
dir
```

（3）、（4）、（5）的操作步骤如图 10-8 所示。

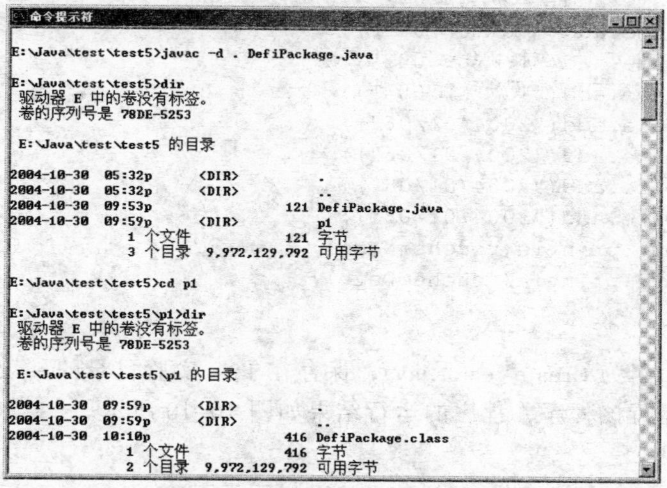

```
命令提示符

E:\Java\test\test5>javac -d . DefiPackage.java

E:\Java\test\test5>dir
 驱动器 E 中的卷没有标签。
 卷的序列号是 78DE-5253

 E:\Java\test\test5 的目录

2004-10-30  05:32p      <DIR>          .
2004-10-30  05:32p      <DIR>          ..
2004-10-30  09:53p                 121 DefiPackage.java
2004-10-30  09:59p      <DIR>          p1
               1 个文件            121 字节
               3 个目录  9,972,129,792 可用字节

E:\Java\test\test5>cd p1

E:\Java\test\test5\p1>dir
 驱动器 E 中的卷没有标签。
 卷的序列号是 78DE-5253

 E:\Java\test\test5\p1 的目录

2004-10-30  09:59p      <DIR>          .
2004-10-30  09:59p      <DIR>          ..
2004-10-30  10:10p                 416 DefiPackage.class
               1 个文件            416 字节
               2 个目录  9,972,129,792 可用字节
```

图 10-8　实验五之任务 1 操作步骤

（6）在另一个文件中输入如下代码：

```
import p1.DefiPackage;
public class TestPackage {
  public static void main(String[] args) {
    DefiPackage t=new DefiPackage();
    t.display();
  }
}
```

（7）把文件命名为 TestPackage.java，保存在 Java 实验目录的 test5 子目录下。

（8）编译并运行该程序，程序的运行结果如图 10-9 所示。

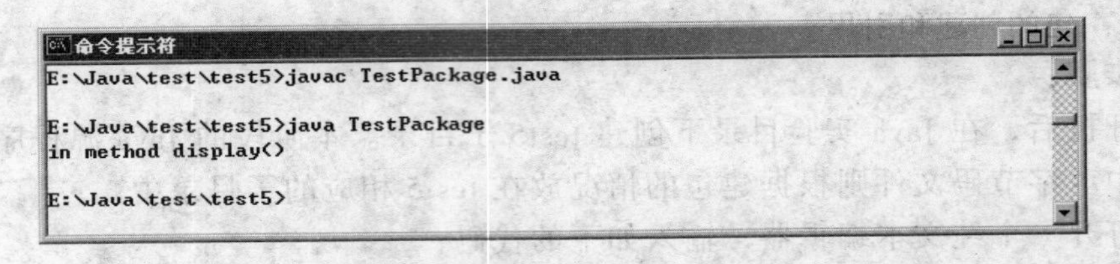

图 10-9 实验五之任务 1 程序运行结果

（9）在文件 TestPackage.java 中加入包定义语句：[package p2;]，重新正确地编译和运行该程序，从中理解包的概念。

任务 2：创建两个 Vector 类，分别记录凭证的名称和日期，并根据给定的凭证日期，查询满足条件的凭证名称，或根据给定的凭证名称，查询凭证的日期

操作步骤：

（1）打开一个纯文本编辑器，输入如下代码：

```
import java.util.*;
public class CreateVector {
  public static void main(String[] args) {
    Vector voucherName=new Vector();
    Vector voucherDate=new Vector(3);
    voucherName.add("收款凭证 001");
    voucherName.add("收款凭证 002");
    voucherName.add("收款凭证 003");
    voucherName.add("收款凭证 004");
    voucherDate.add("2004/01/06");
    voucherDate.add("2004/01/06");
    voucherDate.add("2004/01/08");
    voucherDate.add("2004/01/08");
    System.out.println(voucherName);
    System.out.println(voucherDate);
  }
}
```

（2）将文件命名为 CreateVector.java，保存在 Java 实验目录的 test5 子目录下。

（3）编译并运行该程序，程序的运行结果如图 10-10 所示。

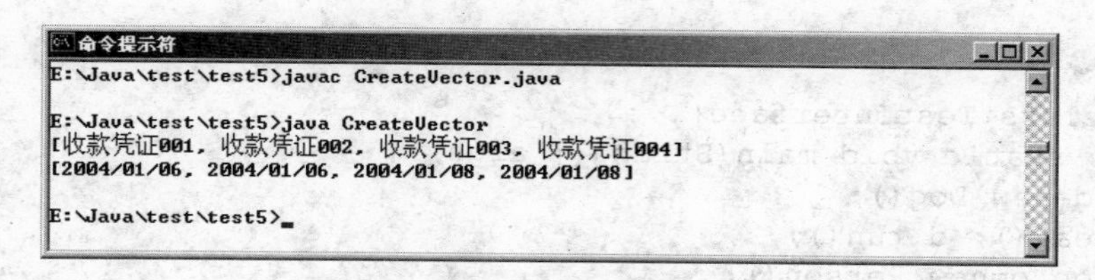

图 10-10　实验五之任务 2 程序运行结果 1

（4）在上面程序的 main()方法中接着添加如下的程序代码：

```
if(voucherDate.contains("2004/01/08")){
    String res="存在日期是 2004/01/08 的凭证，凭证号是"+
    voucherName.elementAt(voucherDate.indexOf("2004/01/08"));
    System.out.println(res);
}
```

（5）重新编译并运行该程序，程序的运行结果如图 10-11 所示。

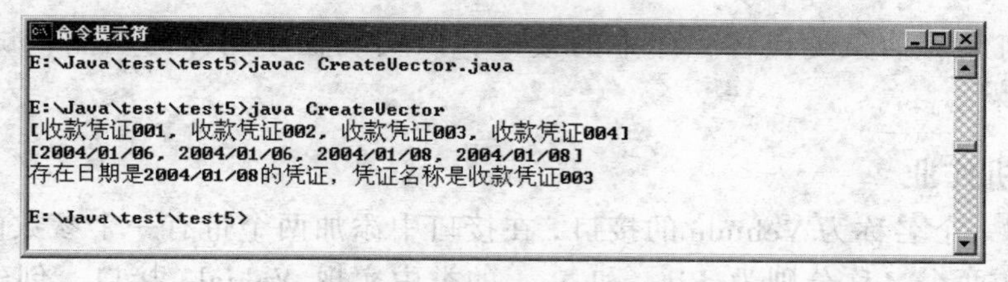

图 10-11　实验五之任务 2 程序运行结果 2

（6）继续添加代码，查询当给定凭证名称为“收款凭证 002”时的凭证日期。

三、练习思考

1. 练习内容

创建接口 Speakable 和 Runner，然后创建两个类 Dog 和 Person 实现该接口。

程序代码：

```
interface Speakable{
  public void speak();
}
interface Runner{
  public void run();
}
class Dog implements Speakable,Runner{
  public void speak(){
    System.out.println("狗的声音:汪、汪！");
  }
  public void run(){
    System.out.println("狗用四肢跑步");
  }
}
class Person implements Speakable,Runner{
  public void speak(){
    System.out.println("人们见面时经常说:您好！");
  }
  public void run(){
    System.out.println("人用两腿跑步");
```

```
    }
  }
  public class TestInterface{
    public static void main(String[] args) {
      Dog d=new Dog();
      d.speak(); d.run();
      Person p=new Person();
      p.speak();  p.run();
    }
  }
```

2. 思考问题

运行上面的程序，思考如下的问题：

（1）该程序编译后生成几个字节码文件？

（2）创建一个类 Bird（鸟），给出其声音特征，并在主类中创建一个 Bird 类的实例，输出其特征。

（3）如何编写抽象类代替程序中的接口，以实现程序同样的功能？试比较它们的不同。

四、上机作业

（1）创建一个名称为 Vehicle 的接口，在接口中添加两个带有一个参数的方法 start( ) 和 stop( )。在两个名称分别为 Bike 和 Bus 的类中实现 Vehicle 接口。创建一个名称为 interfaceDemo 的类，在 interfaceDemo 的 main( )方法中创建 Bike 和 Bus 对象，并访问 start( ) 和 stopt( )方法。

（2）创建一个名称为 MainPackage 的包，使它包含 ParentClass 和 SubClass。ParentClass 包含变量声明，其值从构造函数中输出。SubClass 类从父类派生而来，完成对父类变量的赋值。创建一个名称为 DemoPackage 的主类，使它不在 MainPackage 包中，在该类中创建一个 SubClass 类的对象。

实验六　图形界面容器及布局管理器

一、实验目的

（1）掌握 Frame 容器的使用。

（2）掌握 Panel 容器的使用。

（3）掌握主要布局管理器的用法。

二、实验内容

任务：编写代码，创建标题为“基本 GUI 编程”的窗口。

操作步骤：

（1）在 Java 程序编辑器中输入如下的程序代码：

```
import java.awt.*;
//创建一个 Frame 类的子类，以便创建一个框架窗体
public class BasicFrame  extends Frame{
  public BasicFrame(){
```

```
    //设置窗体的标题
    this.setTitle("基本 GUI 编程");
    this.setSize(200,200);
  }
  public static void main(String[] args) {
    BasicFrame frm=new BasicFrame();
    frm.setVisible(true);
  }
}
```

（2）将程序保存为 BasicFrame.java，编译运行该程序，运行结果如图 10-12 所示。

图 10-12　BasicFrame.java 输出结果

（3）在上面的 Frame 窗体中加入一面板 Panel，设面板的尺寸为（80，80），背景色为绿色。代码如下：

```
  public class BasicFrame  extends Frame{
  public BasicFrame(){
    this.setTitle("基本 GUI 编程");
    this.setSize(200,200);
  }
  public static void main(String[] args) {
    BasicFrame frm=new BasicFrame();
    Panel pan=new Panel();
    frm.setLayout(null);//取消默认布局管理器
    pan.setSize(80,80);
    pan.setBackground(Color.green);
    frm.add(pan);
    pan.setLocation(40,40) ;
    frm.setVisible(true);
  }
}
```

图 10-13　BasicFrame.java 加入面板后的输出结果

（4）将程序保存，编译运行该程序，运行结果如图 10-13 所示。

三、练习思考

1. 题目内容

编写代码，使用按钮排出 BorderLayout 布局的 5 个方向。

2. 程序代码

```
import java.awt.*;
public class BorderFrame extends Frame{
   public BorderFrame(){
   this.setTitle("BorderLayout 布局");
   this.setSize(200,200);
 }
  public static void main(String[] args) {
    BorderFrame frm=new BorderFrame();
    Button btn1=new Button("北");
    Button btn2=new Button("南");
    Button btn3=new Button("中");
    Button btn4=new Button("西");
    Button btn5=new Button("东");
```

```
    frm.add("North",btn1);
    frm.add("South",btn2);
    frm.add("Center",btn3);
    frm.add("West",btn4);
    frm.add("East",btn5);
    frm.setSize(200,200);
    frm.setVisible(true);
  }
}
```

3. 思考问题

运行上面的程序，思考下面的问题：

（1）如果并没有在每个位置都安排一个部件，比如将 frm.add("West",btn4)注释掉（在前在前面加上“//”号），程序的运行结果会怎样？

（2）如果在中间的位置不安排部件，程序的运行结果是怎样的呢？

（3）怎样调整窗口组件间的横向和纵向间距为 10 个像素？

（4）根据上面对 BorderLayout 布局管理器的学习，编写一个程序，使界面如图 10-14 所示。

四、上机作业

编写一个程序，模拟图 10-15 所示的小键盘界面。

提示：图中的按钮类型为 JButton 类型，使用该种按钮类型的方法与 Button 类型类似，面板类型为 JPanel，其使用方法与 Panel 类似，只是需将 javax.swing.*包引进来。此题要用到布局管理器的组合。

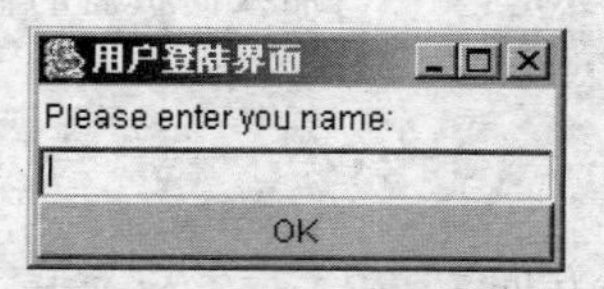

图 10-14 实验六思考题所要求的登录界面

图 10-15 实验六上机题的小键盘界面

实验七 Java 事件处理机制

一、实验目的

（1）熟悉 JDK1.1 的事件处理机制。

（2）掌握处理各种鼠标与键盘事件的编程方法。

（3）熟悉事件适配器的使用方法。

二、实验内容

任务：编写程序 keyeventDemo.java，当窗体获得焦点时按下键盘，窗体中将实时显示所按下的是哪一个键。

操作步骤：

（1）在 Java 程序编辑器中输入如下程序代码：

```
import java.awt.event.*;
public class keyeventDemo {
    public static void main(String[] args) {
    keyeventFrame frm=new keyeventFrame();
    frm.show();
   }
}
class keyeventFrame extends Frame implements KeyListener{
    Label label=new Label("    ");
    public keyeventFrame() {
    setTitle("测试键盘事件");
    setSize(300, 200);
    Panel panel=new Panel();
    add(panel);
    label.setAlignment(1);
    label.setFont(new java.awt.Font("Dialog", 1, 80));
    panel.add(label, BorderLayout.CENTER);
    //将窗体与键盘事件监听器相关联
    this.addKeyListener(this);
   }
//实现监听器接口中的 keyPressed、keyReleased、keyTyped 方法
  public void keyPressed(KeyEvent e) {
    label.setText(""+e.getKeyChar());
   }
  public void keyReleased(KeyEvent e) { }
  public void keyTyped(KeyEvent e) { }
}
```

（2）编译运行上述程序，按下【A】键时，运行结果如图 10-16 所示。

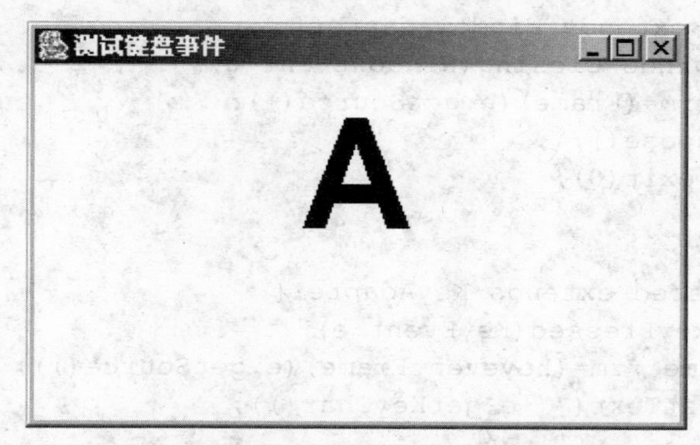

图 10-16　keyeventFrame.java 输出结果

（3）修改上面的程序代码，以包含窗体关闭事件，并通过事件适配器简化窗体事件处理方法。在上面的源程序中加入一个用于关闭窗口的类 closeWin。

```
class closeWin extends WindowAdapter{
   public void windowClosing(WindowEvent e){
        Frame frm=(Frame)(e.getSource());
            frm.dispose();
```

```
            System.exit(0);
        }
    }
```

（4）在 keyeventFrame 类的构造函数中增加一句：

```
    this.addWindowListener(new closeWin());
```

将窗体与窗体事件监听器相关联。

（5）按照通过事件适配器简化窗体事件处理的方法，用事件适配器简化键盘事件处理，简化后程序的完整代码如下：

```
import java.awt.*;
import java.awt.event.*;
public class keyeventDemo {
public static void main(String[] args) {
    keyeventFrame frm=new keyeventFrame();
    frm.show();
  }
}
class keyeventFrame extends Frame {
    Label label=new Label("    ");
    public keyeventFrame() {
    setTitle("测试键盘事件");
    setSize(300, 200);
    Panel panel=new Panel();
    add(panel);
    label.setAlignment(1);
    label.setFont(new java.awt.Font("Dialog", 1, 80));
    panel.add(label, BorderLayout.CENTER);
    this.addKeyListener(new MykeyPressed());
    this.addWindowListener(new closeWin());
  }
}
 class closeWin extends WindowAdapter{
   public void windowClosing(WindowEvent e){
          Frame frm=(Frame)(e.getSource());
          frm.dispose();
          System.exit(0);
     }
}
 class MykeyPressed extends KeyAdapter{
   public void keyPressed(KeyEvent e) {
     keyeventFrame frm=(keyeventFrame)(e.getSource());
     frm.label.setText(""+e.getKeyChar());
  }
}
```

（6）运行该程序，查看输出结果。

三、练习思考

1．题目内容

编写一个 Applet 程序，跟踪鼠标的移动，并把鼠标的当前位置用不同的颜色显示在鼠标所在的位置上，同时监测所有的鼠标事件，把监测到的事件名称显示在Applet的状态条中。

2. 程序代码

```
import java.awt.*;
import java.awt.event.*;
import java.applet.*;
public class mousemove extends Applet implements MouseListener,
MouseMotionListener
{   int x,y; String s="";
    public void init()
    {  this.addMouseListener(this);
       this.addMouseMotionListener(this);
    }
    public void paint(Graphics g)
    {  g.drawString(s,50,100);
       float a,b,c;
       a=(float)Math.random();
       b=(float)Math.random();
       c=(float)Math.random();
       g.setColor(new Color(a,b,c));
       g.drawString("鼠标当前的位置是:("+x+","+ y+")",x,y);
    }
    public void mouseClicked(MouseEvent e)
    {  x=e.getX() ;
       y=e.getY() ;
       if(e.getClickCount() ==1)
          s="您单击了鼠标";
       else if(e.getClickCount()==2)
          s="您双击了鼠标";
       repaint();
    }
    public void mouseEntered(MouseEvent e)
    {   x=e.getX() ;
        y=e.getY() ;
        s="鼠标进入Applet.";
        repaint();
    }
    public void mouseExited(MouseEvent e)
    {   x=e.getX() ;
        y=e.getY() ;
        s="鼠标离开Applet";
        repaint();
    }
    public void mousePressed(MouseEvent e)
    {   x=e.getX() ;
        y=e.getY() ;
        s="您按下了鼠标.";
        repaint();
    }
```

```
public void mouseReleased(MouseEvent e)
{   x=e.getX() ;
    y=e.getY() ;
    s="您松开了鼠标.";
    repaint();
}
public void mouseDragged(MouseEvent e)
{   x=e.getX() ;
    y=e.getY() ;
    s="您拖动了鼠标.";
    repaint();
}
public void mouseMoved(MouseEvent e)
{   x=e.getX() ;
    y=e.getY() ;
    s="您移动了鼠标.";
    repaint(); }
}
```

3. 思考问题

运行上面的程序（需将其字节码文件嵌入到 HTML 文件中，运行该 HTML 文件），思考下面的问题：

（1）如果在程序中删除事件处理方法 mouseMoved()的定义，会出现什么错误？为什么？

（2）观察鼠标事件处理方法 mouseRealeased( )是什么时侯被触发的。

（3）如果本题只要求处理鼠标单击事件，获取鼠标单击时鼠标所在的位置，请用事件适配器简化鼠标事件处理代码。

（4）如何将鼠标当前的位置显示在状态栏中？

程序经过（3）和（4）步改进后，运行结果如图 10-17 所示。

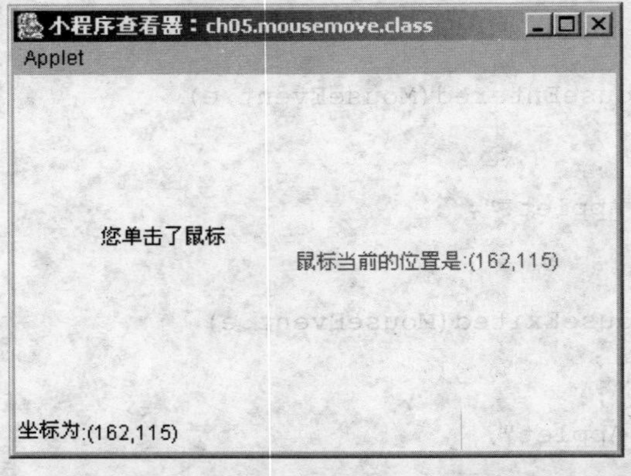

图 10-17 mousemove.java 输出结果

四、上机作业

编写一个 Applet 程序，首先捕捉用户的一次鼠标点击，然后记录点击的位置，从这个位置开始复制用户所敲击的键盘。实验一下，如果不点击鼠标而直接敲击键盘，能否捕捉到键盘事件？为什么？

实验八　AWT 基本组件

一、实验目的

（1）熟悉常用的 AWT 组件及其方法。

（2）掌握使用 AWT 组件的一般步骤。

二、实验内容

任务：为文本区设置字体显示效果及前、背景色，图 10-18 为该程序某一时刻运行的效果图。

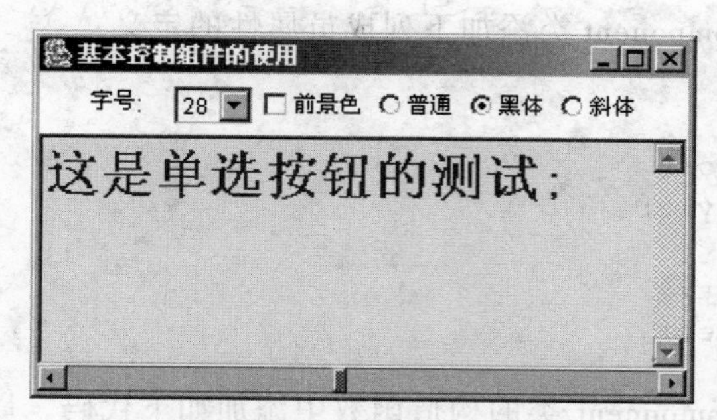

图 10-18　实验八程序运行某时刻界面

具体要求如下：

- 由下拉列表控制文本区文字的字号。
- 由单选按钮控制文本区文字的字型。
- 当复选框被选中时，滚动条控制文本区的前景色，否则控制文本区的背景色。

操作步骤：

（1）开机后，在 Java 实验目录下创建 test8 子目录。本阶段的 Java 源程序及编译生成的字节码文件都放在这个子目录中。

（2）创建一个 Frame 窗口，用来容纳 GUI 组件。新建一个 Java 文件，输入如下代码：

```
import java.awt.*;
import java.awt.event.*;
public class TestBasicComponent  extends Frame{
  public TestBasicComponent(){
    this.setSize(350,200);
    this.setTitle("基本控制组件的使用");
  }
  public static void main(String[] args) {
    TestBasicComponent frm=new TestBasicComponent();
    frm.setVisible(true);
  }
}
```

（3）将文件命名为 TestBasicComponent.java，保存在 Java 实验目录的 test8 子目录下。

（4）编译并运行该文件，程序的运行结果如图 10-19 所示。

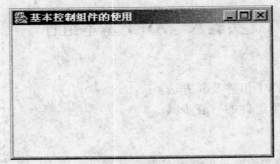

图 10-19 实验八程序运行结果（一）

（5）为 TestBasicComponent 类添加下列成员属性的定义：

```
Label  prompt;
Choice size;
Checkbox forecolor;
CheckboxGroup style;
Checkbox p,b,i;
TextArea dispText;
Scrollbar mySlider;
Panel p1;
```

（6）在 TestBasicComponent 类的构造函数中添加如下代码，以将基本控制组件放在 Frame 窗口中。

```
prompt=new Label("字号:");
size=new Choice();
for(int i=10;i<40;i+=2)
    size.addItem(i+"");
forecolor=new Checkbox("前景色");
style=new CheckboxGroup();
p=new Checkbox("普通",true,style);
b=new Checkbox("黑体",false,style);
i=new Checkbox("斜体",false,style);
dispText=new TextArea("这是单选按钮的测试;",8,50);
mySlider=new
Scrollbar(Scrollbar.HORIZONTAL,0,1,0,Integer.MAX_VALUE );
mySlider.setUnitIncrement(100);
mySlider.setBlockIncrement(100);
p1=new Panel();
p1.add(prompt);
p1.add(size);
p1.add(forecolor);
p1.add(p);p1.add(b);p1.add(i);
add("North",p1);
add("Center",dispText);
add("South",mySlider);
```

（7）重新编译并运行添加代码后的 TestBasicComponent.java 程序，其运行结果如图 10-20 所示。

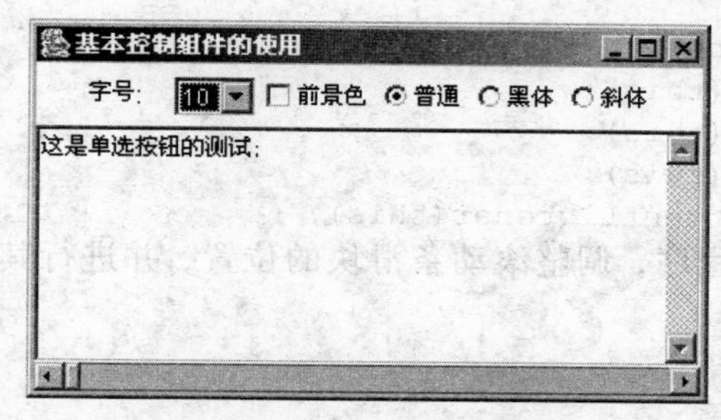

图 10-20　实验八程序运行结果（二）

（8）在 TestBasicComponent 类中实现事件监听者接口 ItemListener 和 AdjustmentListener，类头的定义改为：

```
public class TestBasicComponent  extends Frame
                    implements ItemListener,AdjustmentListener
```

（9）为接口 ItemListener 的方法 public void itemStateChanged(ItemEvent e)和接口 AdjustmentListener 的方法 public void adjustmentValueChanged(AdjustmentEvent e)书写方法体，其代码添加在构造函数之后。两个方法的定义如下：

```
public void itemStateChanged(ItemEvent e) {
    Checkbox temp;
    Choice temp1;
    Font oldF=dispText.getFont() ;
  if(e.getItemSelectable() instanceof Checkbox) {
   temp=(Checkbox)(e.getItemSelectable() );
   if(temp.getLabel()=="普通")
    dispText.setFont(new Font(oldF.getName(),Font.PLAIN ,oldF.getSize()));
   if(temp.getLabel()=="黑体")
    dispText.setFont(new Font(oldF.getName(),Font.BOLD ,oldF.getSize()));
   if(temp.getLabel()=="斜体")
    dispText.setFont(new Font(oldF.getName(),Font.ITALIC ,oldF.getSize()));
   }
  if(e.getItemSelectable()  instanceof Choice) {
    temp1=(Choice)(e.getItemSelectable());
    int s=Integer.parseInt(temp1.getSelectedItem());
    dispText.setFont(new Font(oldF.getName(),oldF.getStyle(),s));
    }
  }
 public void adjustmentValueChanged(AdjustmentEvent e){
   int value;
   if(e.getSource()==mySlider) {
     value=e.getValue();
     if (forecolor.getState()==true)
       dispText.setForeground(new Color(value));
     else
       dispText.setBackground(new Color(value));
   }
 }
```

（10）将基本组件注册给事件监听者。在类 TestBasicComponent 的构造函数中添加如下的代码：

```
size.addItemListener(this);
p.addItemListener(this);
b.addItemListener(this);
i.addItemListener(this);
mySlider.addAdjustmentListener(this);
```

（11）重新编译运行程序，调整滚动条滑块的位置，并进行其他项的选择，即可得到图 10-18 所示的结果。

三、练习思考

1．练习内容

完善本实验的程序。要求如下：

（1）修改程序，以包含窗口关闭事件。

提示：从 WindowAdapter 类扩展类，覆盖 WindowClosing()方法。

（2）在窗口滚动条的底部添加一个文本域，将当前文本区前景色和背景色的值提供给用户。

2．思考问题

（1）如果不用 TestBasicComponent 充当事件监听者，而创建一个新类来实现事件监听者接口 ItemListener 和 AdjustmentListener，程序应如何修改？哪种实现方法更好一些？

（2）图 10-18 中显示了垂直滚动条和水平滚动条，它们是如何产生的？

四、上机作业

编写一个 Application 程序输入学生的有关信息，用 Checkbox 表示学生是否注册，用 CheckboxGroup 表示学生的性别，用 List 表示学生的年级，用 Choice 表示学生的系别。程序还包括一个按钮，用户单击按钮时，程序读取当前所有组件中的选择，并显示在一个 TextArea 中。

实验九　菜单及 Swing 组件

一、实验目的

（1）掌握菜单的创建及使用方法。

（2）掌握弹出式菜单的创建及使用方法。

（3）熟悉常用的 Swing 组件及其方法。

（4）掌握使用 Swing 组件的一般步骤。

二、实验内容

任务：菜单、弹出式菜单的使用。

具体要求如下：

（1）创建一个 Frame 窗口，窗口中包括一个菜单和一个 TextArea。程序监听 ActionEvent 事件，每当用户选择一个菜单项时，TextArea 中将显示这个菜单项的名称。菜单中设置一个“退出”项，当用户选择“退出”时，关闭 Frame 并退出整个程序的执行。

（2）创建弹出式菜单，该弹出式菜单含有两个菜单项。当用户右击文本区时，弹出该弹出式菜弹。同样选择弹出式菜单的菜单项时，TextArea 中也将显示这个菜单项的名称。

操作步骤：

（1）开机后，在 Java 实验目录下创建 test9 子目录。本阶段的 Java 源程序及编译生成的字节码文件都放在这个子目录中。

（2）创建一个 Frame 窗口，用来容纳 GUI 组件。新建一个 Java 文件，输入如下的代码：

```
import java.awt.*;
import java.awt.event.*;
public class UseMenu extends Frame {
  UseMenu(){
    setTitle("菜单、对话框、弹出式菜单的使用");
  }
  public static void main(String[] args) {
    UseMenu frm=new UseMenu();
    frm.setSize(new Dimension(350,200));
    frm.setVisible(true);
  }
}
```

（3）将文件命名为 UseMenu.java，保存在 java 实验目录的 test9 子目录下。

（4）编译并运行该文件，查看程序的运行结果。其结果如图 10-21 所示。

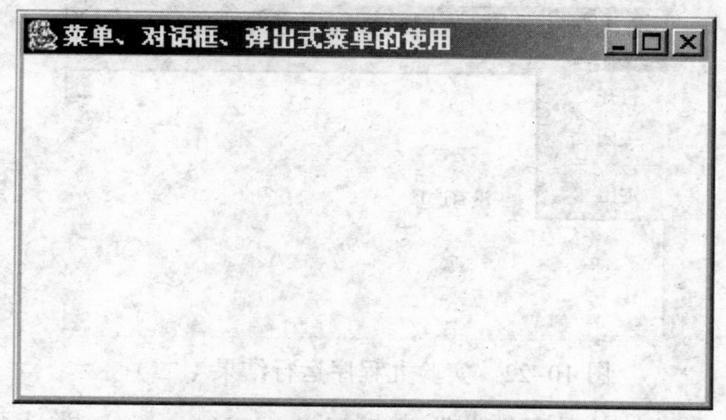

图 10-21　实验九程序运行结果（一）

（5）为 TestBasicComponent 类添加菜单及文本区组件，代码如下：

• 在类 UseMenu 属性声明处加入如下的代码：

```
TextArea ta;
MenuBar mb;
Menu menuFile,menuEdit;
MenuItem File_Open,File_Close,File_Exit;
MenuItem Edit_Copy,Edit_Paste,Edit_Cut;
```

• 在类 UseMenu 的构造函数中添加代码：

```
ta=new TextArea("\n\n\n\n\n\n\n\t\t\t没有选项",5,20);
add("Center",ta);
//创建 MenuBar 对象
mb=new MenuBar();
//创建 Menu 对象
menuFile=new Menu("文件");
```

```
menuEdit=new Menu("编辑");
//创建 MenuItem 对象
File_Open=new MenuItem("打开");
File_Close=new MenuItem("关闭");
File_Exit=new MenuItem("退出");
Edit_Copy=new MenuItem("复制");
Edit_Cut=new MenuItem("剪切");
Edit_Paste=new MenuItem("粘贴");
//将 MenuItem 对象加入 Menu 对象中
menuFile.add(File_Open);
menuFile.add(File_Close);
menuFile.addSeparator() ;
menuFile.add(File_Exit);
menuEdit.add(Edit_Copy);
menuEdit.add(Edit_Cut);
menuEdit.add(Edit_Paste);
//将 Menu 对象加入 MenuBar 对象中
mb.add(menuFile);
mb.add(menuEdit);
//将菜单添加到窗口中
this.setMenuBar(mb);
```

（6）重新编译并运行程序，程序的运行结果如图 10-22 所示。

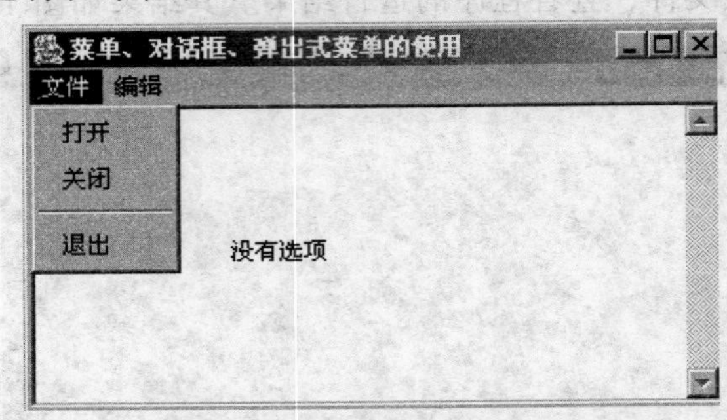

图 10-22 实验九程序运行结果（二）

（7）在 UseMenu 类中实现事件监听者接口 ActionListener，类头的定义改为：

```
public class UseMenu extends Frame implements ActionListener
```

（8）为接口 ActionListener 的方法 public void actionPerformed(ActionEvent e)书写方法体，其代码添加在构造函数之后。方法的定义如下：

```
public void actionPerformed(ActionEvent e){
  if(e.getActionCommand()=="退出"){
    dispose();
    System.exit(0);
  }
   else
   ta.setText("\n\n\n\n\t\t 你选择了: "+e.getActionCommand() );
 }
```

（9）将基本组件注册给事件监听者。在类 TestBasicComponent 的构造函数中添加如下的代码：

```
size.addItemListener(this);
```

```
p.addItemListener(this);
b.addItemListener(this);
i.addItemListener(this);
mySlider.addAdjustmentListener(this);
```

（10）重新编译运行程序，选择菜单“编辑”→“复制”命令，可得到图 10-23 所示的结果。

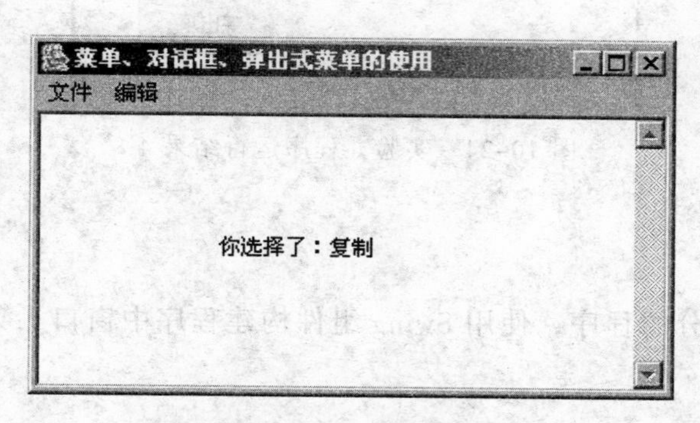

图 10-23　实验九程序运行结果 3

（11）创建弹出式菜单，在上面的程序中继续加入代码。

- 在类 **UseMenu** 属性声明处加入如下的代码：

```
PopupMenu popM;
MenuItem popItem1,popItem2;
```

- 添加类 **HandleMouse** 的定义，用于监听鼠标事件。代码如下：

```
class HandleMouse extends MouseAdapter{
  UseMenu m_Parent;
  HandleMouse(UseMenu mf){
    m_Parent=mf;
   }
 public void mouseReleased(MouseEvent e) {
   if(e.isPopupTrigger())
     m_Parent.popM.show((Component)e.getSource() ,e.getX(),e.getY());
  }
}
```

- 在类 **UseMenu** 的构造函数中添加代码，用以创建弹出式菜单并注册事件监听者。代码如下：

```
popM=new PopupMenu();
popItem1=new MenuItem("弹出项 1");
popItem2=new MenuItem("弹出项 2");
popM.add(popItem1);
popM.add(popItem2);
ta.add(popM);
popItem1.addActionListener(this);
popItem2.addActionListener(this);
ta.addMouseListener(new HandleMouse(this));
```

（12）完成（11）步骤的代码添加后，编译运行程序。即可得到图 10-24 所示的运行效果。

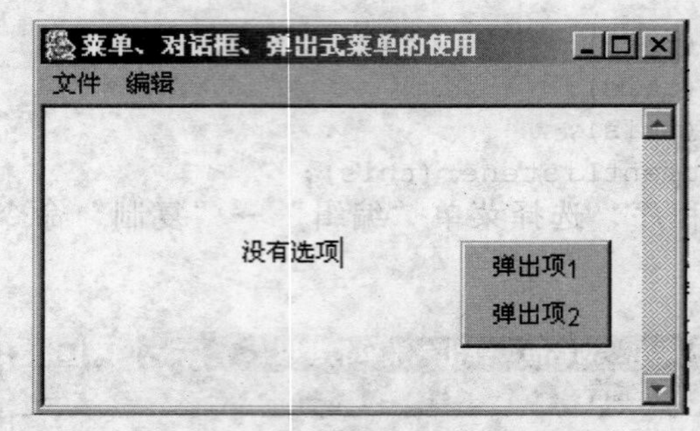

图 10-24 实验九程序运行结果 4

三、练习思考

1. 练习内容

修改基本指导部分的程序，使用 Swing 组件构建程序中窗口、菜单和文本区。

2. 程序代码

```
import java.awt.*;
import javax.swing.*;
import java.awt.event.*;
public class UseJMenu extends JFrame implements ActionListener{
  JTextArea ta;
  JMenuBar mb;
  JMenu menuFile,menuEdit;
  JMenuItem File_Open,File_Close,File_Exit;
  JMenuItem Edit_Copy,Edit_Paste,Edit_Cut;
  JPanel p;
  UseJMenu(){
    setTitle("菜单、对话框、弹出式菜单的使用");
    ta=new JTextArea("\n\n\n\t没有选项",5,20);
    //创建MenuBar对象
    mb=new JMenuBar();
    //创建Menu对象
    menuFile=new JMenu("文件");
    menuEdit=new JMenu("编辑");
    //创建MenuItem对象
    File_Open=new JMenuItem("打开");
    File_Close=new JMenuItem("关闭");
    File_Exit=new JMenuItem("退出");
    Edit_Copy=new JMenuItem("复制");
    Edit_Cut=new JMenuItem("剪切");
    Edit_Paste=new JMenuItem("粘贴");
    //将MenuItem对象加入Menu对象中
    menuFile.add(File_Open);
    menuFile.add(File_Close);
    menuFile.addSeparator() ;
    menuFile.add(File_Exit);
    menuEdit.add(Edit_Copy);
    menuEdit.add(Edit_Cut);
    menuEdit.add(Edit_Paste);
    //将Menu对象加入MenuBar对象中
     mb.add(menuFile);
```

```
        mb.add(menuEdit);
        //获得一个容器
        Container contentPane=getContentPane();
        p=new JPanel(new BorderLayout());
        p.add("Center",ta);
        contentPane.add(p);
        setJMenuBar(mb);
        //将菜单项注册给事件监听者
        File_Open.addActionListener(this);
        File_Close.addActionListener(this);
        File_Exit.addActionListener(this);
        Edit_Copy.addActionListener(this);
        Edit_Cut.addActionListener(this);
        Edit_Paste.addActionListener(this);
      }
    public void actionPerformed(ActionEvent e){
      if(e.getActionCommand()=="退出"){
        dispose();
        System.exit(0);
      }
      else
        ta.setText("\n\n\n\n\t\t你选择了: "+e.getActionCommand() );
    }
    public static void main(String[] args) {
      UseJMenu frm=new UseJMenu();
      frm.setSize(new Dimension(350,200));
      frm.setVisible(true);
    }
  }
```

3. 思考问题

（1）用 JFrame 类和 Frame 类构建窗口容器有什么不同?

（2）用 JMenu 类和 Menu 类构建菜单有什么不同?

（3）用 JMextArea 类和 TextArea 类构建的文本区有什么不同?

（4）用 JPopupMenu 类实现基本指导部分的弹出式菜单。

（5）用 Swing 组件重新构建实验八中基本指导部分程序的图形用户界面。

四、上机作业

扩展基本指导部分的程序代码，当用户要关闭 Frame 时，弹出一个 Dialog 向用户确认关闭操作。Dialog 包括一个包含文字提示的 Label 和两个按钮，用户单击“确认”按钮则关闭 Frame 和整个程序，否则关闭 Dialog，返回原来的 Frame。

实验十 多媒体编程

一、实验目的

（1）理解 Java Applet 的工作原理。

（2）掌握 Java Applet 的生命周期方法。

（3）掌握 Graphics 类绘制各种图形的方法。

（4）掌握字体、颜色、图像、动画和声音的控制方法。

二、实验内容

任务：编写一个程序，说明 Applet 如何工作以及启动 Applet 时调用 init( )、start( ) 和 paint( )方法的顺序。

操作步骤：

（1）开机后，在 Java 实验目录下创建 test10 子目录。本阶段的 Java 源程序及编译生成的字节码文件都放在这个子目录中。

（2）定义类 AppletDemo，此类为 Java 中 Applet 类的子类；声明 3 个类型为 String 的类变量，并定义 Applet 类的 init()方法，代码如下：

```
import java.awt.*;
import java.awt.event.*;
import java.applet.*;
public class AppletDemo extends Applet {
  String stringMsg1,stringMsg2,stringMsg3;
  public void init(){
    setBackground(Color.yellow);
    setForeground(Color.black);
    stringMsg1="已执行 init()方法";
  }
}
```

（3）在类 Applet 类中定义 start() 方法，其代码如下：

```
public void start(){
    stringMsg2="已执行 start()";
  }
```

（4）在类 Applet 类中定义 paint() 方法，其代码如下：

```
public void paint(Graphics graphics){
    stringMsg3="已执行 paint()方法";
    graphics.drawString(stringMsg1,10,30);
    graphics.drawString(stringMsg2,10,60);
    graphics.drawString(stringMsg3,10,90);
  }
```

（5）将文件命名为 AppletDemo.java，保存在本次实验目录下并编译该文件。

（6）新建一个文件，输入如下的代码：

```
<html>
<body>
  <applet code="AppletDemo" width=300 height=200>
  </applet>
</body>
</html>
```

（7）将文件命名为 AppletDemo.html，保存在本次实验目录下。

（8）通过 Applet 查看器执行该 HTML 文件，命令如下：

```
appletviewer  AppletDemo.html
```

程序的输出结果如图 10-25 所示。

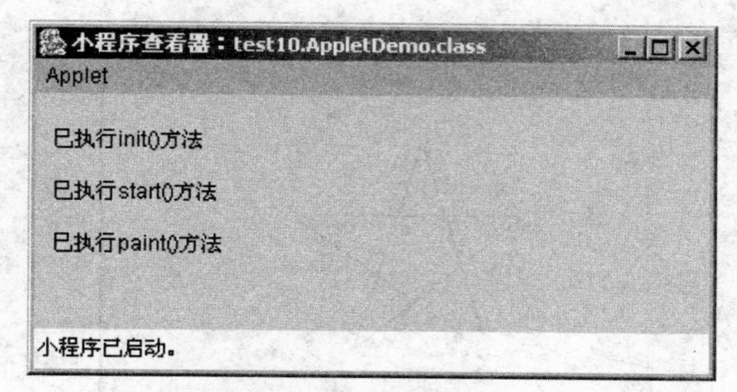

图 10-25　实验十程序运行结果

三、练习思考

1. 练习内容 1

在鼠标单击的两点间绘制直线，可以连续绘制直线且线段的颜色为红色。

程序代码：

```
import java.awt.*;
import java.awt.event.*;
import java.applet.*;
public class lineDraw extends Applet {
  int x1=-1,y1=-1;
  boolean flag=true;
  int x2,y2;
  public void init(){
    this.addMouseListener(new java.awt.event.MouseAdapter() {
      public void mousePressed(MouseEvent e) {
        this_mousePressed(e); }
    });
  }
  void this_mousePressed(MouseEvent e) {
  flag=!flag;
  if(flag==true){
     x1=e.getX();
     y1=e.getY();
  }
  else{
     x2=e.getX();
     y2=e.getY();
  }
  if(x1!=-1 && y1!=-1)
  repaint();
  }
  public void update(Graphics g){
   paint(g);
  }
  public void paint(Graphics g){
  g.setColor(Color.red);
  g.drawLine(x1,y1,x2,y2);
  }
}
```

运行上面的程序，程序的运行界面如图 10-26 所示。

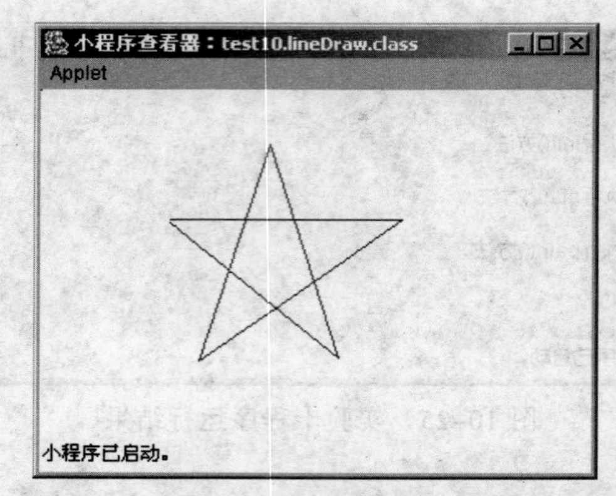

图 10-26　实验十之练习思考 1 程序运行结果

思考问题：

（1）本程序是如何定位直线两端点的坐标的？

（2）本程序是如何处理鼠标事件的？

（3）程序中 update( )方法的作用是什么？

2．练习内容 2

用 Applet 动画实现一个简单的 Applet 影集。

程序代码：

```
import java.awt.*;
import java.awt.event.*;
import java.applet.*;
public class ImageType extends Applet {
  int num=5;
  Image imgs[];
  public void init(){
    imgs=new Image[num];
    for(int i=0; i<num;i++)
{ imgs[i]=getImage(getDocumentBase(),"images/"+"t"+(i+1)+".gif" );
    }
    this.setBackground(Color.white);
  }
  public void paint(Graphics g){
    while(true){
     for(int i=0;i<num;i++){
     g.drawImage(imgs[i],0,0,this);
        try{
          Thread.sleep(2000);
          }catch(InterruptedException e){
              e.printStackTrace();
          }
         g.clearRect(0,0,getBounds().width,getBounds().height);
      }
    }
  }
}
```

思考问题：

（1）这部影集里可以放几张照片？

（2）要使该程序正常运行，照片对应的图片文件名需怎样命名？应将它们放在什么目录下？

（3）在本程序中每张照片播放的时间相隔是多长？

四、上机作业

编写 Applet 程序，实现下面的功能：

- 接收用户输入指定的字号、字体和字体风格，在 Applet 上显示一段指定字体的文字。
- 接收用户输入的 R、G、B 三种颜色的分量，配置页面的背景颜色。

实验十一 异常处理

一、实验目的

（1）掌握异常的概念及异常处理的机制。

（2）掌握 try...catch...finally 异常处理语句的使用。

（3）熟悉用户自定义异常及处理用户自定义异常的方法。

二、实验内容

任务：编写一个程序，同时捕获数组越界和被 0 除的异常，说明异常处理语句 try...catch...finally 的处理机制。

操作步骤：

（1）开机后，在 Java 实验目录下创建 test11 子目录。本阶段的 Java 源程序及编译生成的字节码文件都放在这个子目录中。

（2）新建一个 Java 文件，输入如下的程序代码：

```
public class Catch Demo {
public static void main(String[] args) {
  int number[]={4,8,16,32,64,128,256,512};
  int denom[]={2,0,4,4,0,8};
  for(int i=0;i<number.length ;i++){
   try {
         System.out.println(number[i] + " / " + denom[i] + "is " +
                           number[i] / denom[i]);
     }catch(ArithmeticException exc){
         System.out.println("Can't be divided be zero");
   }
     catch(ArrayIndexOutOfBoundsException exc){
       System.out.println("No matching element found.");
     }
    }
  }
}
```

（3）将文件命名为 CatchDemo.java，保存在本次实验目录下并编译并运行该程序，程序的运行结果如图 10-27 所示。

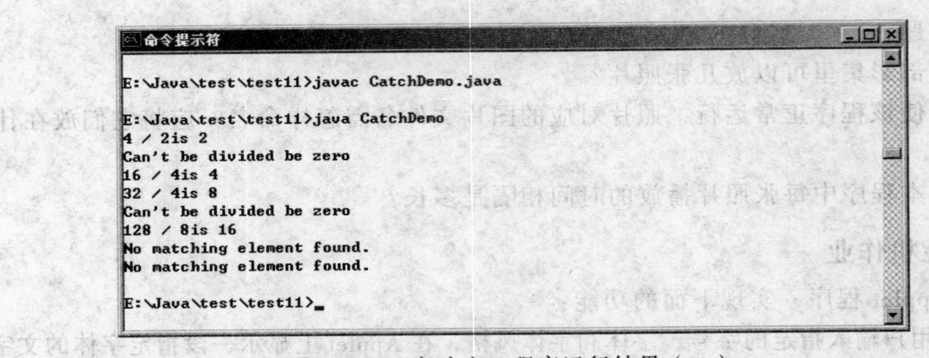

图 10-27　实验十一程序运行结果（一）

（4）为上述的异常处理添加 finally 块，其代码如下：

```
finally{
  System.out.println("Finally已执行");
 }
```

（5）重新编译运行该 Java 程序，程序的运行结果如图 10-28 所示。

试一试：如果没有异常处理，直接输出两个数组对应元素相除的结果，会出现什么样的结果？分析其原因。

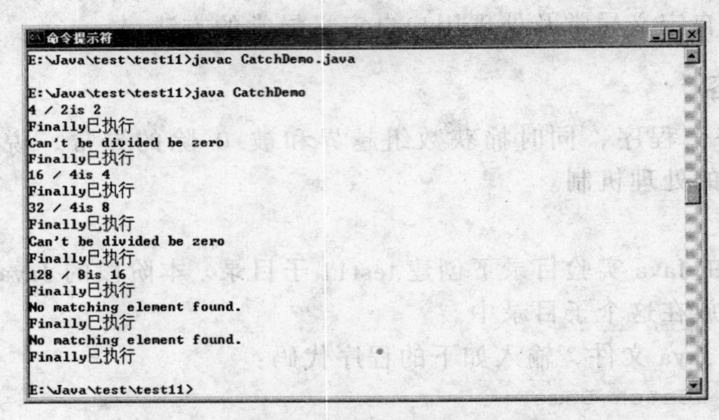

图 10-28　实验十一程序运行结果（二）

三、练习思考

1. 练习内容

创建用户自定义异常，用于描述数据取值范围的错误信息。

2. 程序代码

```
class UserException extends Exception{
    private int idnumber;
    public UserException(String message,int id){
      super(message);
      this.idnumber=id;}
    public int getId(){
      return idnumber;
     }
  }
public class TestException {
   public void regist(int num) throws UserException{
```

```
    if(num<0){
       throw new UserException("人数为负值，不合理",3);
    }
    System.out.println("登记人数："+num);
  }
  public void manager(){
  try{
    regist(-100);
  }catch(UserException e){
     System.out.println("登记出错，类别："+e.getId());
  }
  System.out.println("本次登记操作结束");
  }
  public static void main(String[] args) {
   TestException t=new TestException();
   t.manager();
  }
}
```

运行上面的程序，程序的运行结果如图 10-29 所示。

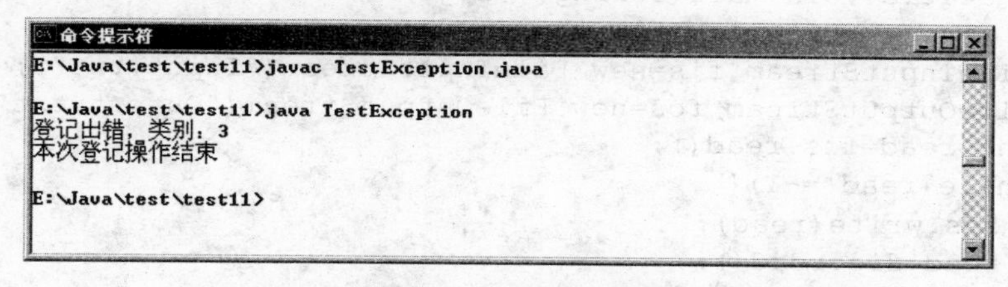

图 10-29　实验十一之练习思考程序运行结果

3．思考问题

（1）本程序中 throws 和 throw 语句的作用是什么？

（2）本程序中是如何定义用户自定义异常的？

（3）本程序是如何处理程序产生的用户自定义异常的？

（4）如果将程序中的 "public void regist(int num) throws MyException" 改为 "public void regist(int num)"，会出现什么样的情况？

四、上机作业

（1）编写一个程序，将字符串转换成数字。请使用 try...catch...finally 语句处理转换过程中可能出现的异常。

（2）创建一个类 Area，用来计算长方形或正方形的面积。用于计算面积的方法是一个重载的方法，如果该方法带一个参数，则应计算正方形的面积；如果带两个参数，则应计算长方形的面积。创建一个带有 main()方法的主类，来测试 Area 类。如果传入的参数个数不对，则应通过异常处理的方法显示相应的错误信息。

实验十二　输入/输出与文件处理

一、实验目的

（1）理解流式输入/输出的基本原理。

（2）掌握 DataInputStream 和 DataOutputStream 类的使用方法。

（3）掌握 File、FileInputStream、FileOutputStream 类的使用方法。

（4）掌握 RandomAccessFile 类的使用方法。

二、实验内容

任务 1：使用 FileInputStream 和 FileOutputStream 类将文件 Input.txt 文件中的内容复制到 output.txt 文件中

操作步骤：

（1）开机后，在 Java 实验目录下创建 test12 子目录。本阶段的 Java 源程序及编译生成的字节码文件都放在这个子目录中。

（2）在本实验的目录下新建一个文本文件 input.txt，并输入几行文字。

（3）新建一个 Java 文件，输入如下的程序代码：

```
import java.io.*;
public class CopyFile {
  public static void main(String[] args) {
    try{
        FileInputStream fis=new FileInputStream("Input.txt");
        FileOutputStream fos=new FileOutputStream("Output.txt");
        int read=fis.read();
        while(read!=-1){
          fos.write(read);
          read=fis.read();
        }
        fis.close();
        fos.close();
    }catch(IOException e){
     System.out.println(e);
     }
  }
}
```

（4）将文件命名为 CopyFile.java，保存在本次实验目录下并编译并运行该程序。

（5）查看本实验目录下是否存在 Output.txt 文件，如果存在，查看该文件的内容是否与 Input.txt 的文件内容相同。相同则说明文件复制成功。

任务 2：使用 DataOutputStream 将 Java 基本类型数据写出到一个输出流，然后再使用 DataInputStream 输入流读取这些数据

操作步骤：

（1）新建一个 Java 文件，输入如下的程序代码：

```
import java.io.*;
public class DataStream {
  public static void main(String[] args) {
    try{
        FileOutputStream fos;
        DataOutputStream dos;
        FileInputStream fis;
        DataInputStream dis;
```

```
        fos=new FileOutputStream("DataStream.txt");
        dos=new DataOutputStream(fos);
        dos.writeUTF("Java 程序设计");
        dos.writeInt(90);
        dos.close();
        fis=new FileInputStream("DataStream.txt");
        dis=new DataInputStream(fis);
        System.out.println("课程:"+dis.readUTF() );
        System.out.println("分数:"+dis.readInt());
      }catch(IOException e){
        System.out.println(e);
      }
    }
  }
```

（2）将文件命名为 DataStream.java，保存在本次实验目录下。

（3）编译并运该文件，运行结果如图 10-30 所示。

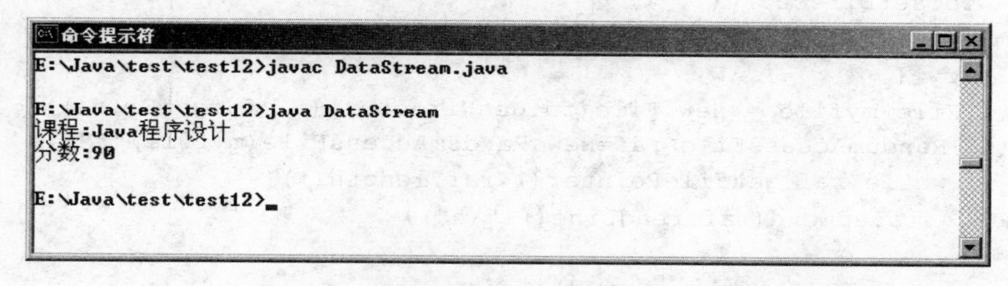

图 10-30　实验十二之任务 2 程序运行结果

（4）查看实验目录下 DataStream.txt 文件的内容，分析 DataInputStream 和 DataOutputStream 的作用。

三、练习思考

创建包含一个 TextArea、一个“打开”按钮和一个“关闭”按钮的 Application 程序。当用户单击“打开”按钮时，弹出一个 FileDialog 以帮助用户选择要查看的文件名称，然后使用 RandomAccessFile 类读取选定的文件并将其显示在文本区中。

程序代码：

```
import java.io.*;
import java.awt.*;
import java.awt.event.*;
public class RandomAccessFileDemo {
  public static void main(String[] args) {
    new FileFrame();
  }
}
class FileFrame extends Frame implements ActionListener{
  TextArea ta;
  Button open,quit;
  FileDialog fd;
  FileFrame(){
```

```
    super("获取并显示文本文件");
    ta=new TextArea(10,45);
    open=new Button("打开");
    quit=new Button("关闭");
    open.addActionListener(this);
    quit.addActionListener(this);
    setLayout(new FlowLayout());
    add(ta);
    add(open);
    add(quit);
    setSize(350,300);
    show();
  }
  public void actionPerformed(ActionEvent e){
    if(e.getActionCommand()=="打开"){
      fd=new FileDialog(this,"打开文件",FileDialog.LOAD);
      fd.setDirectory(".");
      fd.show();
      try {
       File myfile = new File(fd.getDirectory(), fd.getFile());
        RandomAccessFile raf=new RandomAccessFile(myfile,"r");
        while(raf.getFilePointer()<raf.length()){
          ta.append(raf.readLine()+"\n");
        }
      }catch(IOException ioe){
        System.err.println(ioe.toString());
      }
    }
    if(e.getActionCommand()=="关闭"){
      dispose();
      System.exit(0);
    }
  }
}
```

运行上面的程序，程序的运行结果如图 10-31 所示。

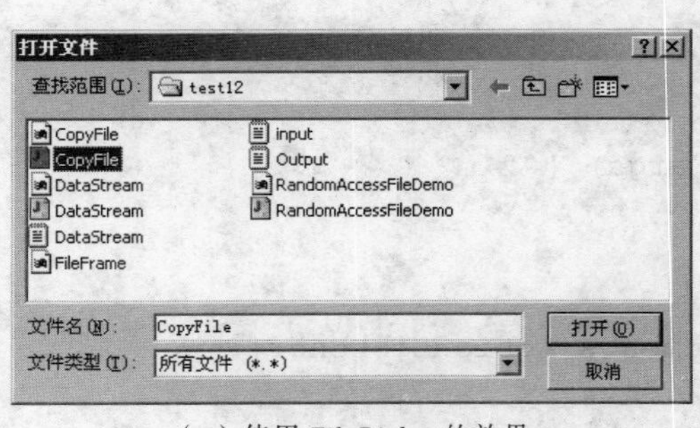

（a）使用 FileDialog 的效果

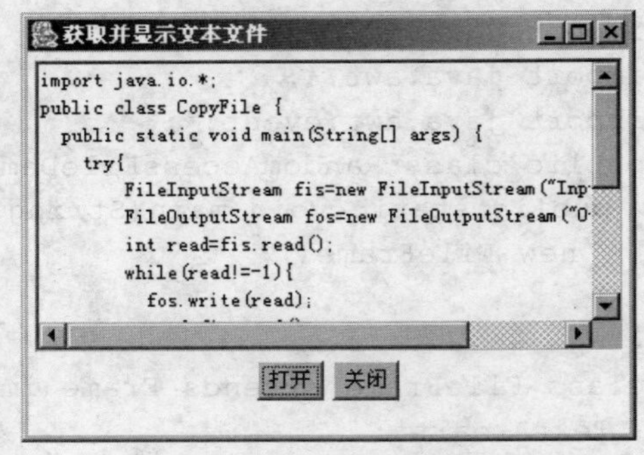

（b）获取选定的文件的内容

图 10-31　实验十二之练习思考程序运行结果

思考问题：

（1）“文件”对话框打开时的基础目录是什么？

（2）本程序中 File 类的作用是什么？

（3）如果用该程序读取带有汉字的文件时，会出现乱码，这是为什么？

（4）如何将本程序改为以 FileInputStream 类读取文本文件的内容？

四、上机作业

（1）编写一个图形界面的 Application 程序，包括分别用于输入字符串和浮点数的两个 TextField，以及两个按钮（一个是“输入”按钮，一个是“输出”按钮）和一个 TextArea。用户在两个 TextField 中输入数据并单击“输入”按钮后，程序利用 DataOutputStream 把这两个数据保存入一个文件 file.dat 中，单击“输出”按钮，则把这个文件的内容利用 DataInputStream 读出来显示在 TextArea 中。

（2）改写上面的程序，利用 PrintStream 向文件中输入数据，则应该怎样读取数据？

（3）改写上面的程序，利用 FileDialog 确定保存数据的文件的名称和位置。

实验十三　多　线　程

一、实验目的

（1）掌握线程与多线程的基本概念。

（2）掌握创建线程的两种基本方法。

（3）掌握 Thread 类的常用方法，如 start( )、run( )、stop( )、sleep( )等的使用。

（4）掌握编写同步代码的方法。

二、实验内容

任务：创建两个线程，每个线程均输出“你好”，接着输出线程名及消息数字，每个线程输出 5 次“你好”，可以查看这些消息是如何以交叉方式显示的

操作步骤：

（1）在 Java 程序编辑器中输入如下的程序代码：

```
class RunnableClass implements Runnable{ //定义线程类
  private String mName;
  private int mCounter;
  public RunnableClass(String pName){  //定义线程构造函数
    mName=pName;
    mCounter=0;
  }
 //实现 Runnable 接口所需的 run()方法
  public void run(){
    for(int cnt=0;cnt<5;cnt++){
      mCounter++;
      System.out.println("你好,来自"+mName+" " +mCounter);
    }
  }
```

```
}
//定义主类，以实例化线程
public class RunnableThread {
  public static void main(String[] args) {
    Runnable objOne=new RunnableClass("第一个线程");
    System.out.println("在启动第一个线程之前");
    Thread thOne=new Thread(objOne);
    thOne.start();
    Runnable objTwo=new RunnableClass("第二个线程");
    System.out.println("在启动第二个线程之前");
    Thread thTwo=new Thread(objTwo);
    thTwo.start();
  }
}
```

（2）将文件以 RunnableThread.java 保存，编译后其运行结果如图 10-32 所示。

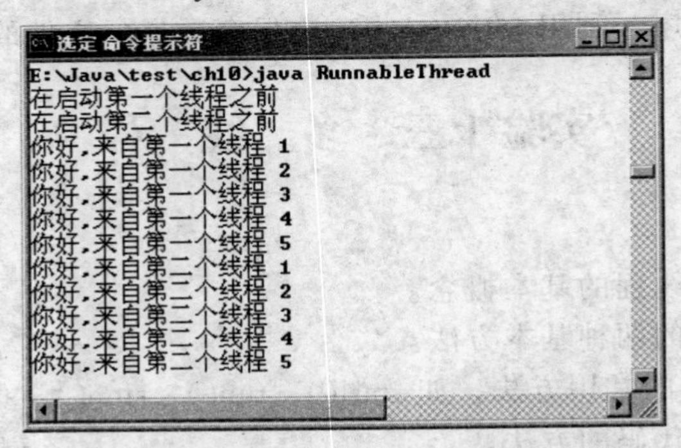

图 10-32　RunnableThread.java 输出结果

三、练习思考

假设某家银行，它可接受顾客的汇款，每做一次汇款，便可计算出汇款的总额。现有两个顾客，每人都分 3 次，每次 100 元将钱存入。试编写一个程序，模拟实际作业。

程序代码：

```
public class DespositMoney {
  public static void main(String[] args) {
     CCustomer c1=new CCustomer();
     CCustomer c2=new CCustomer();
     c1.start();
     c2.start();
  }
}
class CBank{
    private static int sum=0;
    public static void add(int n){
       int tmp=sum;
       tmp=tmp+n;   // 累加汇款总额
          try{
            Thread.sleep((int)(10000*Math.random()));  // 小睡几秒钟
          }catch(InterruptedException e){}
```

```
      sum=tmp;
      System.out.println("sum= "+sum);
    }
  }
class CCustomer extends Thread // CCustomer类，继承自Thread类
    {
      public void run(){    // run() method
         for(int i=1;i<=3;i++)
           CBank.add(100);  // 将100元分三次汇入
      }
    }
```

思考问题：

（1）程序运行结果每次是否相同？运行时间是否相同？为什么？

（2）要使程序运行结果每次都相同，应该怎样修改程序？

（3）本程序使用哪种方法创建线程？它和实验指导部分的程序创建线程的方式有何不同？

（4）怎样修改程序，使程序运行后能输出图 10-33 所示的结果。

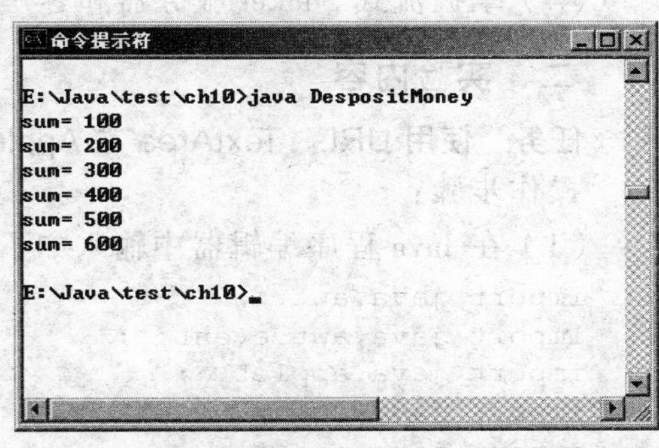

图 10-33　DespositMoney.java 输出结果

四、上机作业

（1）编写一个 Applet 程序 ScreenProtect.java，模拟屏幕保程序：屏幕上自动出现由小到大变换的实心圆，每个圆出现的位置和颜色都是随机的，当圆扩大到 200 像素时将其擦除，重新出现一个新的圆。

运行结果：

图 10-34 所示为某一时刻的运行结果，圆从 0 扩大到 200 后将自动擦除。

图 10-34　ScreenProtect.java 输出结果

（2）使屏幕上一次可以显示多于一个圆，圆的个数由 HTML 的参数给定（提示：可以使用一个向量对象保存当前屏幕上所有圆的位置和大小）。

实验十四　网络编程基础

一、实验目的

（1）掌握用 URL 类访问网络资源的方法和步骤。

（2）掌握用 URLConnection 类访问网络资源的基本步骤。

（3）理解 Socket 通信的概念和机制。

（4）掌握流式 Socket 服务器和客户机的建立与通信的编程方法。

二、实验内容

任务　使用 URL、TextArea 在 Applet 中显示 Internet 上的文件。

操作步骤：

（1）在 Java 程序编辑器中输入如下的程序代码：

```
import java.awt.*;
import java.awt.event.*;
import java.applet.*;
import java.io.*;
import java.net.*;
public class showfile extends Applet implements
MouseListener,KeyListener {
  URL fileur;
  TextArea showarea=new TextArea("Please wait a while for get new
  text",10,70);
  public void mousePressed(MouseEvent e){e.consume();}
  public void mouseReleased(MouseEvent e){e.consume();}
  public void mouseEntered(MouseEvent e){e.consume();}
  public void mouseExited(MouseEvent e){e.consume() ;}
  public void mouseClicked(MouseEvent e){e.consume();}
  public void keyPressed(KeyEvent e){e.consume() ;}
  public void keyReleased(KeyEvent e){e.consume();}
  public void keyTyped(KeyEvent e){e.consume();}
  public void init(){
    String url="http://www.sina.com/index.html";
    try{
      fileur=new URL(url);
    }catch(MalformedURLException e){
      System.out.println("Can't get URL:");
    }
    showarea.addMouseListener(this) ;
    showarea.addKeyListener(this);
    add(showarea);
  }
  public void paint(Graphics g){
    InputStream filecon=null;
```

```
    InputStreamReader filedata=null;
    BufferedReader fnewdata=null;
    String fileline;
    try{
      filecon=fileur.openStream();
      filedata=new InputStreamReader(filecon);
      fnewdata=new BufferedReader(filedata);
      while((fileline=fnewdata.readLine())!=null){
        showarea.append(fileline + "\n");
      }
    }catch(IOException e){
      System.out.println("Error in I/O:"+e.getMessage());
    }
  }
}
```

（2）编译上述程序，并编写相应的HTML文件。

（3）运行HTML文件，观察并分析程序运行结果。

三、练习思考

题目1：修改基本指导部分的程序，将程序改为使用URLConnection类获取网络的资源。

题目2：编写流式Socket服务器，在某端口建立监听服务。编写流式Socket的客户机，与服务器完成一次通信问答。

服务器端程序代码：

```
import java.net.*;
import java.io.*;
public class TcpServer {
  public static void main(String[] args) {
    try{
      ServerSocket s=new ServerSocket(8001);
      Socket s1=s.accept();
      OutputStream ops=s1.getOutputStream();
      DataOutputStream dos=new DataOutputStream(ops);
      dos.writeUTF("Hello,"+s1.getInetAddress());
      ops.close();
      s.close();
      s.close();
    }
    catch(IOException e){
      System.out.println("程序运行错误:"+e);
    }
  }
}
```

客户端程序代码：

```
import java.net.*;
import java.io.*;
public class TcpClient {
```

```
public static void main(String[] args) {
try{
  Socket s=new Socket("127.0.0.1",8001);
  InputStream s1=s.getInputStream();
  DataInputStream dis=new DataInputStream(s1);
  System.out.println(dis.readUTF());
  dis.close();
  s.close();
   }
   catch(ConnectException e){
     System.out.println("服务器连接错误");
   }
   catch(IOException e){}
 }
}
```

思考问题：

运行上面的程序，思考下面的问题：

（1）先运行服务器端程序，再运行客户端程序，可知客户端程序将读取服务器端发送来的问候语；修改程序，使服务器端同样能收到客户端的问候语。

（2）先编译运行 TclServer.java 程序时，如果 ServerSocket.accept 方法没有发生阻塞，最可能的原因是什么？试一试将端口号由“8001”改为“80”，查看运行结果。

（3）上面的程序中，服务器端的 accept( )方法只能接受一次客户端连接。怎样修改程序，才能使 accept( )方法接受多个客户端连接？

四、上机作业

编写一个 Socket 程序完成下面的功能：

（1）第一种 Client 向 Server 端提供一系列的 IP 地址，Server 接收 Client 的输入，将这些 IP 地址记录下来，保存在特定的文件中，形成一个特别控制名单。

（2）第二种 Client 在进行网络连接前，先向 Server 询问用户欲连接的 IP 地址是否在特别控制名单之中，若 Server 端回答是则不允许这样的连接，否则协助用户完成网络连接。

附录 A Java 术语表

abstarct class：抽象类
abstract data type：抽象数据类型
Abstract Windows Tookit：抽象窗口工具箱（AWT）
abstration：抽象
access control：访问控制
access specifier：访问控制符
accessibility：可访问能力，可访问性
accessor method：访问方法
adapter pattern：适配器模式
annotation type：注解类型
anonymous class：匿名类
antipattern：反模式
API（Application Programming Interface）：应用编程接口
API element：API 元素
applets：小应用程序
appletviewer：小应用程序浏览器
application：应用程序
array：数组
assertion：断言
binary compatibility：二进制兼容性
bit field：位域
bounded wildcard type：有限制的通配符类型
boxed primitive type：基本包装类型
button：按钮
bytecode：字节码
callback：回调
callback framework：回调框架
checked exception：受检异常
class：类

client：客户端
code inspection：代码检验
comparator：比较器
composition：复合
concrete strategy：具体策略
constant interface：常量接口
constant-specific class body：特定于常量的类主体
constant-specific method implementation：特定于常量的方法实现
copy constructor：拷贝构造器
covariant：协变的
covariant return type：协变返回类型
custom serialized form：自定义的序列化形式
decorator pattern：装饰模式
default access：缺省访问
default constructor：缺省构造器
defensive copy：保护性拷贝
delegation：委托
deserializing：反序列化
design pattern：设计模式
documentation comment：文档注释
double-check idiom：双重检查模式，双检法
dynamically cast：动态地转换
encapsulation：封装
enclosing instance：外围实例
enum type：枚举类型
erasure：擦除
exception：异常
exception chaining：异常链
exception translation：异常转换
explicit type parameter：显式的类型参数
exponentiation：求幂
exported API：导出的 API
extend：扩展
failure atomicity：失败原子性
field：域
finalizer guardian：终结方法守卫者
forwarding：转发
forwarding method：转发方法

function object：函数对象
function pointer：函数指针
general contract：通用约定
generic：泛型
generic array creation：泛型数组创建
generic method：泛型方法
generic singleton factory：泛型单例工厂
generic static factory method：泛型静态工厂方法
generification：泛型化
heterogeneous：异构的
idiom：习惯用法，模式
immutable：不可变的
implement：实现（用作动词）
implementation：实现（用作名词）
implementation inheritance：实现继承
information hiding：信息隐藏
inheritance：继承
inner class：内部类
int enum pattern int 枚举模式
interface：接口
interface inheritance：接口继承
invariant：不可变的
lazy initialization：延迟初始化
local class：局部类
marker annotation：标记注解
marker interface：标记接口
member：成员
member class：成员类
member interface：成员接口
memory footprint：内存占用
memory model：内存模型
meta-annotation：元注解
method：方法
migration compatibility：移植兼容性
mixin：混合类型
module：模块
mutator：设值方法
naming convention：命名惯例

naming pattern：命名模式
native method：本地方法
native object：本地对象
nested class：嵌套类
non-reifiable：不可具体化的
nonstatic member class：非静态的成员类
object：对象
object pool：对象池
object serialization：对象序列化
obsolete reference：过期引用
open call：开放调用
operation code：操作码
overload：重载
override：覆盖
package-private：包级私有
parameterized type：参数化的类型
performance model：性能模型
pop-up menu：弹出菜单
postcondition：后置条件
precondition：前提条件
precondition violation：前提违例
primitive：基本类型
private：私有的
public：公有的
Radio button：单选按钮
raw type：原生态类型
recursive type bound：递归类型限制
redundant field：冗余域
reference type：引用类型
reflection：反射机制
register：注册
reifiable：可具体化的
reified：具体化的
remainder：求余
restricted marker interface：有限制的标记接口
runnable：线程的状态
rounding mode：舍入模式
runtime exception：运行时异常

safety：安全性
scalar type：标量类型
semantic compatibility：语义兼容性
serial version UID：序列版本 UID
serialization proxy：序列化代理
serialized form：序列化形式
serializing：序列化
service provider framework：服务提供者框架
signature：签名
singleton：单例
singleton pattern：单例模式
skeletal implementation：骨架实现
state transition：状态转变
stateless：无状态的
static factory method：静态工厂方法
static member class：静态成员类
storage pool：存储池
strategy enum：策略枚举
strategy interface：策略接口
strategy pattern：策略模式
stream unique identifier：流的唯一标识符
subclassing：子类化
subtyping：子类型化
synthetic field：合成域
thread group：线程组
thread safety：线程安全性
thread-safe：线程安全的
top-level class：顶级类，顶层类
type inference：类型推导
type parameter：类型参数
typesafe：类型安全
typesafe enum pattern：类型安全的枚举模式
typesafe heterogeneous container：类型安全的异构容器
unbounded wildcard type：无限制的通配符类型
unchecked exception：未受检异常
unintentional object retention：无意识的对象保持
url：统一资源定位
utility class：工具类

value class：值类
value type：值类型
view：视图
virgin state：空白状态
worker thread：工作线程
wrapper class：包装类

附录 B　附加练习（行业面试问题）

本附加练习题目来自国内 10 多所著名软件公司的笔试题目，由笔者整理，供读者参考。

1．面向对象的特征有哪些方面

（1）抽象：抽象是从众多的事物中抽取出共同的、本质性的特征，而舍弃其非本质的特征。抽象就是忽略一个主题中与当前目标无关的那些方面，以便更充分地注意与当前目标有关的方面。抽象并不打算了解全部问题，而只是选择其中的一部分，暂时不用部分细节。抽象包括两个方面，一是过程抽象，二是数据抽象。

（2）继承：继承实际上是存在于面向对象程序设计中的两个类之间的一种关系，当一个类拥有另一个类的所有数据和操作时，就称这两个类之间具有继承关系。

继承是一种联结类的层次模型，并且允许和鼓励类的重用，它提供了一种明确表述共性的方法。对象的一个新类可以从现有的类中派生，这个过程称为类继承。新类继承了原始类的特性，新类称为原始类的派生类（子类），而原始类称为新类的基类（父类）。派生类可以从它的基类那里继承方法和实例变量，并且类可以修改或增加新的方法使之更适合特殊的需要。

（3）封装：封装是把一个对象的外部特征和内部实现细节分离开来，其他对象可以访问该对象的外部特征，但不能访问其内部实现细节。对象的封装是一种信息隐藏技术，其目的是将对象的使用者与设计者分开。在程序设计中，封装是指将一个数据和与这个数据有关的操作集合在一起，形成一个能动的实体——对象，用户不必知道对象行为的实现细节，只需根据对象提供的外部接口访问对象即可。封装不是面向对象语言所独有的特性，但这种在单一实体中把数据结构和行为捆绑在一起的能力，使封装比传统的把数据结构和行为分离的语言更加清晰、更强有力。

封装是把过程和数据包围起来，对数据的访问只能通过已定义的界面。面向对象计算始于这个基本概念，即现实世界可以被描绘成一系列完全自治、封装的对象，这些对象通过一个受保护的接口访问其他对象。

（4）多态性：不同的类的对象发出相同的消息将会有不同的实现。

多态性是指允许不同类的对象对同一消息作出响应。多态性包括参数化多态性和包含多态性。多态性语言具有灵活、抽象、行为共享、代码共享的优势，很好地解决了应用程序函数同名问题。

2. String是最基本的数据类型吗

基本数据类型包括byte、int、char、long、float、double、boolean和short。

java.lang.String类是final类型的，因此不可以继承这个类、不能修改这个类。为了提高效率节省空间，我们应该用StringBuffer类。

3. int 和 Integer 有什么区别

Java 提供两种不同的类型：引用类型和原始类型（或内置类型）。Int是Java的原始数据类型，Integer是Java为int提供的封装类。Java为每个原始类型提供了封装类。

原始类型封装类：

```
booleanBoolean
charCharacter
byteByte
shortShort
intInteger
longLong
floatFloat
doubleDouble
```

引用类型和原始类型的行为完全不同，并且它们具有不同的语义。引用类型和原始类型具有不同的特征和用法，它们包括占用的内存大小和使用时执行的速度问题，这种类型以哪种类型的数据结构存储，当引用类型和原始类型用作某个类的实例数据时所指定的缺省值。对象引用实例变量的缺省值为 null，而原始类型实例变量的缺省值与它们的类型有关。

4. String 和 StringBuffer有何区别

Java 平台提供了两个类：String 和 StringBuffer，它们可以储存和操作字符串，即包含多个字符的字符数据。这个String类提供了数值不可改变的字符串。而StringBuffer类提供的字符串可以进行修改。当知道字符数据要改变的时候就可以使用StringBuffer。典型地，可以使用StringBuffers来动态构造字符数据。

5. 运行时异常与一般异常有何异同

异常表示程序运行过程中可能出现的非正常状态，运行时异常表示虚拟机的通常操作中可能遇到的异常，是一种常见运行错误。Java编译器要求方法必须声明抛出可能发生的非运行时异常，但是并不要求必须声明抛出未被捕获的运行时异常。

6. ArrayList、Vector、LinkedList的存储性能和特性

ArrayList和Vector都是使用数组方式存储数据，此数组元素数大于实际存储的数据，以便增加和插入元素，它们都允许直接按序号索引元素，但是插入元素要涉及数组元素移动等内存操作，所以索引数据快而插入数据慢，Vector 由于使用了 synchronized 方法（线程安全），通常性能上较ArrayList差，而LinkedList使用双向链表实现存储，按序号索引数据需要进行前向或后向遍历，但是插入数据时只需要记录本项的前后项即可，所以插入速度较快。

7. Collection 和 Collections 有何区别

Collection是集合类的上级接口，继承于它的接口主要有Set 和 List。

Collections 是针对集合类的一个帮助类，它提供一系列静态方法实现对各种集合的搜索、排序、线程安全化等操作。

8．&和&&有何区别

&是位运算符，表示按位与运算，&&是逻辑运算符，表示逻辑与（and）。

9．HashMap 和 Hashtable 有何区别

HashMap 是 Hashtable 的轻量级实现（非线程安全的实现），它们都完成了 Map 接口，主要区别在于 HashMap 允许空（null）键值（key），由于非线程安全，效率上可能高于 Hashtable。

HashMap 允许将 null 作为一个 entry 的 key 或者 value，而 Hashtable 不允许。

HashMap 把 Hashtable 的 contains 方法去掉了，改成 containsvalue 和 containsKey。因为 contains 方法容易让人引起误解。

Hashtable 继承自 Dictionary 类，而 HashMap 是 Java1.2 引进的 Map interface 的一个实现。

最大的不同是，Hashtable 的方法是 Synchronize 的，而 HashMap 不是，在多个线程访问 Hashtable 时，不需要自己为它的方法实现同步，而 HashMap 就必须为之提供外同步。

Hashtable 和 HashMap 采用的 hash/rehash 算法都大概一样，所以性能不会有很大的差异。

10．final、finally、finalize 有何区别

final 用于声明属性、方法和类，分别表示属性不可变，方法不可覆盖，类不可继承。

finally 是异常处理语句结构的一部分，表示总是执行。

finalize 是 Object 类的一个方法，在垃圾收集器执行的时候会调用被回收对象的此方法，可以覆盖此方法提供垃圾收集时的其他资源回收，例如关闭文件等。

11．sleep( ) 和 wait( ) 有什么区别

sleep 是线程类（Thread）的方法，导致此线程暂停执行指定时间，将执行机会给其他线程，但是监控状态依然保持，到时后会自动恢复。调用 sleep( )不会释放对象锁。

Wait( )是 Object 类的方法，对象调用 wait( )方法导致本线程放弃对象锁，进入等待此对象的等待锁定池，只有针对此对象发出 notify( )方法（或 notifyAll( )）后本线程才进入对象锁定池准备获得对象锁进入运行状态。

12．Overload 和 Override 有何区别，Overloaded 的方法是否可以改变返回值的类型

方法的重写 Overriding 和重载 Overloading 是 Java 多态性的不同表现。重写 Overriding 是父类与子类之间多态性的一种表现，重载 Overloading 是一个类中多态性的一种表现。如果在子类中定义某方法与其父类有相同的名称和参数，我们说该方法被重写（Overriding）。子类的对象使用这个方法时，将调用子类中的定义，对它而言，父类中的定义如同被“屏蔽”了。如果在一个类中定义了多个同名的方法，它们或有不同的参数个数或有不同的参数类型，则称为方法的重载（Overloading）。Overloaded 的方法是可以改变返回值的类型。

13. error 和 exception 有什么区别

error 表示恢复不是不可能但很困难的情况下的一种严重问题。比如说内存溢出。不可能指望程序能处理这样的情况。

exception 表示一种设计或实现问题。也就是说，它表示如果程序运行正常，从不会发生的情况。

14. 同步和异步有何异同？分别在什么情况下使用它们？举例说明

如果数据将在线程间共享，如正在写的数据以后可能被另一个线程读到，或者正在读的数据可能已经被另一个线程写过了，那么这些数据就是共享数据，必须进行同步存取。

当应用程序在对象上调用了一个需要花费很长时间来执行的方法，并且不希望让程序等待方法的返回时，就应该使用异步编程，在很多情况下采用异步途径往往更有效率。

15. abstract class 和 interface 有什么区别

声明方法的存在而不去实现它的类被叫做抽象类（abstract class），它用于要创建一个体现某些基本行为的类，并为该类声明方法，但不能在该类中实现该类的情况。不能创建 abstract 类的实例。然而可以创建一个变量，其类型是一个抽象类，并让它指向具体子类的一个实例。不能有抽象构造函数或抽象静态方法。abstract 类的子类为它们父类中的所有抽象方法提供实现，否则它们也是抽象类。取而代之，在子类中实现该方法。知道其行为的其他类可以在类中实现这些方法。

接口（interface）是抽象类的变体。在接口中，所有方法都是抽象的。多继承性可通过实现这样的接口而获得。接口中的所有方法都是抽象的，没有一个有程序体。接口只可以定义 static final 成员变量。接口的实现与子类相似，除了该实现类不能从接口定义中继承行为。当类实现特殊接口时，它定义（即将程序体给予）所有这种接口的方法。然后，它可以在实现了该接口的类的任何对象上调用接口的方法。由于有抽象类，它允许使用接口名作为引用变量的类型。通常的动态联编将生效。引用可以转换到接口类型或从接口类型转换，instanceof 运算符可以用来决定某对象的类是否实现了接口。

16. heap 和 stack 有什么区别

栈是一种线形集合，其添加和删除元素的操作应在同一段完成。栈按照后进先出的方式进行处理。

堆是栈的一个组成元素。

17. forward 和 redirect 有何区别

forward 是服务器请求资源，服务器直接访问目标地址的 URL，把那个 URL 的响应内容读取过来，然后把这些内容再发给浏览器，浏览器根本不知道服务器发送的内容是从哪儿来的，所以它的地址栏中还是原来的地址。

redirect 就是服务端根据逻辑，发送一个状态码，告诉浏览器重新去请求那个地址，一般来说浏览器会用刚才请求的所有参数重新请求，所以 session、request 参数都可以获取。

18. Static Nested Class 和 Inner Class 有何不同

Static Nested Class 是被声明为静态（static）的内部类，它可以不依赖于外部类实例被实例化。而通常的内部类需要在外部类实例化后才能实例化。

19．什么时候用 assertion

Assertion（断言）在软件开发中是一种常用的调试方式，很多开发语言中都支持这种机制。在实现中，assertion 就是在程序中的一条语句，它对一个 boolean 表达式进行检查，一个正确程序必须保证这个 boolean 表达式的值为 true；如果该值为 false，说明程序已经处于不正确的状态下，系统将给出警告或退出。一般来说，assertion 用于保证程序最基本、关键的正确性。assertion 检查通常在开发和测试时开启。为了提高性能，在软件发布后，assertion 检查通常是关闭的。

20．GC 是什么？为什么要有 GC

GC 是垃圾收集的意思（Gabage Collection），内存处理是编程人员容易出现问题的地方，忘记或者错误的内存回收会导致程序或系统的不稳定甚至崩溃，Java 提供的 GC 功能可以自动监测对象是否超过作用域从而达到自动回收内存的目的，Java 语言没有提供释放已分配内存的显式操作方法。

21．short s1=1; s1=s1+1;有什么错？short s1=1; s1+= 1;有什么错

short s1=1; s1=s1+1; s1+1 运算结果是 int 型，需要强制转换类型。

short s1 = 1; s1 += 1;可以正确编译。

22．Math.round(11.5)等于多少？Math.round(-11.5)等于多少

Math.round(11.5)==12

Math.round(-11.5)==-11

Round()方法返回与参数最接近的长整数，参数加 1/2 后求其 floor。

23．String s = new String("xyz");创建了几个 String Object

两个。

24．设计 4 个线程，其中两个线程每次对 j 增加 1，另外两个线程每次对 j 减少 1。写出程序

以下程序使用内部类实现线程，对 j 增减的时候没有考虑顺序问题。

```
public class ThreadTest1{
  private int j;
  public static void main(String args[]){
  ThreadTest1 tt=new ThreadTest1();
  Inc inc=tt.new Inc();
  Dec dec=tt.new Dec();
  for(int i=0;i<2;i++){
  Thread t=new Thread(inc);
    t.start();
    t=new Thread(dec);
    t.start();
    }
}
  private synchronized void inc(){
  j++;
  System.out.println(Thread.currentThread().getName()+"-inc:"+j);
```

```
    }
    private synchronized void dec(){
    j--;
    System.out.println(Thread.currentThread().getName()+"-dec:"+j);
    }
    class Inc implements Runnable{
    public void run(){
    for(int i=0;i<100;i++){
    inc();
         }
      }
    }
    class Dec implements Runnable{
    public void run(){
    for(int i=0;i<100;i++){
    dec();
         }
      }
    }
}
```

25．Java 中有没有 goto

Goto 是 Java 中的保留字，现在没有在 Java 中使用。

26．启动一个线程是用 run( )还是 start( )

启动一个线程是调用 start( )方法，使线程所代表的虚拟处理机处于可运行状态，这意味着它可以由 JVM 调度并执行。这并不意味着线程就会立即运行。run( )方法可以产生必须退出的标志来停止一个线程。

27．请说明你最常见到的 runtime exception

ArithmeticException, ArrayStoreException, BufferOverflowException, BufferUnderflow Exception, CannotRedoException, CannotUndoException, ClassCastException, CMMException, ConcurrentModificationException, DOMException, EmptyStackException, IllegalArgumentException, IllegalMonitorStateException, IllegalPathStateException, IllegalStateException, ImagingOpException, IndexOutOfBoundsException, MissingResourceException, NegativeArraySizeException, NoSuch ElementException, NullPointerException, ProfileDataException, ProviderException, RasterFormat Exception, SecurityException, SystemException, UndeclaredThrowableException, UnmodifiableSet Exception, UnsupportedOperationException

28．接口是否可继承接口？抽象类是否可实现（implements）接口？抽象类是否可继承实体类（concrete class）

接口可以继承接口。抽象类可以实现（implements）接口，抽象类可继承实体类，但前提是实体类必须有明确的构造函数。

29．List、Set、Map 是否继承自 Collection 接口

List、Set 是，Map 不是。

30．说出数据连接池的工作机制是什么

Java EE 服务器启动时会建立一定数量的池连接，并一直维持不少于此数目的池连接。客户端程序需要连接时，池驱动程序会返回一个未使用的池连接并将其标记为忙。如果当前没有空闲连接，池驱动程序就新建一定数量的连接，新建连接的数量由配置参数决定。当使用的池连接调用完成后，池驱动程序将此连接表标记为空闲，其他调用就可以使用这个连接。

31．abstract 的 method 是否可同时是 static？是否可同时是 native？是否可同时是 synchronized

都不能。

32．数组有没有 length( )这个方法？String 有没有 length( )这个方法

数组没有 length( )这个方法，有 length 的属性。String 有 length( )这个方法。

33．Set 里的元素是不能重复的，那么用什么方法来区分重复与否呢？是用==还是 equals()？它们有何区别

Set 里的元素是不能重复的，用 iterator( )方法来区分重复与否。equals( )是判读两个 Set 是否相等。

equals()和==方法决定引用值是否指向同一对象 equals()在类中被覆盖，为的是当两个分离的对象的内容和类型相配的话，返回真值。

34．构造器 Constructor 是否可被 override

构造器 Constructor 不能被继承，因此不能重写（Overriding），但可以被重载（Overloading）。

35．是否可以继承 String 类

String 类是 final 类，故不可以继承。

36．swtich 是否能作用在 byte 上？是否能作用在 long 上？是否能作用在 String 上

switch(expr1)中，expr1 是一个整数表达式。因此传递给 switch 和 case 语句的参数应该是 int、short、char 或者 byte。Long、string 都不能作用于 swtich。

37．try{}里有一个 return 语句，那么紧跟在这个 try 后的 finally{}里的代码会不会被执行，什么时候被执行，在 return 前还是后

会执行，在 return 前执行。

38．编程题：用最有效率的方法算出 2×8 的值

2 << 3

39．两个对象值相同(x.equals(y) == true)，但却可有不同的 hash code，这句话对不对

不对，有相同的 hash code。

40．当一个对象被当作参数传递到一个方法后，此方法可改变这个对象的属性，并可返回变化后的结果，那么这里到底是值传递还是引用传递

是值传递。Java 编程语言只有值传递参数。当一个对象实例作为一个参数被传递到方法中时，参数的值就是对该对象的引用。对象的内容可以在被调用的方法中改变，但对象的引用是永远不会改变的。

41．当一个线程进入对象的一个 synchronized 方法后，其他线程是否可进入此对象的其他方法

不能，一个对象的一个 synchronized 方法只能由一个线程访问。

42．编程题：写一个 Singleton

Singleton 模式主要作用是保证在 Java 应用程序中，一个类 Class 只有一个实例存在。

一般 Singleton 模式通常有几种形式：

第一种形式：定义一个类，它的构造函数为 private 的，它有一个 static 的 private 的该类变量，在类初始化时，通过一个 public 的 getInstance 方法获取对它的引用,继而调用其中的方法。

```
public class Singleton {
private Singleton(){}
      //在自己内部定义自己一个实例，是不是很奇怪?
      //注意这是private 只供内部调用
      private static Singleton instance=new Singleton();
      //这里提供了一个供外部访问本class 的静态方法，可以直接访问
      public static Singleton getInstance() {
         return instance;
      }
   }
```

第二种形式：

```
public class Singleton {
   private static Singleton instance = null;
   public static synchronized Singleton getInstance() {
   //这个方法比上面有所改进，不用每次都进行生成对象，只是第一次
   //使用时生成实例，提高了效率
   if (instance==null)
      instance=new Singleton();
return instance;    }
}
```

其他形式：

定义一个类，它的构造函数为 private 的，所有方法为 static 的。

一般认为第一种形式要更加安全些。

43．Java 的接口和 C++的虚类的相同和不同处有哪些

由于 Java 不支持多继承，而有可能某个类或对象要使用分别在几个类或对象里面的方法或属性，现有的单继承机制就不能满足要求。与继承相比，接口有更高的灵活性，因为接口中没有任何实现代码。当一个类实现了接口以后，该类要实现接口里面所有的方法和属性，并且接口里面的属性在默认状态下面都是 public static，所有方法默认情况下是 public，一个类可以实现多个接口。

44．Java 中的异常处理机制的简单原理和应用

当 Java 程序违反了 Java 的语义规则时，Java 虚拟机就会将发生的错误表示为一个异常。违反语义规则包括两种情况：一种是 Java 类库内置的语义检查，例如数组下标越界，会引发 IndexOutOfBoundsException，访问 null 的对象时会引发 NullPointerException，另一种情况就是 Java 允许程序员扩展这种语义检查，程序员可以创建自己的异常，并自由

选择在何时用 throw 关键字引发异常。所有的异常都是 java.lang.Thowable 的子类。

45. 说明垃圾回收的优点和原理

Java 语言中一个显著的特点就是引入了垃圾回收机制，使 C++程序员最头疼的内存管理问题迎刃而解，它使得 Java 程序员在编写程序的时候不再需要考虑内存管理。由于有了垃圾回收机制，Java 中的对象不再有“作用域”的概念，只有对象的引用才有“作用域”。垃圾回收可以有效地防止内存泄露，有效地使用可以使用的内存。垃圾回收器通常是作为一个单独的低级别的线程运行，不可预知的情况下对内存堆中已经死亡的或者长时间没有使用的对象进行清除和回收，程序员不能实时地调用垃圾回收器对某个对象或所有对象进行垃圾回收。回收机制又分代复制垃圾回收、标记垃圾回收和增量垃圾回收。

46. 请说出你所知道的线程同步的方法

wait( )：使一个线程处于等待状态，并且释放所持有的对象的 lock。

sleep( )：使一个正在运行的线程处于睡眠状态，是一个静态方法，调用此方法要捕捉 InterruptedException 异常。

notify( )：唤醒一个处于等待状态的线程，在调用此方法的时候，并不能确切地唤醒某一个等待状态的线程，而是由 JVM 确定唤醒哪个线程，而且不是按优先级。

Allnotity( )：唤醒所有处于等待状态的线程，注意并不是给所有唤醒线程一个对象的锁，而是让它们竞争。

47. 你所知道的集合类都有哪些？主要方法有哪些

最常用的集合类是 List 和 Map。List 的具体实现包括 ArrayList 和 Vector，它们是可变大小的列表，比较适合构建、存储和操作任何类型对象的元素列表。List 适用于按数值索引访问元素的情形。

Map 提供了一个更通用的元素存储方法。Map 集合类用于存储元素对（称作“键”和“值”），其中每个键映射到一个值。

48. 描述 JVM 加载 class 文件的原理机制

JVM 中类的装载是由 ClassLoader 和它的子类来实现的，Java ClassLoader 是一个重要的 Java 运行时系统组件。它负责在运行时查找和装入类文件的类。

49. char 型变量中能不能存储一个中文汉字?为什么

Char 型变量能够定义成为中文，因为 Java 以 unicode 编码，一个 char 型变量占 16 个字节，所以放一个中文是没问题的。

50. 多线程有几种实现方法?都是什么?同步有几种实现方法?都是什么

多线程有两种实现方法，分别是继承 Thread 类与实现 Runnable 接口。

同步的实现方法有 3 种，分别是 synchronized( )、wait( )与 notify( )。

参 考 文 献

[1] 殷兆麟. Java 语言程序设计 [M]. 北京：高等教育出版社，2007.

[2] 梗详义. 张跃平. Java 2 实用教程 [M]. 北京：清华大学出版社，2006.

[3] 宋振会. Java 语言编程基础 [M]. 北京：清华大学出版社，2005.

[4] 胡伏湘. Java 程序设计 [M]. 北京：清华大学出版社，2005.

[5] 王伟东. Java 程序设计入门 [M]. 长春：吉林大学出版社，2005.

[6] 王建虹. Java 程序设计 [M]. 北京：高等教育出版社，2008.

[7] PAUL S WANG. Java 面向对象程序设计 [M]. 北京：清华大学出版社，2003.

[8] 求是科技. Java 信息管理系统开发 [M]. 北京：人民邮电出版社，2005.

[9] JOHN O'DONAHUE. Java 数据库编程宝典 [M]. 北京：电子工业出版社，2003.

[10] 何健辉. Java 实例技术手册 [M]. 北京：中国电力出版社，2001.

[11] 孙卫琴. Java 面向对象编程 [M]. 北京：电子工业出版社，2006.

[12] 邵维忠. 面向对象的系统设计 [M]. 北京：清华大学出版社，2003.

[13] MARY CAMPIONE，KATHY WALRATH. Java 语言导学 [M]. 3 版. 北京：机械工业出版社，2004.

[14] BRETT SPELL. Java 专业编程指南 [M]. 北京：电子工业出版社，2001.

[15] DAVID S CARGO. Java. 用户界面编程指南 [M]. 北京：电子工业出版社，2005.

[16] DAN HARKEY. Java 与 CORBA 客户 / 服务器编程 [M]. 北京：电子工业出版社，2007.

[17] GEORGE REESE. JDBC 与 Java 数据库编程 [M]. 北京：中国电力出版社，2006.

[18] 谢小乐. J2EE 经典实例祥解 [M]. 北京：人民邮电出版社，2004.

[19] 张洪斌. 例释 J2EE 程序设计 [M]. 北京：中国铁道出版社，2004.

[20] 雷学生，杨昭. Java 语言程序设计教程 [M]. 北京：中国水利水电出版社，2005.

[21] 汤庸，冯智圣. Java 程序设计与实践 [M]. 北京：冶金工业出版社，2005.

[22] 林邦杰. 彻底研究 Java 2 [M]. 北京：电子工业出版社，2006.

[23] 龚炳铮. Java 技术应用的发展：全国第二届 Java 技术应用学术会议论文集 [D]. 北京：电子工业出版社，1999.